教育部提升专业服务能力项目
机电一体化技术专业核心课程建设规划教材

PLC
控制系统

主　编◎杨　乐　郭选明　赵淑娟
副主编◎朱顺兰　王　丽　王俊洲

西南交通大学出版社
·成 都·

内容提要

本书主要介绍了西门子 S7-200 PLC 的基础知识与应用技术，如西门子 S7-200 PLC 的软硬件的组成和编程指令用法，其中大部分指令的用法都结合了典型应用案例，这些应用案例都是日常生活中的事例，通俗易懂。通过应用案例介绍了 S7-200 PLC 程序编写的一般结构和方法。除了介绍西门子 S7-200 PLC 的基础知识之外，本书还包括 PLC 对步进电动机的控制、变频器技术和西门子通信技术等实用性较强的内容。

本书以任务为导向安排内容，尽可能做到语言简练、内容丰富、实用性强、联系实际。本书安排了大量的技能训练，以突出实践技能和应用能力的培养。

本书可以作为高职高专院校机电一体化、电气自动化、楼宇自动化等专业的教学用书，也可作为工程技术人员的参考书籍和培训教材。

图书在版编目（CIP）数据

PLC 控制系统 / 杨乐，郭选明，赵淑娟主编. 一成都：西南交通大学出版社，2015.1
教育部提升专业服务能力项目　机电一体化技术专业核心课程建设规划教材
ISBN 978-7-5643-3643-1

Ⅰ. ①P… Ⅱ. ①杨… ②郭… ③赵… Ⅲ. ①plc 技术－高等学校－教材 Ⅳ. ①TM571.6

中国版本图书馆 CIP 数据核字（2015）第 025992 号

教育部提升专业服务能力项目
机电一体化技术专业核心课程建设规划教材
PLC 控制系统
主编　杨乐　郭选明　赵淑娟

责任编辑	张华敏
特邀编辑	杨开春　鲁世钊
封面设计	何东琳设计工作室
出版发行	西南交通大学出版社 (四川省成都市金牛区交大路 146 号)
发行部电话	028-87600564　028-87600533
邮政编码	610031
网址	http: //www.xnjdcbs.com
印刷	成都勤德印务有限公司
成品尺寸	185 mm × 260 mm
印张	11.5
字数	302 千
版次	2015 年 1 月第 1 版
印次	2015 年 1 月第 1 次
书号	ISBN 978-7-5643-3643-1
定价	34.50 元

课件咨询电话：028-87600533
图书如有印装质量问题　本社负责退换

前　言

可编程序控制器（PLC）是近几十年在计算机技术、通信技术和继电器控制技术基础上发展起来的一种新型的数字运算工业控制装置，它可以实现逻辑控制、顺序控制、定时、计数等各种功能，并通过数字量和模拟量的输入/输出来控制机械设备或生产过程。

根据各种工业现场控制需要，PLC 被广泛应用于机械制造、机床、冶金、采矿、建材、石油、化工、汽车、电力等行业，现在已经成为工业控制领域的主流控制设备，是现代化工业自动化的三大支柱之一，尤其在机电一体化产品中的应用越来越广泛，已成为改造和研发机电一体化产品的首选控制器。

随着 PLC 的深入发展和广泛引用，其控制技术已经成为现代电气工程师们必须掌握的一门专业技术，同时出现了大量的 PLC 技术书籍，但现有的 PLC 教材大部分侧重于介绍 PLC 的一般工作原理，只有少量的编程练习，一般按照基本原理、基本指令、基本操作、基本应用分成独立的章节，这种学科体系对职业教育来说与培养目标和企业要求有很大差距。本书打破了传统的课程体系，以就业为向导，以工程项目为主线，采取项目教学模式，围绕 5 个典型项目来引导学生对 PLC 的基础知识与实际应用展开学习，突出培养学生的职业技能和职业素质。

本书以真实的工作任务为依据，推行项目引导、任务驱动、理论与实践一体化的教学模式，引导学生学会正确选用 PLC 及相关工控产品，学会安装、调试、维修 PLC 外围线路，以培养学生根据企业现场工业要求，编制相应控制工艺流程图、设计元件地址表及编写梯形图的能力，以及具备 PLC 电气安装及相关辅助设备的施工调试、故障检测及维修维护能力，同时培养学生的工程意识，提高其综合职业行动能力。

本书针对 PLC 技术的实际应用，设计了 PLC 控制传送带装置的设计与制作、旋转机械手运动控制的设计与制作、物料输送的运动控制、变频器的 PLC 控制技术、PLC 联网实现物料传送系统共 5 个项目，每个项目又分成了多个子任务，让学生“在学中做，在做中学”，由浅入深、先易后难，逐步地让学生掌握 PLC 的相关知识和应用技术。书中每个子任务后都附有思考练习题目，这样能让学生在课后通过思考得到提高。

本书由重庆工业职业技术学院的杨乐、郭选明、赵淑娟任主编，朱顺兰、王丽、王俊洲任副主编，朱开波、周北明、邱柳东等参与了本书实训项目的调试工作。另外，重庆工业职业技术学院自动化学院的领导及机电一体化教研室全体成员对本书的出版给予了大力支持和帮助，并提出了许多宝贵意见和建议，在此表示衷心的感谢。

在本书的编写过程中，我们还参考了相关领域专家及同行的部分著作和文献资料，在此也表示衷心的感谢。

由于编者水平有限，书中难免存在错误及疏漏之处，敬请读者提出宝贵意见。

编　者

2014 年 12 月

目　录

项目 1　PLC 控制传送带装置的设计与制作

☆ 项目描述

在本项目中，我们以带式传送带为控制对象，向大家介绍西门子 S7-200 PLC 的入门知识及基本应用方法。

17 世纪中叶，美国开始应用架空索道传送散状物料；到了 19 世纪中叶，各种现代化结构的传送带输送机相继出现。1868 年，在英国出现了皮带式传送带传输机；1887 年，在美国出现了螺旋传输机；1905 年，在瑞士出现了钢带式传输机；1960 年，在英国和德国出现了惯性传输机。此后，传送带传输机受机械制造、电机、化工和冶金技术进步的影响，不断完善，逐步由完成车间内部的传送发展到完成企业内部、企业之间甚至城市之间的物料搬运，成为物料搬运系统机械化和自动化不可缺少的组成部分。

传送带的种类繁多，以有牵引件的传送带为例，它的特点是：被运送物料装在与牵引件连接在一起的承载构件内，或直接装在牵引件（如输送带）上，牵引件绕过各滚筒或链轮首尾相连，形成包括运送物料的有载分支和不运送物料的无载分支的闭合环路，利用牵引件的连续运动输送物料。

这种形式的传送带主要有带式传输机（见图 1-1）、板式输送机，小车式输送机，自动扶梯、自动人行道、刮板传输机、埋刮板输送机、斗式输送机和架空索道等。

图 1-1　带式传输机

带式传输机的驱动方式以电机驱动为主，电机的传统控制方案是以继电器为主要元件的电气控制，此控制方案已经不能适应日益发展的自动化生产要求，于是出现了以可编程序控制器（PLC）为控制核心的通用工业控制方案，在此项目中，我们需要掌握如何通过西门子 S7-200 PLC 控制三相交流异步电动机的单向运转和正/反转，从而使带式传输机实现相应功能。

☆ 项目分析

带式传输机的主要驱动力来自电动机，所以我们需要掌握电动机的基本控制电路。电动机的基本控制电路是指控制电动机基本运行的电路。它包括电动机的单项运转电路、正/反转电路、Y-△降压电路、双速电路等。

根据电动机的供电性质，电动机的基本控制电路又可分为直流电动机控制电路和三相交流异步电动机控制电路。

在本项目中，我们需要掌握如何控制三相交流异步电动机的单向运转以及正/反转，从而使带式传输机实现相应功能，并掌握简单控制系统的设计和调试方法。

在此项目中，我们应了解到以下知识：

1. 明白PLC控制与传统控制方法的不同。
2. 知道PLC定义、特点及分类方法。
3. 懂得PLC电路结构及各部件作用。

☆ 项目分解

通过上述项目分析，下面以2个学习任务为载体，依据循序渐进的原则，逐步了解西门子S7-200的入门知识及基本应用方法。

任务1：PLC控制三相异步电动机的单向启停运行

任务2：PLC控制传送带正反转装置

任务1 PLC控制三相异步电动机的单向启停运行

【任务要求】

三相异步电动机单向点动控制，是指当按下按钮时，电动机单向启动运转，当松开按钮时，电动机停止运转。

三相异步电动机接触器-继电器单向点动控制电路的原理图如图1-2所示。

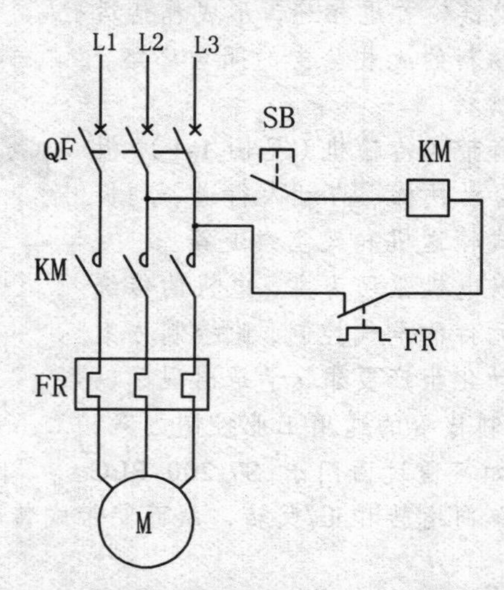

图1-2 三相异步电动机接触器-继电器单向点动控制电路原理图

如图1-2所示，按下SB按钮，接触器KM线圈得电，主触点闭合，电动机单向旋转。

下面通过对此电路进行PLC控制，使同学们逐步了解西门子S7-200PLC的入门知识及基本应用方法。

【任务目标】

1. 知识要求

① 明白S7-200PLC的各种接口定义。

② 了解 S7-200PLC 的配置。
③ 了解 S7-200PLC 的控制方式。
④ 掌握 S7-200PLC 的编程工具的应用方法。

2. 能力要求

① 能用其外部端子正确连接电源和简单的 I/O 器件。
② 能正确连接 I/O 各种模块。
③ 学会西门子 PLC 编程软件的简单使用方法。
④ 能编写简单程序并运行调试。

【相关知识】

1.1　PLC 的工作原理

1.1.1　PLC 系统的控制步骤

（1）输入部分

PLC 的输入部分接收操作指令（由启动按钮、停止按钮等提供），或接收被控对象的各种状态信息（由行程开关、接近开关等提供）。PLC 的每一个输入点对应一个内部输入继电器，当输入点与输入 COM 端接通时，输入继电器线圈通电，它的常开触点闭合、常闭触点断开；当输入点与输入 COM 端断开时，输入继电器线圈断电，它的常开触点断开、常闭触点接通。

（2）控制部分

这一部分是用户编制的控制程序，通常用梯形图的形式表示。控制程序放在 PLC 的用户程序存储器中。系统运行时，PLC 依次读取用户程序存储器中的程序语句，对它们的内容进行解释并加以执行，有需要输出的结果则送到 PLC 的输出端子，以控制外部负载的工作。

（3）输出部分

根据程序执行的结果直接驱动负载。在 PLC 内部有多个输出继电器，每个输出继电器对应输出端的一个硬触点，当程序执行的结果使输出继电器线圈通电时，对应的硬输出触点闭合，控制外部负载的动作。

PLC 作为一种新型的控制装置，与传统的继电控制系统相比具有时间响应快、控制精度高、可靠性好、控制程序可随工艺改变、易与计算机连接、维修方便、体积小、重量轻和功耗低等诸多高品质与功能。

再次强调：PLC 是在按钮开关、限位开关和其他传感器等发出的监控输入信号作用下进行工作的。输入信号作用于用户程序便产生输出信号，而这些输出信号可直接控制外部的控制对象，如电机、接触器、电磁阀、指示灯等。

1.1.2　PLC 的扫描工作原理

（1）PLC 的扫描工作方式

PLC 运行时，需要进行大量的操作，这迫使 PLC 中的 CPU 只能根据分时操作原理，按一定的顺序，每一时刻执行一个操作。这种分时操作的方式，称为 CPU 的循环扫描工作方式。当 PLC 运行时，在经过初始化后，即进入扫描工作方式，且周而复始地重复进行，因此，PLC

的这种工作方式又称为循环扫描工作方式。

PLC 循环扫描工作方式可用图 1-3 所示的流程图表示。

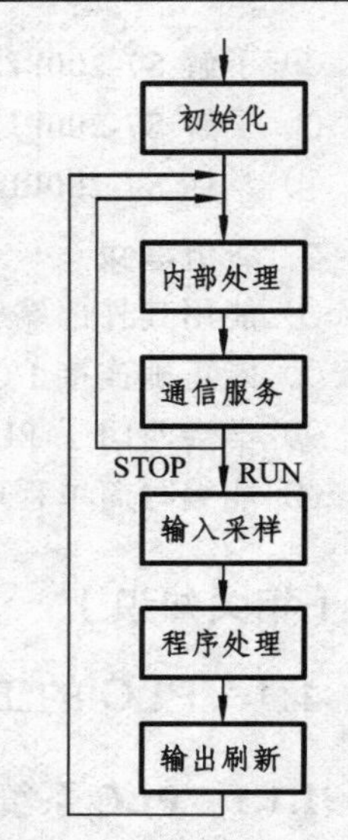

图 1-3 PLC 循环扫描工作方式

很容易看出，PLC 在初始化后，进入循环扫描。PLC 一次扫描的过程，包括内部处理、通信服务、输入采样、程序处理、输出刷新共五个阶段，其所需的时间称为扫描周期。显然，PLC 的扫描周期应与用户程序的长短和该 PLC 的扫描速度紧密相关。

PLC 在进入循环扫描前的初始化，主要是将所有内部继电器复位，输入、输出暂存器清零，定时器预置，识别扩展单元等。以保证它们在进入循环扫描后能完全正确无误地工作。

进入循环扫描后，在内部处理阶段，PLC 自行诊断内部硬件是否正常，并把 CPU 内部设置的监视定时器自动复位等。PLC 在自诊断中，一旦发现故障，PLC 将立即停止扫描，显示故障情况。

在通信服务阶段，PLC 与上、下位机通信，与其他带微处理器的智能装置通信，接受并根据优先级别来处理它们的中断请求，响应编程器键入的命令，更新编程器显示的内容等。

当 PLC 处于停止（STOP）状态时，PLC 只循环完成内部处理和通信服务两个阶段的工作。当 PLC 处于运行（RUN）状态时，则循环完成内部处理、通信服务、输入采样、程序处理、输出刷新五个阶段的工作。

循环扫描的工作方式，既简单直观，又便于用户程序的设计，且为 PLC 的可靠运行提供了保障。这种工作方式，使 PLC 一旦扫描到用户程序某一指令，经处理后，其处理结果可立即被用户程序中后续扫描到的指令所应用，而且 PLC 可通过 CPU 内部设置的监视定时器，监视每次扫描是否超过规定时间，以便有效地避免因 CPU 内部故障，导致程序进入死循环的情况。

（2）PLC 用户程序执行过程

可编程序控制器执行某一用户程序的工作过程如图 1-4 所示，它可分为三个阶段：输入采样阶段、程序执行阶段和输出刷新阶段。

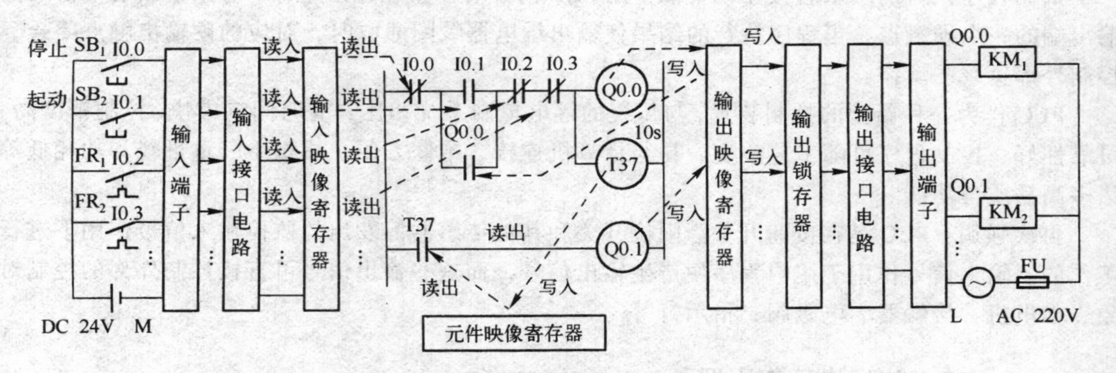

图 1-4 PLC 从输入端子到输出端子的信号传递过程

① 输入采样阶段：CPU 将全部现场输入信号如按钮、限位开关、速度继电器等的状态（通/断）经 PLC 的输入端子，读入映象寄存器，这一过程称为输入采样或扫描阶段。进入下一阶段即程序执行阶段时，输入信号若发生变化，输入映象寄存器也不予理睬，只有等到下一扫描

周期输入采样阶段时才被更新。这种输入工作方式称为集中输入方式。

② 程序执行阶段：CPU 从 0 地址的第一条指令开始，依次逐条执行各指令，直到执行到最一条指令。PLC 执行指令程序时，要读入输入映象寄存器的状态（ON 或 OFF，即是 1 或 0）和其他编程元件的状态，除输入继电器外，一些编程元件的状态随着指令的执行不断更新。CPU 按程序给定的要求进行逻辑运算和算术运算，运算结果存入相应的元件映象寄存器，把将要向外输出的信号存入输出映象寄存器，并由输出锁存器保存。程序执行阶段的特点是依次顺序执行指令。

③ 输出刷新阶段：CPU 将输出映象寄存器的状态经输出锁存器和 PLC 的输出端子，传送到外部去驱动接触器、电磁阀和指示灯等负载。这时输出锁存器的内容要等到下一个扫描周期的输出阶段到来才会被刷新。这种输出工作方式称为集中输出方式。

由以上分析可知，可编程序控制器采用串行工作方式，由彼此串行的三个阶段可构成一个扫描周期，输入处理和输出处理阶段采用集中扫描工作方式。只要 CPU 置于“RUN”，完成一个扫描周期工作后，将自动转入下一个扫描周期，反复循环地工作，这与继电器控制是大不相同的。

1.2　S7-200 PLC 的接口

I/O 接口是 PLC 主机与外围设备之间的链接电路。为提高抗干扰能力，一般 I/O 接口均有光电隔离电路。

来自现场的检测元件信号及指令元件信号经输入接口进入 PLC。检测元件是指传感器、按钮、寄存器的触点、行程开关等，由这些元件检测工业现场的压力、位置、电流、电压、温度等物理量即为检测元件信号，而指令元件信号是指操作者在控制台或键盘上发出的信号，如启动、停止等。这些信号有的是开关量，有的是模拟量，有的是直流信号，有的是交流信号，所以要根据输入信号的类型选择合适的输入接口。

由 PLC 发出的各种控制信号经过输出接口去控制和驱动负载，如控制电动机的启动、停止和正反转；控制指示灯的亮和灭；控制电磁阀的开和闭；继电器线圈的通电和断电等。控制负载的输出信号形式不同，所以也要根据具体情况选择合适的输出接口。

为了扩展 PLC 的功能，除了 I/O 接口外，PLC 还配置了一些其他接口，主要有：

① I/O 扩展接口。用于扩展 PLC 的输入输出点数，也可将主机与 PLC 扩展单元连接起来。

② 智能 I/O 接口。这种接口具有独立的微处理器和控制软件，用于适应和满足复杂控制功能的要求，如位置闭环控制模块、PID 调节器的闭环控制模块、高速计数器模块（其技术频率可达几十 kHz）等。

③ 通信接口。用于 PLC 与打印机等外围设备相连，可构成集散型控制系统和局域网。

④ A/D 和 D/A 接口。由于 CPU 只能处理数字信号，当输入输出信号为模拟量时，则需要 A/D 和 D/A 接口进行信号转换。

PLC 各功能模块的选用，应根据系统控制的需要进行合理的配置。

PLC 的这些外部接口是如何通过电气连接与内部电路产生联系的呢？如图 1-5 所示。

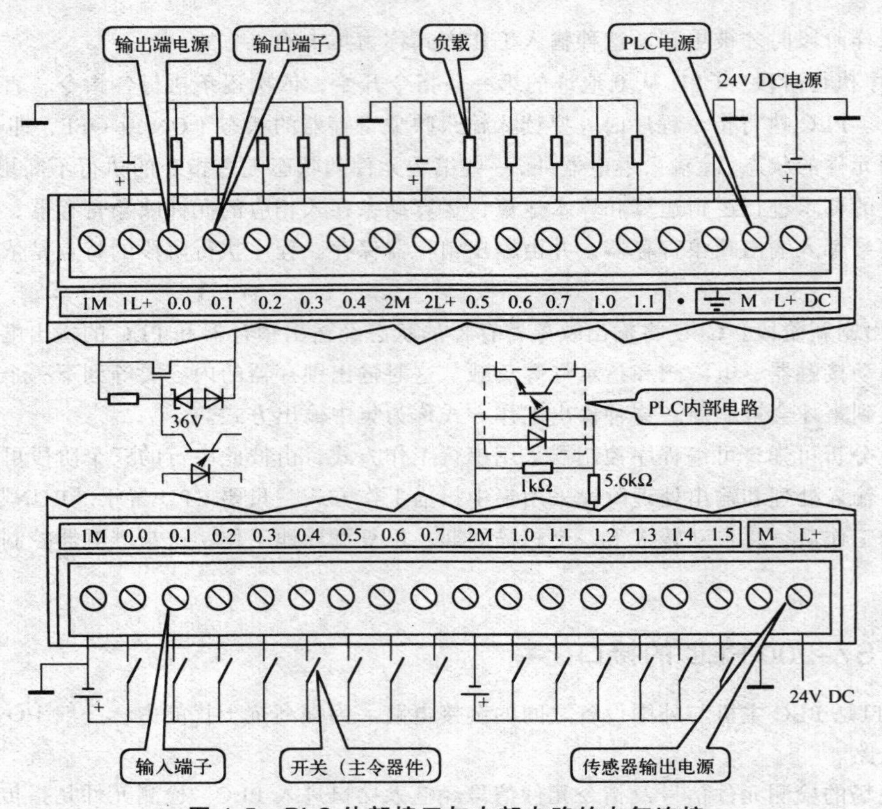

图 1-5 PLC 外部接口与内部电路的电气连接

1.3 S7-200 PLC 的接线方式

1.3.1 CPU221 模块接线图（见图 1-6）

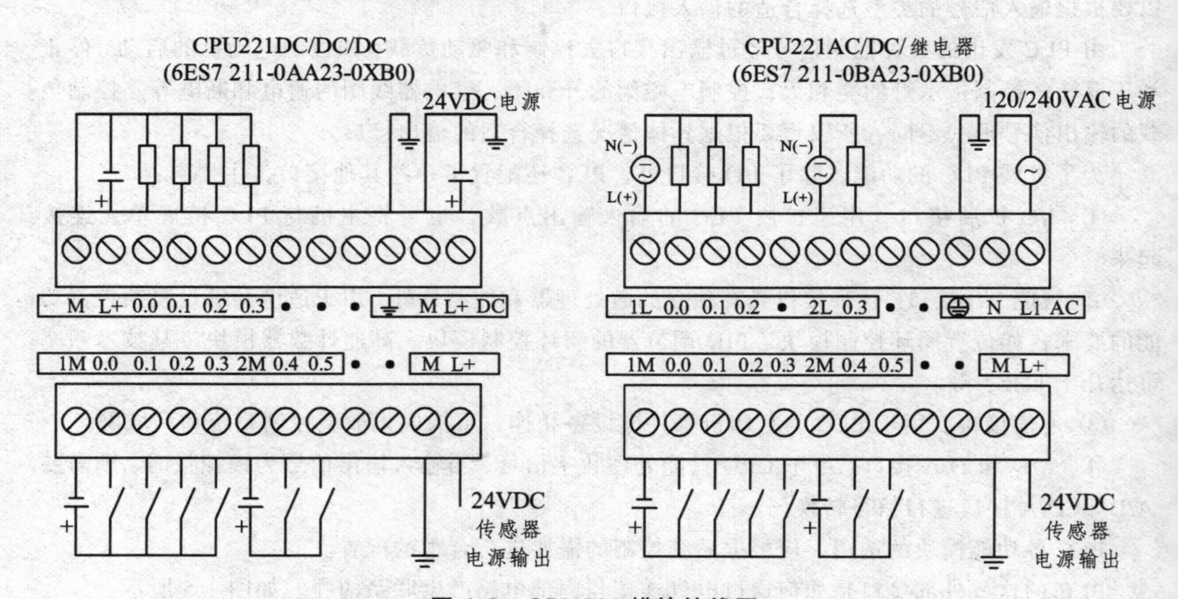

图 1-6 CPU221 模块接线图

1.3.2 CPU222 模块接线图（见图 1-7）

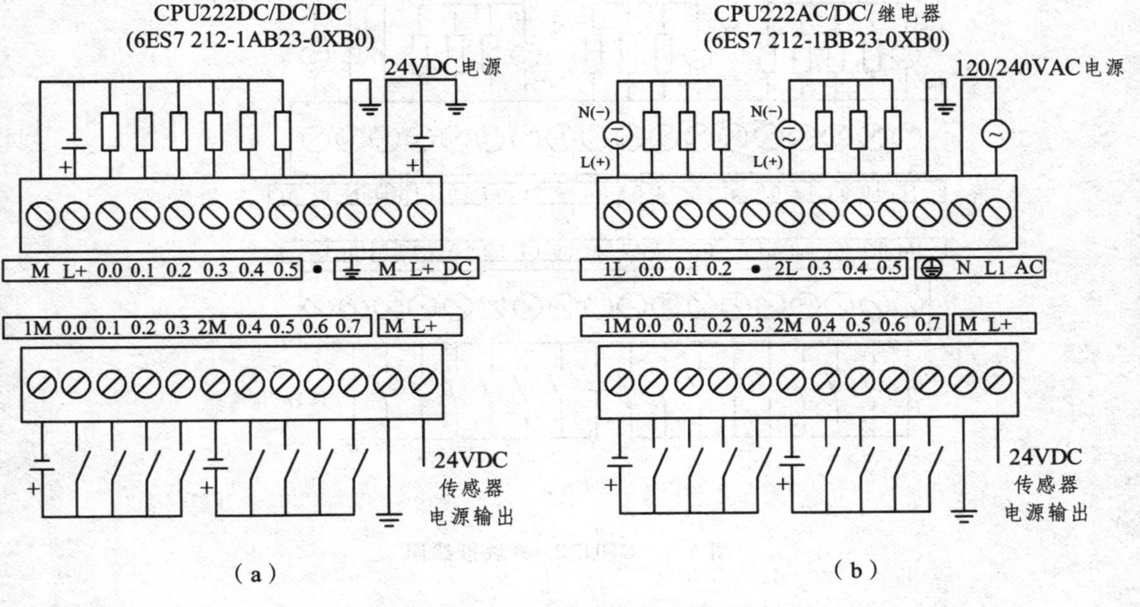

（a）　　（b）

图 1-7 CPU222 模块接线图

1.3.3 CPU224 模块接线图（见图 1-8）

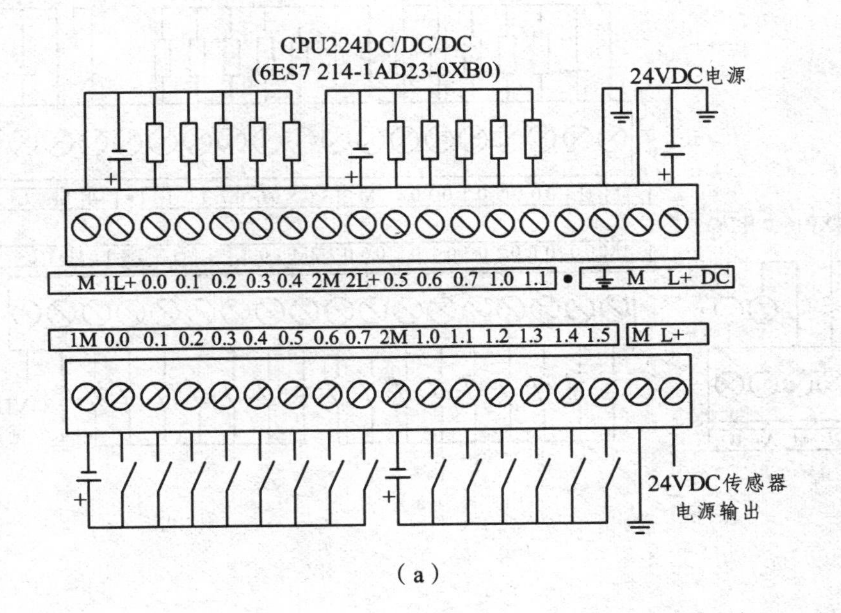

（a）

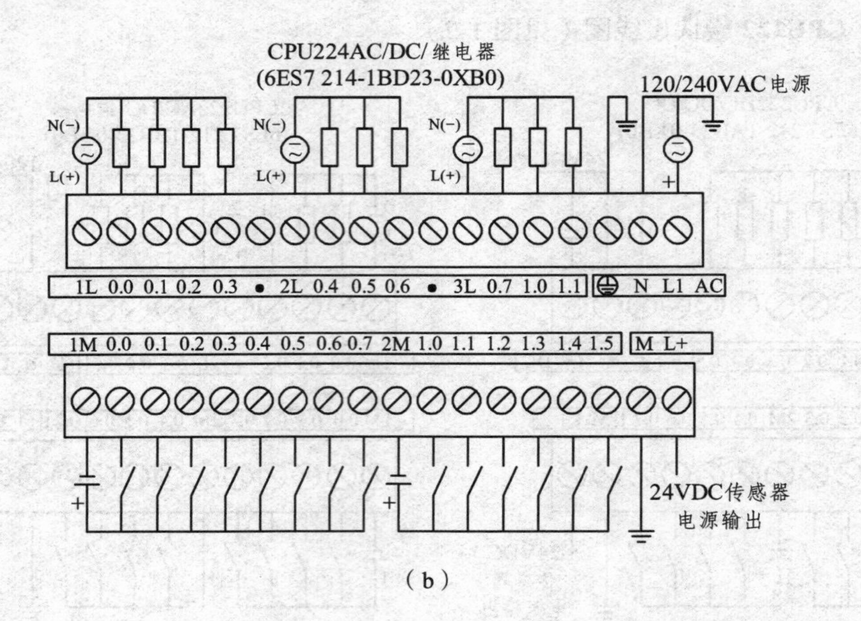

（b）

图 1-8 CPU221 模块接线图

1.3.4 CPU224XP 模块接线图（见图 1-9）

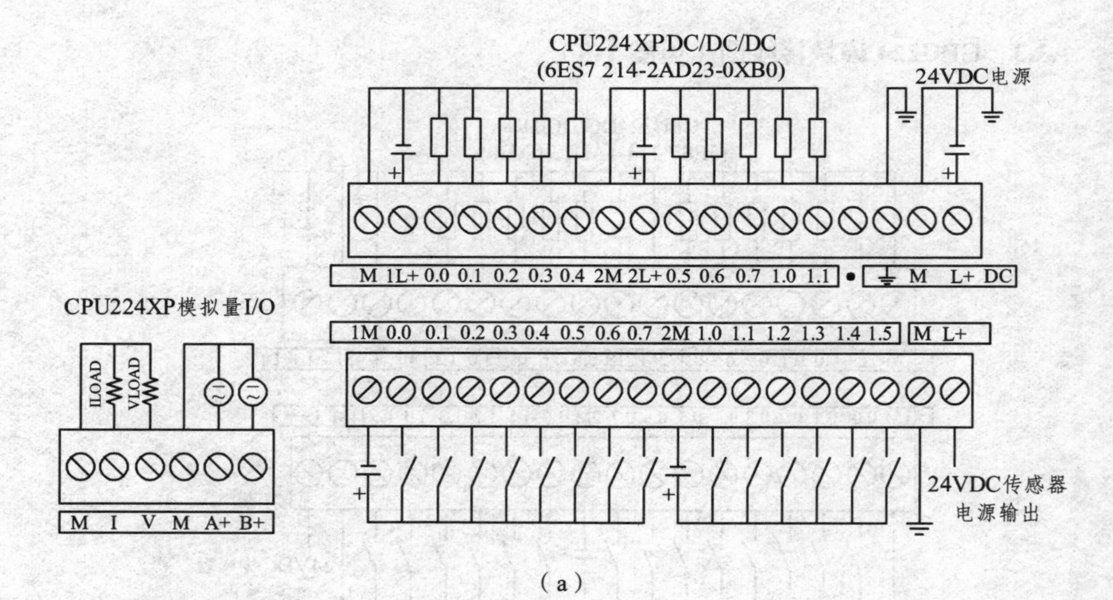

（a）

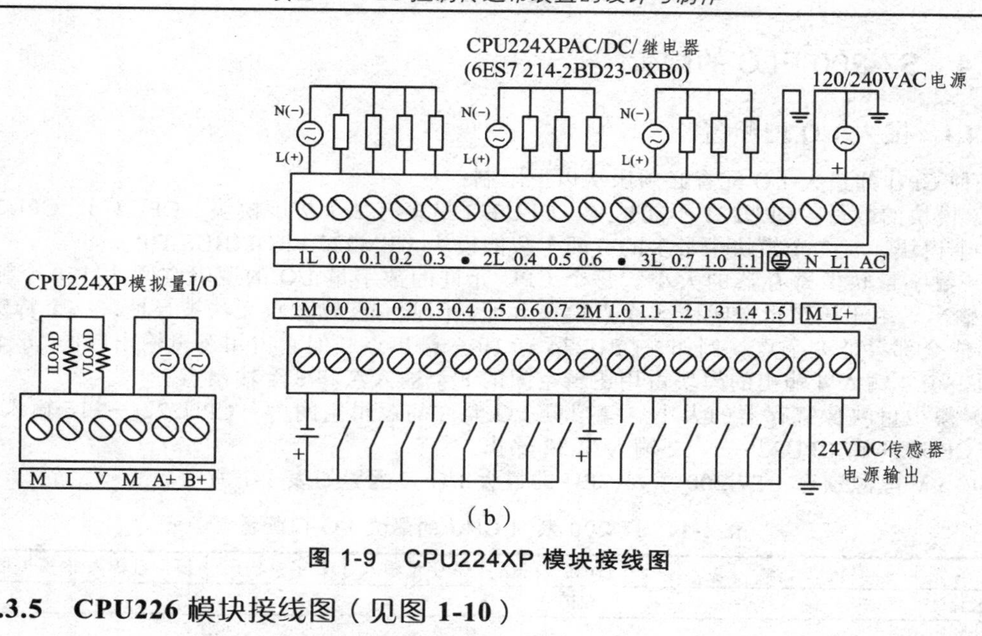

(b)

图 1-9　CPU224XP 模块接线图

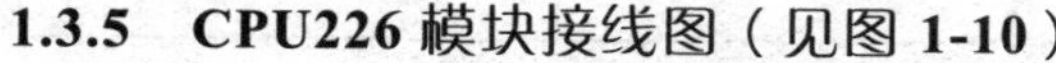

1.3.5　CPU226 模块接线图（见图 1-10）

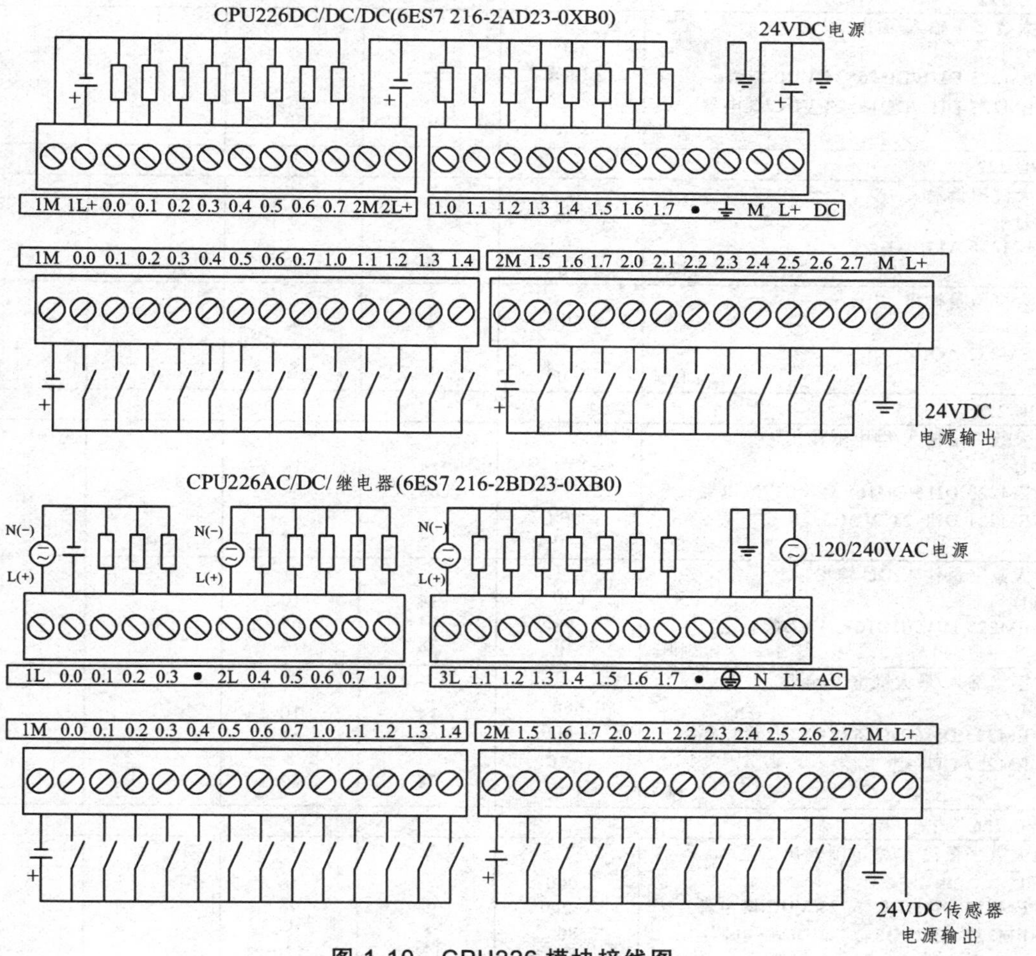

图 1-10　CPU226 模块接线图

1.4 S7-200 PLC 的配置

1.4.1 最大 I/O 口配置

每种 CPU 的最大 I/O 配置必须服从以下限制：

① 模块的数量。CPU221 不能扩展，CPU222 最多有 2 个扩展模块，CPU224、CPU226 最多有 7 个模块，且 7 个模块中最多的有两个智能模块（EM227 PROFIBUS-DP）。

② 数字量映像寄存器的大小。每个 CPU 允许的数字量 I/O 的逻辑空间为 128 个输入和 128 个输出。由于该逻辑空间按 8 个点模块分配，因此有些物理点无法被寻址，一个特殊模块可能不能全部寻址 8 个点，例如，CPU224 有 10 个输出点，但它占用逻辑输出区的 16 个点地址，而一个 4 输入 4 输出的模块占用逻辑空间的 8 个输入点和 8 个输出点。

③ 模拟量映像寄存器的大小。模拟量 I/O 允许的逻辑空间为：CPU222——16 输入和 16 输出。CPU224 和 CPU226——32 输入和 32 输出。

④ 5 V 电源预算。S7-200 系列 CPU 的最大 I/O 口配置如表 1-1 所示。

表 1-1 S7-200 系列 CPU 的最大 I/O 口配置

模 块	(DC5 V) mA	数字量输入	数字量输出	模拟量输入	模拟量输出
CPU 221	不能扩展				
CPU 222					
最大数字量输入/输出					
CPU	340	8	6		
2×EM223 DI16/DO16×24 VDC 或者	– 320 或者	32	32		
2×EM223 DI16/DO16×24 VDC/继电器	– 300				
总和＝	> 0	40	38		
CPU 222					
最大模拟量输入					
CPU	340	8	6		
2×EM235 A14/AQ1	– 60			8	2
总和＝	> 0	8	6	8	2
最大模拟量输出					
CPU	340	8	6		
2×EM232 AQ2	– 40			0	4
总和＝	> 0	8	6	0	4
CPU 224					
最大数字量输入/继电器输出					
CPU	660	14	10		
4×EM223 DI16/DO16×24 VDC/继电器	– 600	64	64		
2×EM221 DI8×24 VDC	– 60	16			
总和＝	– 0	94	74		
最大数字量输入/DC 输出					
CPU	660	14	10		
4×EM223 DI16/DO16×24 VDC	– 640	64	64		
总和＝	> 0	78	74		
数字量输入/最大继电器输出					
CPU	660	14	10		
4×EM223 DI16/DO16×24 VDC/继电器	– 600	64	64		
1×EM222 DO8×继电器	– 40		8		
总和＝	> 0	78	82		
CPU 226					
最大数字量输入/继电器输出					
CPU	1000	24	16		
6×EM223 DI16/DO16×24 VDC/继电器	– 900	96	96		
1×EM222 DI8/DO8×24 VDC/继电器	80	8	8		
总和＝	> 0	128	120		

续表 1-1

模 块	(DC5 V) mA	数字量输入	数字量输出	模拟量输入	模拟量输出
最大数字量输入/DC 输出 CPU 6×EM223 DI16/DO16×24 VDC 1×EM221 DI8×24 VDC 总和 =	 1000 – 960 – 30 > 0	 24 96 8 128	 16 96 112		
CPU 224 或 CPU 226					
最大模拟量输入 CPU 7×EM235 A14/AQ1 总和 =	 > 660 – 210 > 0	 14（24） 14（24）	 10（16） 10（16）	 28 28	 7 7
最大模拟量输出 CPU 7×EM232 AQ2 总和 =	 > 660 – 140 > 0	 14（24） 14（24）	 10（16） 10（16）	 0 0	 14 14

1.4.2 数字量/模拟量扩展模块

S7-200 系列 PLC 是模块式结构，可以通过配接各种扩展模块达到扩展功能、提高控制能力以及扩大输入和输出量的目的。目前 S7-200 主要有数字量 I/O 扩展模块、模拟量扩展模块、热电阻模块、通信模块及特殊扩展模块 5 大类。基本单元通过其右侧的扩展接口用总线连接器（插件）与扩展单元左侧的扩展接口相连接的方法。

S7-200 系列 PLC 与扩展模块的连接如图 1-11 所示。

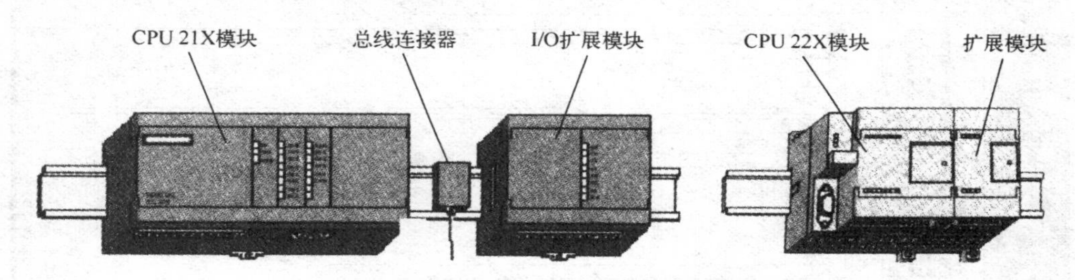

图 1-11 S7-200 系列 PLC 与扩展模块的连接

数字量扩展模块为使用更多的输入/输出点提供了途径。

模拟量模块提供了模拟量输入/输出的功能。

EM231 热电阻模块提供了 S7-200 与多种热电阻的连接接口，用户可以通过 DIP 开关来选择热电阻的类型、接线方式、测量单位和开路故障的方向。所以连接到模块上的热电阻必须是相同类型的 DIP，组态开关位于模块的下部，见图 1-12。

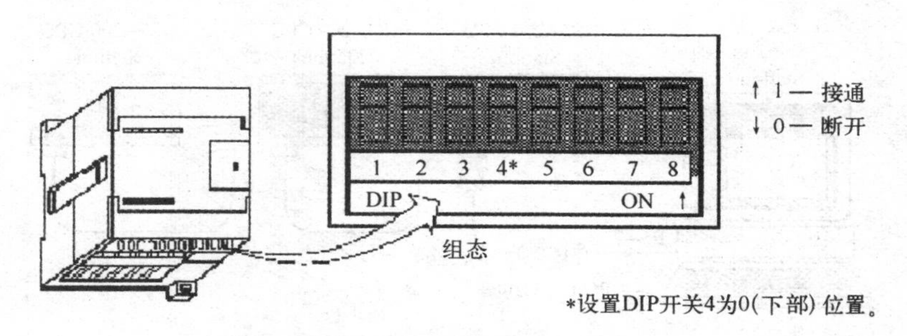

图 1-12 组态热电阻模块的 DIP 开关

除了 CPU 集成通信口外，S7-200 还可以通过通信扩展模块连接成更大的网络。

S7-200 还开发了一些特殊的扩展模块，比如，EM253 定位模块及温度测量模块等。

1.5 S7-200 系列 PLC 编程工具软件简介

1.5.1 S7-200 编程软件的安装

① 安装条件：

• 操作系统：Windows98 以上的操作系统。

• 计算机配置：IBM486 以上兼容机，内存 8 MB 以上，VGA 显示器，50 MB 以上的硬盘空间。

• 通信电缆：用一条 PC/PPI 电缆实现可编程控制器与计算机的通信。

② 编程软件的组成：STEP7-Micro/WIN 32 编程软件包括 Microwin3.1，Microwin3.11，Toolbox（包括 Uss 协议指令：变频通信用；TP070：触摸屏的组态软件 TpDesigner V1.0 设计师）工具箱，以及 Microwin4.0 Chinese 等编程软件。

③ 安装完成后的运行界面如图 1-13 所示。

④ 使用 RS-232/PPI 电缆连接 S7-200PLC 与编程设备（见图 1-14）。

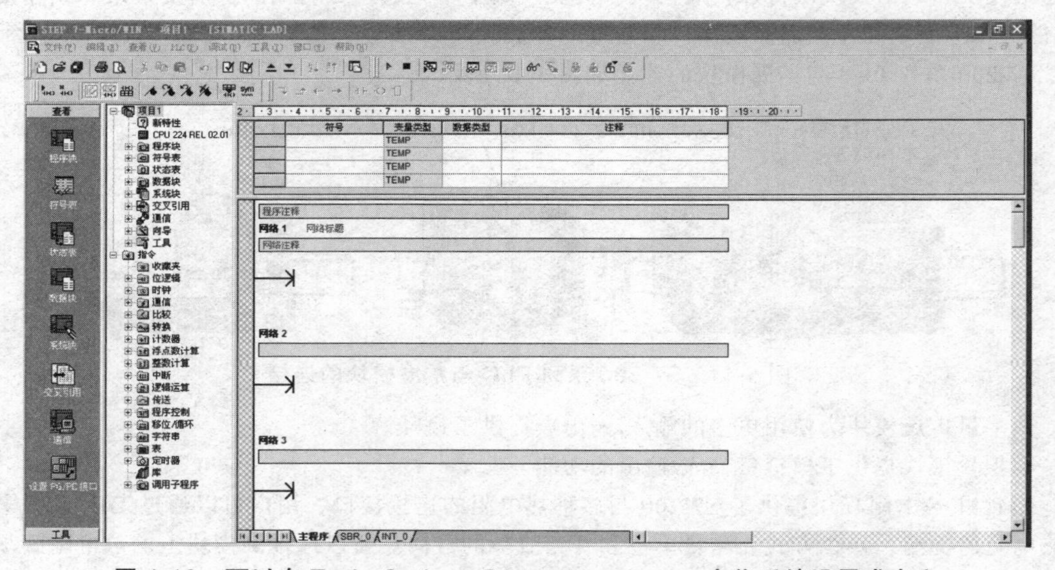

图 1-13 可以在 Tools-Options-General-Language 中将系统设置成中文

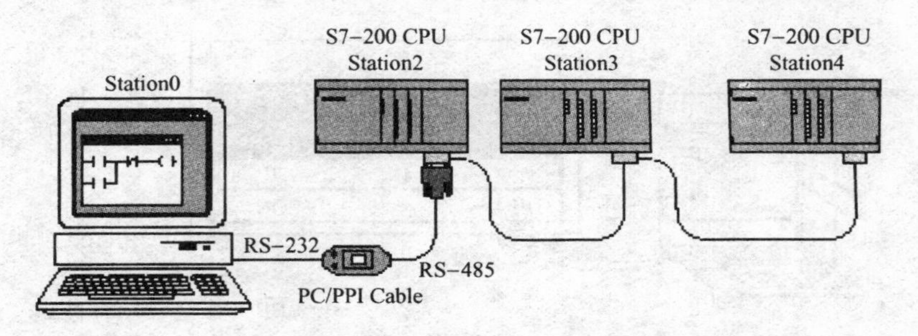

图 1-14 使用 RS-232/PPI 电缆连接 S7-200PLC 与编程设备

⑤ 通信参数的设置：硬件设置好后，按下面的步骤设置通信参数：

• 在 STEP7-Micro/WIN32 运行时单击通信图标，或从“视图（View）”菜单中选择“通信（Communications）”，则会出现一个通信对话框。

• 对话框中双击 PC/PPI 电缆图标，将出现 PC/PG 接口的对话框。

• 单击“属性（Properties）”按钮，将出现接口属性对话框，检查各参数的属性是否正确，初学者可以使用默认的通信参数，在 PC/PPI 性能设置的窗口中按“默认（Default）”按钮，可获得默认的参数。默认站地址为 2，波特率为 9 600 b/s。

⑥ 建立在线连接。在前几步顺利完成后，可以建立与 S7-200 CPU 的在线联系，步骤如下：

• 在 STEP7-Micro/WIN32 运行时单击通信图标，或从“视图（View）”菜单中选择“通信（Communications）”，出现一个通信建立结果对话框，显示是否连接了 CPU 主机。

• 双击对话框中的刷新图标，STEP7-Micro/WIN32 编程软件将检查所连接的所有 S7- 200CPU 站。

• 双击要进行通信的站，在通信建立对话框中，可以显示所选的通信参数。

⑦ 修改 PLC 的通信参数。计算机与可编程控制器建立起在线连接后，即可以利用软件检查、设置和修改 PLC 的通信参数。步骤如下：

• 单击浏览条中的系统块图标，或从“视图（View）”菜单中选择“系统块（System Block）”选项，将出现系统块对话框。

• 单击“通信口”选项卡，检查各参数，确认无误后单击确定。若须修改某些参数，可以先进行有关的修改，再单击“确认”。

• 单击工具条的下载按钮，将修改后的参数下载到可编程控制器，设置的参数才会起作用。

1.5.2　编程软件的使用

（1）打开软件

打开编程软件，此时为汉化界面，见图 1-15。

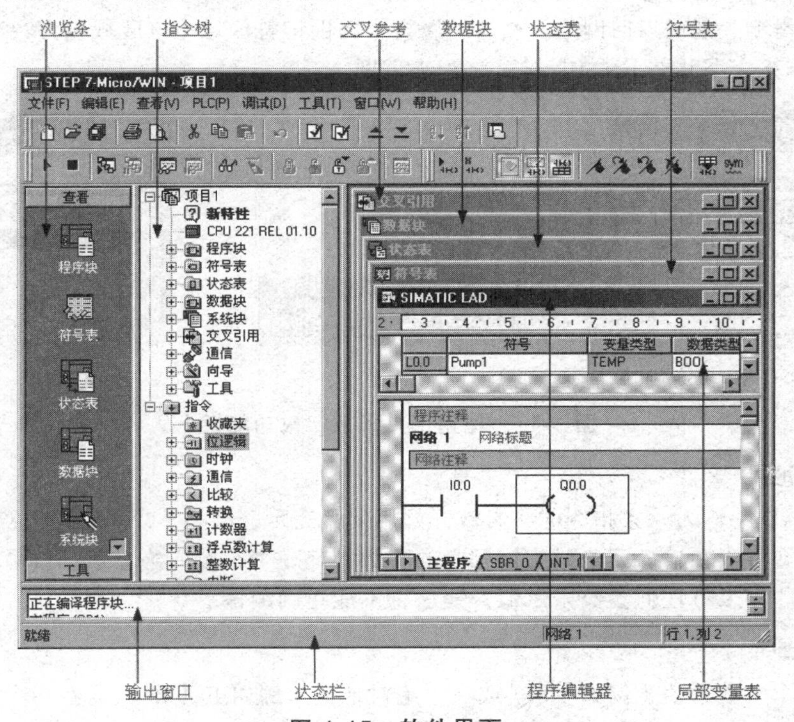

图 1-15　软件界面

（2）创建工程

点击“新建项目”按钮，选择文件（File）> 新建（New）菜单命令，按 Ctrl+N 快捷键组合。在菜单“文件”下单击“新建”，开始新建一个程序。

（3）在程序编辑器中输入指令

从指令树中拖放选择指令，见图 1-16（a）；将指令拖曳至所需的位置，见图 1-16（b）；松开鼠标按钮，将指令放置在所需的位置，或双击该指令，将指令放置在所需的位置，见图 1-16（c）。

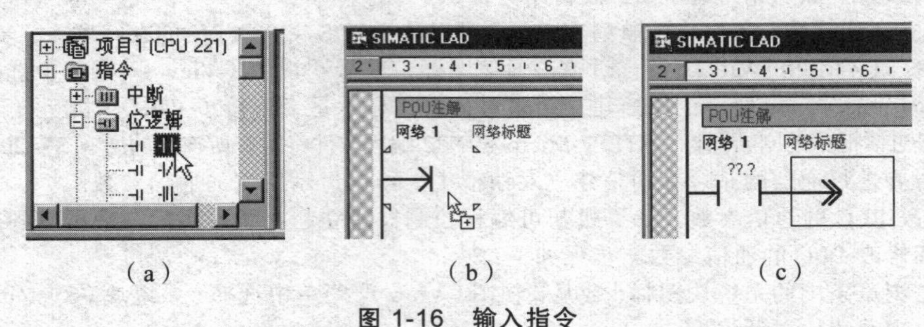

（a）（b）（c）

图 1-16 输入指令

注：光标会自动阻止您将指令放置在非法位置（例：放置在网络标题或另一条指令的参数上）。

（4）使用工具条按钮或功能键

在程序编辑器窗口中将光标放在所需的位置，此时一个选择方框在位置周围出现，见图 1-17（a），或者点击适当的工具条按钮，或使用适当的功能键（F4=触点、F6=线圈、F9=方框）插入一个类属指令，见图 1-17（b），出现一个下拉列表。滚动或键入开头的几个字母，浏览至所需的指令，双击所需的指令或使用 ENTER 键插入该指令，见图 1-17（c）。（如果此时您不选择具体的指令类型，则可返回网络，点击类属指令的助记符区域（该区域包含???，而不是助记符），或者选择该指令并按 ENTER 键，将列表调回）

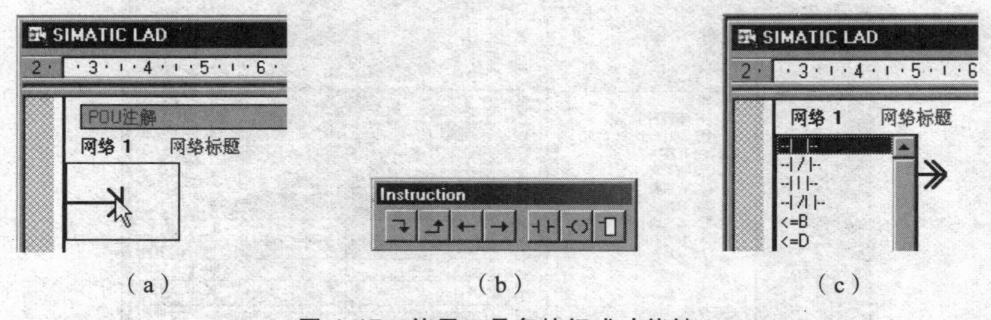

（a）（b）（c）

图 1-17 使用工具条按钮或功能键

（5）输入地址

当您在 LAD 中输入一条指令时，参数开始用问号表示，例如（??.?）或（????）。问号表示参数未赋值。您可以在输入元素时为该元素的参数指定一个常数或绝对值、符号或变量地址或者以后再赋值。如果有任何参数未赋值，程序将不能正确编译。

（6）指定地址

欲指定一个常数数值（例如 100）或一个绝对地址（例如 I0.1），只需在指令地址区域中键入所需的数值，见图 1-18（a）。（用鼠标或 ENTER 键选择键入的地址区域）

错误指示：红色文字显示非法语法，见图 1-18（b）。

注：当您用有效数值替换非法地址值或符号时，字体自动更改为默认字体颜色（黑色，除非您已定制窗口）。

一条红色波浪线位于数值下方，表示该数值或是超出范围或是不适用于此类指令，见图 1-18(c)。

一条绿色波浪线位于数值下方，表示正在使用的变量或符号尚未定义，见图 1-18（d）。STEP 7-Micro/WIN 允许您在定义变量和符号之前写入程序。您可随时将数值增加至局部变量表或符号表中。

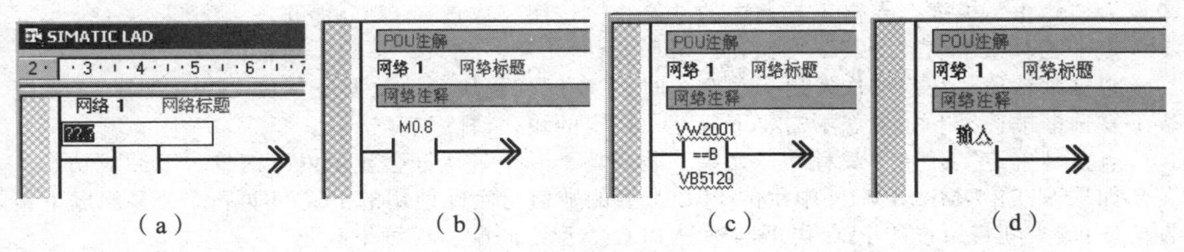

（a）　（b）　（c）　（d）

图 1-18　指定地址

（7）程序编译

用工具条按钮或 PLC 菜单进行编译，见图 1-19。

“编译”允许您编译项目的单个元素。当您选择“编译”时，带有焦点的窗口（程序编辑器或数据块）是编译窗口；另外两个窗口不编译。

“全部编译”对程序编辑器、系统块和数据块进行编译。当您使用“全部编译”命令时，哪一个窗口是焦点无关紧要。

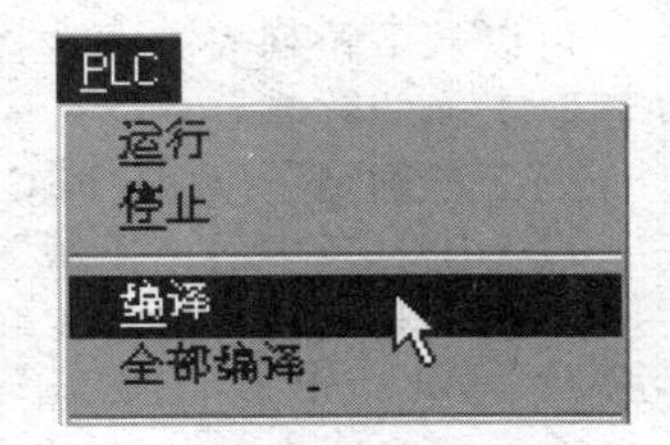

图 1-19　程序编译

（8）程序保存

使用工具条上的“保存”按钮保存您的作业，或从“文件”菜单选择“保存”和“另存为”选项保存程序，见图 1-20。

“保存”允许您在作业中快速保存所有改动。（初次保存一个项目时，会被提示核实或修改当前项目名称和目录的默认选项）“另存为”允许您修改当前项目的名称和/或目录位置。

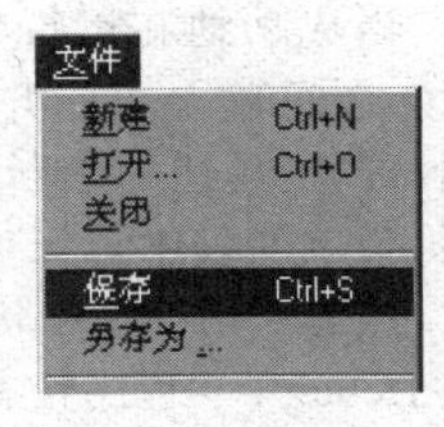

图 1-20　程序保存

当您首次建立项目时，STEP 7-Micro/WIN 提供默认值名称“Project1.mwp”。可以接受或修改该名称；如果接受该名称，下一个项目的默认名称将自动递增为“Project2.mwp”。STEP 7-Micro/WIN 项目的默认目录位置是位于“Microwin”目录中的称作“项目”的文件夹，可以不接受该默认位置。

（9）通信设置

使用 PC/PPI 连接，可以接受安装 STEP 7-Micro/WIN 时在“设置 PG/PC 接口”对话框中提供的默认通信协议。否则，从“设置 PG/PC 接口”对话框为个人计算机选择另一个通信协议，并核实参数（单元址、波特率等）。在 STEP 7-Micro/WIN 中，点击浏览条中的“通信”图标，或从菜单选择检视>组件>通信，见图 1-21。

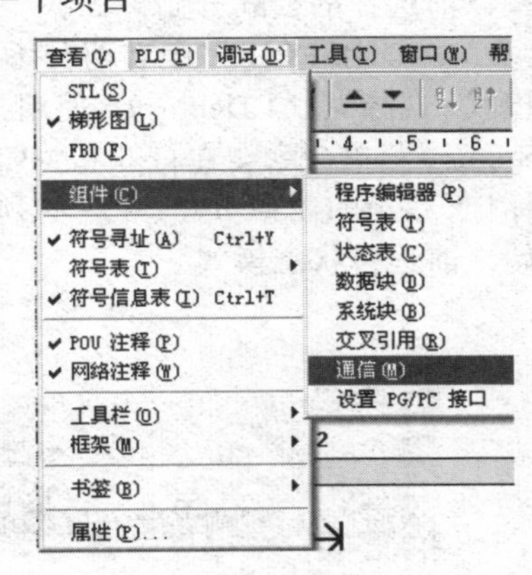

图 1-21　通信设置

从“通信”对话框的右侧窗格中单击显示“双击刷新”的蓝色文字。如果成功地在网络上的个人计算机与设备之间建立了通信，会显示一个设备列表（及其模型类型和单元址）。

STEP 7-Micro/WIN 在同一时间仅与一个 PLC 通信，会在 PLC 周围显示一个红色方框，说明该 PLC 目前正在与 STEP 7-Micro/WIN 通信。您可以双击另一个 PLC，更改为与该 PLC 通信。

（10）程序下载

从个人计算机将程序块、数据块或系统块下载至 PLC 时，下载的块内容覆盖目前在 PLC 中的块内容（如果 PLC 中有）。在您开始下载之前，核实您希望覆盖 PLC 中的块。

下载至 PLC 之前，必须核实 PLC 位于“停止”模式。检查 PLC 上的模式指示灯。如果 PLC 未设为“停止”模式，点击工具条中的“停止”按钮，或选择 PLC>停止。

点击工具条中的“下载”按钮，或选择文件>下载。出现“下载”对话框。

根据默认值，在您初次发出下载命令时，“程序代码块”、“数据块”和“CPU 配置”（系统块）复选框被选择。如果您不需要下载某一特定的块，清除该复选框。

点击“确定”开始下载程序。如果下载成功，一个确认框会显示以下信息：下载成功。

如果 STEP 7-Micro/WIN 中用的 PLC 类型的数值与实际使用的 PLC 不匹配，会显示以下警告信息：“为项目所选的 PLC 类型与远程 PLC 类型不匹配。继续下载吗？”

欲纠正 PLC 类型选项，选择“否”，终止下载程序。

从菜单条选择 PLC>类型，调出“PLC 类型”对话框。

可以从下拉列表方框选择纠正类型，或单击“读取 PLC”按钮，由 STEP 7-Micro/WIN 自动读取正确的数值。

点击“确定”，确认 PLC 类型，并清除对话框。

点击工具条中的“下载”按钮，重新开始下载程序，或从菜单条选择文件>下载。

一旦下载成功，在 PLC 中运行程序之前，您必须将 PLC 从 STOP（停止）模式转换回 RUN（运行）模式。点击工具条中的“运行”按钮，或选择 PLC>运行，转换回 RUN（运行）模式。

（11）调试和监控

当成功地在运行 STEP 7-Micro/WIN 的编程设备和 PLC 之间建立通信并向 PLC 下载程序后，就可以利用“调试”工具栏的诊断功能。可点击工具栏按钮或从“调试”菜单列表中选择项目，选择调试工具，见图 1-22。

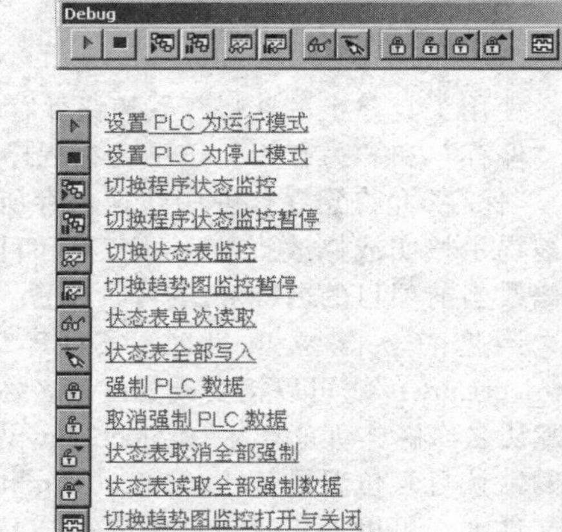

图 1-22 调试工具栏

点击“切换程序状态监控”按钮，或选择菜单命令调试（Debug）> 程序状态（Program Status），见图 1-23（a），在程序编辑器窗口中显示 PLC 数据状态。状态数据采集按以前选择的模式开始。

LAD 和 FBD 程序有两种不同的程序状态数据采集模式。选择调试（Debug）> 使用执行状态（Use Execution Status）菜单命令会在打开和关闭之间切换状态模式选择标记，见图 1-23（b）、（c）。必须在程序状态监控操作开始之前选择状态模式。

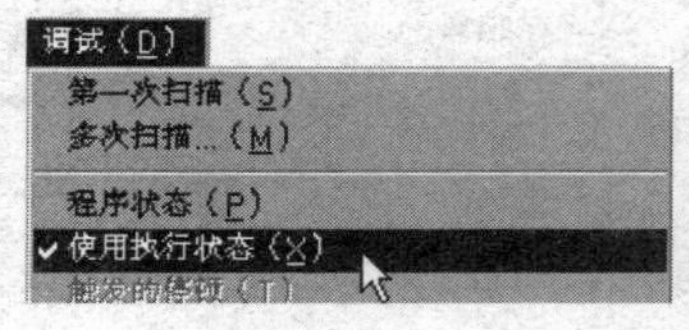

（a）

状态图

	地址	格式	当前值	新数值
1	I0.0	位	2#1	
2	I0.2	位	2#1	
3		带符号		
4	VW0	带符号	+16095	
5	T32	位	2#0	
6	T32	带符号	+0	

CHT1

（b）

SIMATIC STL

指令	操作数	操作数 1	操作数 2	操作数 3	0123	中
LD	I0.0	ON			1000	1
A	SM0.5	ON			1000	1
LD	I1.0	OFF			0100	0
A	I1.1	OFF			0100	0
OLD					1000	1
LD	I2.0	OFF			0100	0
A	SM0.5	ON			0100	1
OLD					1000	1
LD	I0.2	ON			1100	1
A	SM0.5	ON			1100	1
LD	I1.2	OFF			0110	0
A	I1.3	OFF			0110	0
OLD					1100	1
ALD					1000	1
LPS					1100	1
MOVW	VW0, VW2	+15919	+15919		1100	1
AENO					1100	1
+I	VW0, VW2	+15919	+31838		1100	1
AENO					1100	1
=	Q0.0	ON			1100	1
LRD					1100	1
TON	T32, +32000	+288	+32000		1100	1
LRD					1100	1
INCW	VW0	+15920			1100	1

MAIN　SBR_0　INT_0

（c）

图 1-23　调试和监控

1.5.3　编程规则

① 外部输入/输出继电器、内部继电器、定时器、计数器等器件的接点可多次重复使用，无须用复杂的程序结构来减少接点的使用次数。

② 梯形图每一行都是从左母线开始，线圈接在右边。接点不能放在线圈的右边，在继电器控制的原理图中，热继电器的接点可以加在线圈的右边，而 PLC 的梯形图是不允许的。

③ 线圈不能直接与左母线相连。如果需要，可以通过一个没有使用的内部继电器的常闭接点或者特殊内部继电器的常开接点来连接。

④ 同一编号的线圈在一个程序中使用两次称为双线圈输出。双线圈输出容易引起误操作，应尽量避免线圈重复使用。

⑤ 梯形图程序必须符合顺序执行的原则，即从左到右，从上到下地执行，如不符合顺序执行的电路就不能直接编程。

⑥ 在梯形图中串连接点使用的次数是没有限制，可以无限次地使用。

⑦ 两个或两个以上的线圈可以并联输出。

【任务实施】

1. 硬件配置

根据系统需要，选用西门子 S7-200 CPU224 系列 PLC。

要实现电动机的点动运行所需的器件有：启动按钮 SB，交流接触器 KM，热继电器 FR 及开关 QF 等。电路的连接如图 1-24 所示。

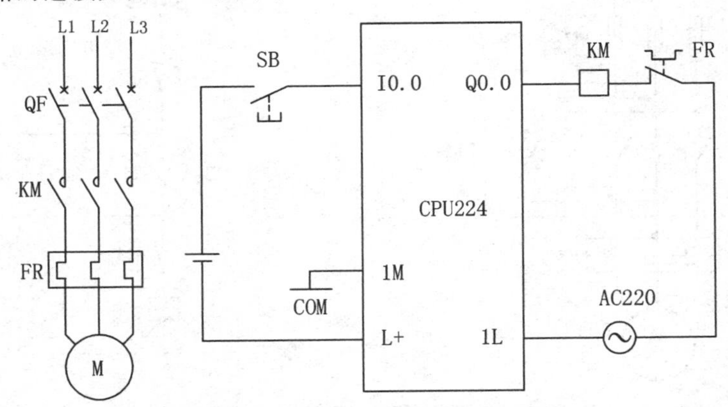

图 1-24　电动机的点动运行 PLC 接线图

2. I/O 分配表

输入（1个端子）			输出（1个端子）		
说明	器件名称	地址号	说明	器件名称	地址号
点动按钮	SB	I0.0	交流接触器	KM	Q0.0

3. 梯形图设计

根据输入/输出接线图可设计出异步电动机点动运行的梯形图如图 1-25 所示。

工作过程分析如下：当按下 SB 时，输入继电器 I0.0 得电，其常开触点闭合，则此时输出继电器 Q0.0 接通，进而接触器 KM 得电，其主触点接通电动机的电源，则电动机启动运行。当松开按钮 SB 时，I0.0 失电，其触点断开，Q0.0 失电，接触点 KM 断电，电动机停止转动，即本梯形图可实现点动控制功能。

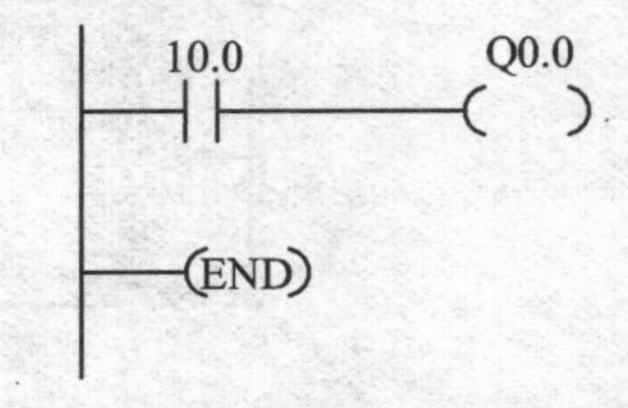

图 1-25 电动机的点动运行梯形图

【巩固练习】

1. 简述 PLC 的基本工作原理。
2. 思考 S7-200 PLC 接线方式与继电器-接触器控制电路的不同之处。
3. 用 STEP7-Micro/Win 软件编程时需要注意什么和准备什么？

任务 2 PLC 控制传送带正反转装置

【任务要求】

在前面任务的基础上，实现传送带正反转，并掌握 PLC 实现互锁、联锁功能的方法。

三相异步电动机正反转点动控制，是指当按下正转按钮时，电动机启动正向运转；当按下反转按钮时，电动机启动反向运转（在正反转切换的过程时必须先按下停止按钮停止电动机）。

三相异步电动机接触器-继电器正反转点动控制电路原理图如图 1-26 所示。

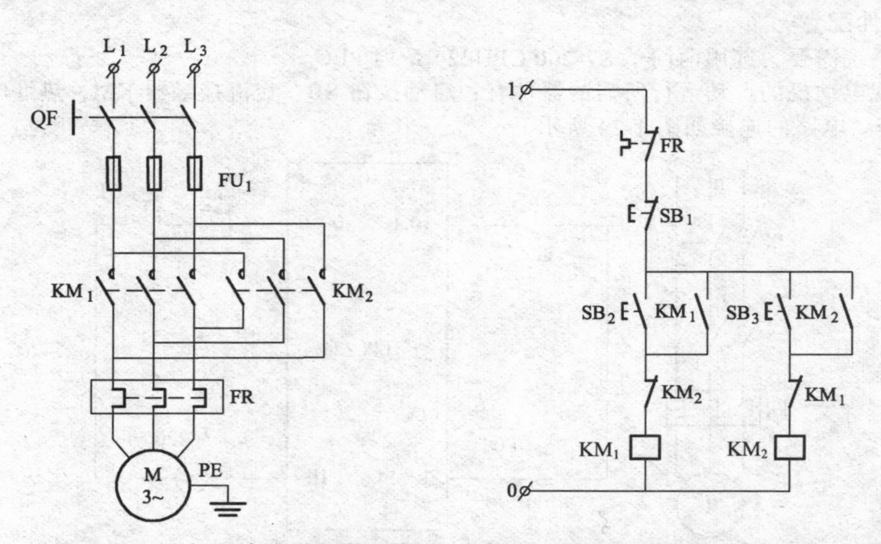

图 1-26 三相异步电动机接触器-继电器正反转点动控制电路原理图

下面通过对此电路进行 PLC 控制，使同学们逐步掌握 PLC 实现互锁、联锁的方法。

【任务目标】

1. 知识要求

① 了解 PLC 的产生、定义及分类。

② 了解 PLC 的特点、主要功能及性能指标。

③ 掌握 PLC 的编程语言。

④ 熟悉 PLC 的硬件结构及工作原理。

2. 能力要求

① 知道 PLC 的发展及作用。

② 熟悉 PLC 的硬件结构，能利用其外部端子正确连接电源和简单的 I/O 器件。

③ 能正确连接 I/O 各种模块。

【相关知识】

2.1　可编程序控制器概述

2.1.1　PLC 的产生、定义及分类

1968 年美国通用汽车公司提出取代继电器控制装置的要求。

1969 年，美国数字设备公司研制出了第一台可编程逻辑控制器 PDP-14，在美国通用汽车公司的生产线上试用成功，首次采用程序化的手段应用于电气控制，这是第一代可编程逻辑控制器，称 Programmable Logic Controller，简称 PLC，是世界上公认的第一台 PLC。

1971 年，日本研制出第一台 PLC，即 DCS-8。

1973 年，德国西门子公司（SIEMENS）研制出欧洲第一台 PLC，型号为 SIMATIC S4。

1974 年，中国研制出第一台 PLC，1977 年开始工业应用。

20 世纪 70 年代初出现了微处理器。人们很快将其引入可编程逻辑控制器，使可编程逻辑控制器增加了运算、数据传送及处理等功能，完成了真正具有计算机特征的工业控制装置。此时的可编程逻辑控制器为微机技术和继电器常规控制概念相结合的产物。个人计算机发展起来后，为了方便和反映可编程控制器的功能特点，可编程逻辑控制器定名为 Programmable Logic Controller（PLC）。

20 世纪 70 年代中末期，可编程逻辑控制器进入实用化发展阶段，计算机技术已全面引入可编程控制器中，使其功能发生了飞跃。更高的运算速度、超小型体积、更可靠的工业抗干扰设计、模拟量运算、PID 功能及极高的性价比奠定了它在现代工业中的地位。

20 世纪 80 年代初，可编程逻辑控制器在先进工业国家中已获得广泛应用。世界上生产可编程控制器的国家日益增多，产量日益上升。这标志着可编程控制器已步入成熟阶段。

20 世纪 80 年代至 90 年代中期，是可编程逻辑控制器发展最快的时期，年增长率一直保持为 30%～40%。在这时期，PLC 在处理模拟量能力、数字运算能力、人机接口能力和网络能力得到大幅度提高，可编程逻辑控制器逐渐进入过程控制领域，在某些应用上取代了在过程控制领域处于统治地位的 DCS 系统。

20 世纪末期，可编程逻辑控制器的发展特点是更加适应于现代工业的需要。这个时期发展了大型机和超小型机，诞生了各种各样的特殊功能单元，生产了各种人机界面单元、通信单元，使应用可编程逻辑控制器的工业控制设备的配套更加容易。

可编程逻辑控制器按结构分为整体型和模块型两类，按应用环境分为现场安装和控制室安装两类；按 CPU 字长分为 1 位、4 位、8 位、16 位、32 位、64 位等。从应用角度出发，通常

可按控制功能或输入/输出点数选型。

整体型可编程逻辑控制器的 I/O 点数固定，因此用户选择的余地较小，用于小型控制系统；模块型可编程逻辑控制器提供多种 I/O 卡件或插卡，因此用户可较合理地选择和配置控制系统的 I/O 点数，功能扩展方便灵活，一般用于大中型控制系统。

2.1.2 PLC 的特点、主要功能及性能指标

（1）使用方便，编程简单

采用简明的梯形图、逻辑图或语句表等编程语言，而无须计算机知识，因此系统开发周期短，现场调试容易。另外，可在线修改程序、改变控制方案而不拆动硬件。

（2）功能强，性能价格比高

一台小型 PLC 内有成百上千个可供用户使用的编程元件，有很强的功能，可以实现非常复杂的控制功能。它与相同功能的继电器系统相比，具有很高的性能价格比。PLC 可以通过通信联网，实现分散控制、集中管理。

（3）硬件配套齐全，用户使用方便，适应性强

PLC 产品已经标准化、系列化、模块化，配备有品种齐全的各种硬件装置供用户选用，用户能灵活方便地进行系统配置，组成不同功能、不同规模的系统。PLC 的安装接线也很方便，一般用接线端子连接外部接线。PLC 有较强的带负载能力，可以直接驱动一般的电磁阀和小型交流接触器。

硬件配置确定后，可以通过修改用户程序，方便快速地适应工艺条件的变化。

（4）可靠性高，抗干扰能力强

传统的继电器控制系统使用了大量的中间继电器、时间继电器，由于触点接触不良，容易出现故障。PLC 用软件代替大量的中间继电器和时间继电器，仅剩下与输入和输出有关的少量硬件元件，接线可减少到继电器控制系统的 1/10 ~ 1/100，因触点接触不良造成的故障大为减少。

PLC 采取了一系列硬件和软件抗干扰措施，具有很强的抗干扰能力，平均无故障时间达到数万小时以上，可以直接用于有强烈干扰的工业生产现场，PLC 已被广大用户公认为最可靠的工业控制设备之一。

（5）系统的设计、安装、调试工作量少

PLC 用软件功能取代了继电器控制系统中大量的中间继电器、时间继电器、计数器等器件，使控制柜的设计、安装、接线工作量大大减少。

PLC 的梯形图程序一般采用顺序控制设计法来设计。这种编程方法很有规律，很容易掌握。对于复杂的控制系统，设计梯形图的时间比设计相同功能的继电器系统电路图的时间要少得多。

PLC 的用户程序可以在实验室模拟调试，输入信号用小开关来模拟，通过 PLC 上的发光二极管可观察输出信号的状态。完成了系统的安装和接线后，在现场的统调过程中发现的问题一般通过修改程序就可以解决，系统的调试时间比继电器系统少得多。

（6）维修工作量小，维修方便

PLC 的故障率很低，且有完善的自诊断和显示功能。PLC 或外部的输入装置和执行机构发生故障时，可以根据 PLC 上的发光二极管或编程器提供的信息迅速地查明故障的原因，用更换模块的方法可以迅速地排除故障。

2.1.3 PLC 的编程语言

PLC 为用户提供了完整的编程语言，下面简要介绍常用的 PLC 编程语言：

（1）梯形图编程（LAD）

PLC 的梯形图在形式上沿袭了传统的继电器电气控制图，是在原继电器控制系统的继电器梯形图基础上演变而来的一种图形语言，参见图 1-27。它将 PLC 内部的各种编程元件（如继电器的触点、线圈、定时器、计数器等）和各种具有特定功能的命令用专用图形符号、标号定义，并按逻辑要求及连接规律组合和排列，从而构成了表示 PLC 输入、输出之间控制关系的图形。它是目前用得最多的 PLC 编程语言。梯形图编程语言的特点是：与电气操作原理图相对应，具有直观性和对应性；与原有继电器控制相一致，电气设计人员易于掌握。梯形图编程语言与原有的继电器控制的不同点是，梯形图中的能流不是实际意义的电流，内部的继电器也不是实际存在的继电器，应用时，需要与原有继电器控制的概念区别对待。

项　目	物理继电器	PLC 继电器
线　圈		
常开触点		
常闭触点		

（a）符号对照

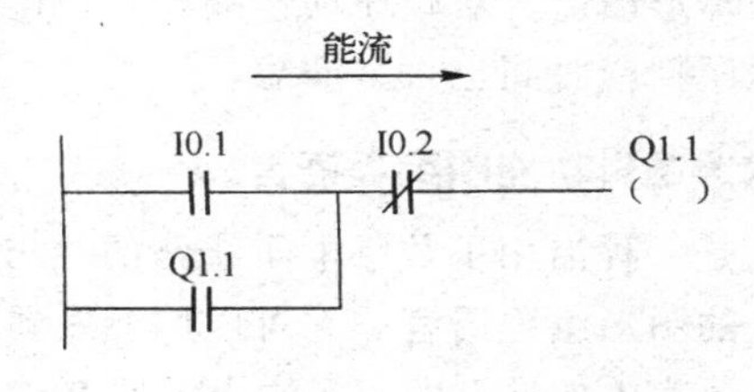

（b）典型梯形图示意

图 1-27　符号对照与典型梯形图示意

（2）指令表编程

指令表编程语言是与汇编语言类似的一种助记符编程语言，和汇编语言一样由操作码和操作数组成，参见图 1-28。在无计算机的情况下，适合采用 PLC 手持编程器对用户程序进行编制。同时，指令表编程语言与梯形图编程语言图一一对应，在 PLC 编程软件下可以相互转换。指令表表编程语言的特点是：采用助记符来表示操作功能，具有容易记忆，便于掌握；在手持编程器的键盘上采用助记符表示，便于操作，可在无计算机的场合进行编程设计；与梯形图有一一对应关系。其特点与梯形图语言基本一致。

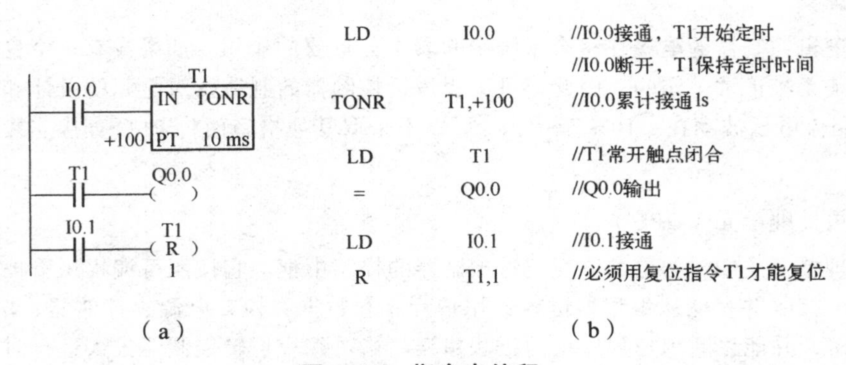

图 1-28　指令表编程

（3）顺序功能流程图编程

顺序功能流程图语言是为了满足顺序逻辑控制而设计的编程语言。编程时将顺序流程动作的过程分成步和转换条件，根据转移条件对控制系统的功能流程顺序进行分配，一步一步地按照顺序动作，参见图1-29。每一步代表一个控制功能任务，用方框表示。在方框内含有用于完成相应控制功能任务的梯形图逻辑。这种编程语言使程序结构清晰，易于阅读及维护，大大减轻了编程的工作量，缩短了编程和调试时间，适合用于系统的规模较大、程序关系较复杂的场合。

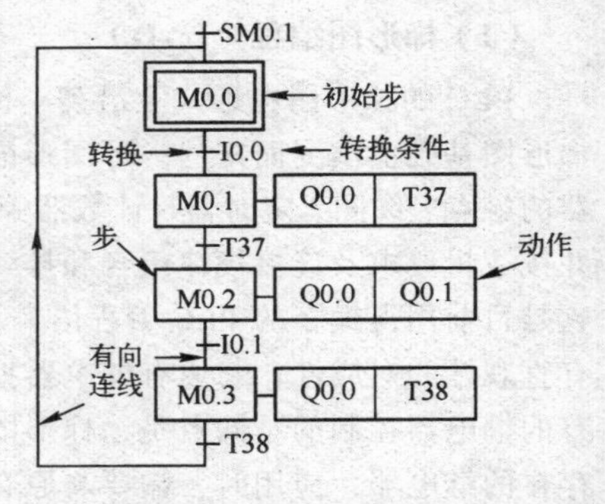

图 1-29 状态流程图编程

顺序功能流程图编程语言的特点：以功能为主线，按照功能流程的顺序分配，条理清楚，便于对用户程序理解；避免了梯形图或其他语言不能顺序动作的缺陷，同时也避免了用梯形图语言对顺序动作编程时，由于机械互锁造成用户程序结构复杂、难以理解的缺陷；用户程序扫描时间也大大缩短。

（4）逻辑功能图编程语言

它是一种沿用了数字电子线路的“与”、“或”、“非”等逻辑门电路、触发器、连线等图形与符号的图形编程语言。它可以用触发器、计数器、比较器等数字电子线路的符号表示其他图形编程语言（如梯形图）无法表示的PLC基本指令与应用指令。其特点是程序直观、形象、设计方便，程序逻辑关系清晰、简洁，特别是对于开关量控制系统的逻辑运算控制，使用逻辑功能图编程比其他编程语言更为方便。但目前可以使用逻辑功能图编程的PLC种类相对较少。

（5）高级语言编程语言

随着软件技术的发展，为了增强PLC的运算功能和数据处理能力并方便用户使用，许多大、中型PLC已采用类似BASIC、PASCAL、FORTAN、C等高级语言的PLC专用编程语言，实现程序的自动编译。

2.1.4 PLC的硬件结构

PLC的硬件结构基本上与微型计算机相同，其基本构成为：

（1）电源

可编程逻辑控制器的电源在整个系统中起着十分重要的作用。如果没有一个良好的、可靠的电源系统是无法正常工作的，因此，可编程逻辑控制器的制造商对电源的设计和制造也十分重视。一般交流电压波动在±10%范围内，可以不采取其他措施而将PLC直接连接到交流电网上去。

（2）中央处理单元（CPU）

中央处理单元（CPU）是可编程逻辑控制器的控制中枢。它按照可编程逻辑控制器系统程序赋予的功能接收并存储从编程器键入的用户程序和数据；检查电源、存储器、I/O以及警戒定时器的状态，并能诊断用户程序中的语法错误。当可编程逻辑控制器投入运行时，首先它以扫描的方式接收现场各输入装置的状态和数据，并分别存入I/O映象区，然后从用户程序存储器中逐条读取用户程序，经过命令解释后按指令的规定执行逻辑或算数运算的结果送入I/O映象区或数据寄存器内。等所有的用户程序执行完毕之后，最后将I/O映象区的各输出状态或输出寄存器内的数据传送到相应的输出装置，如此循环运行，直到停止运行。

为了进一步提高可编程逻辑控制器的可靠性，近年来对大型可编程逻辑控制器还采用双 CPU 构成冗余系统，或采用三 CPU 的表决式系统。这样，即使某个 CPU 出现故障，整个系统仍能正常运行。

（3）存储器

存放系统软件的存储器称为系统程序存储器。

存放应用软件的存储器称为用户程序存储器。

（4）输入/输出接口电路

输入接口电路起着 PLC 和外围设备之间传递信息的作用。PLC 通过输入接口电路开关、按钮、传感器等输入信号转换成 CPU 能接收和处理的信号。输出接口电路时将 CPU 送出的弱电流控制信号转换成现场需要的强电流控制信号输出，以驱动被控设备。为了保证 PLC 可靠地工作，设计者在 PLC 的接口电路上采取了不少措施。输入/输出接口电路是用户使用 PLC 唯一要进行的硬件连接，从使用的角度考虑，每个用户都必须清楚地了解 PLC 的 I/O 性能，才能应用自如。

输入模块用于处理输入信号，对输入信号进行滤波、隔离、电平转换等，把输入信号的逻辑值准确可靠地传入 PLC 内部。开关量输入单元按照输入端的电源类型不同，分为直流输入单元和交流输入单元。

如图 1-30 所示，在直流输入单元中，电阻 R_1 与 R_2 构成分压器，电阻 R_2 与电容 C 组成阻容滤波。二极管用于防止反极性电压输入，发光二极管（LED）指示输入状态。光耦合器隔离输入电路与 PLC 内部电路的电气连接，并使外部信号通过光耦合器变成内部电路接收的标准信号。当外部开关闭合后，外部直流电压经过电阻分压和阻容滤波后加到光耦合器的发光二极管上，经光耦合，光敏晶体管接收光信号，并输出一个对内部电路来说接通的信号，输出端的发光二极管（LED）点亮，指示现场开关闭合。

如图 1-31 所示，在交流输入单元中，电阻 R_2 与 R_3 构成分压器。电阻 R_1 为限流电阻，电容 C 为滤波电容。双向光耦合器起整流和隔离双重作用，双向发光二极管用作状态指示。交流输入单元的工作原理与直流输入单元基本相同，仅在正反向时导通的双向光耦合器不同。

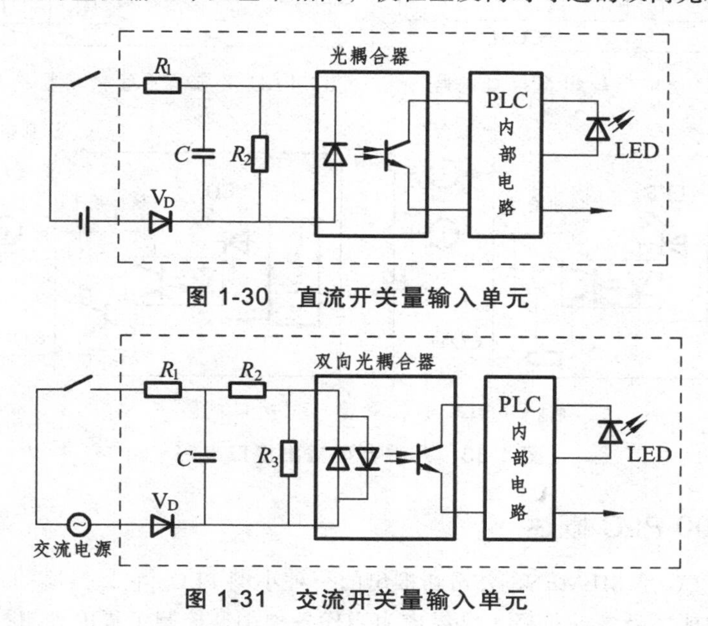

图 1-30　直流开关量输入单元

图 1-31　交流开关量输入单元

应特别注意的是：在工业现场经常会使用到两根导线传感器或三根导线传感器，甚至四根导线传感器，一定要注意其正确接入，方能保证信号的正常采集。两根导线传感器与 PLC 的连接方法与按钮类似，三根导线传感器往往分为 NPN 和 PNP 两大类，其接法是有区别的，如图 1-32 所示。

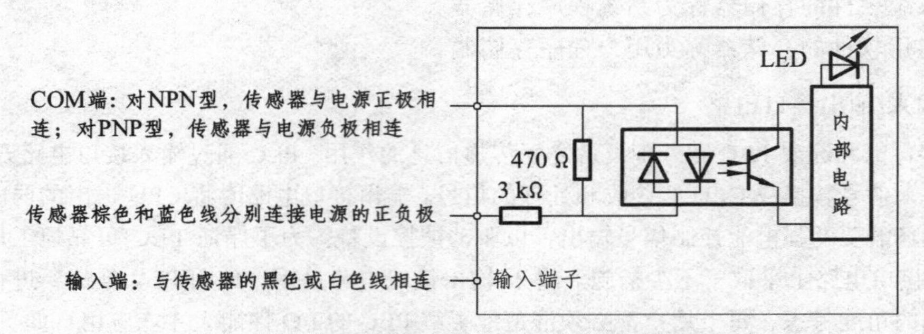

图 1-32 NPN 和 PNP 三线制传感器接线图

输出模块用于把用户程序的逻辑运算结果输出到 PLC 外部，输出模块具有隔离 PLC 内部电路和外部执行元件的作用，同时兼有功率放大作用。输出模块常用的型式有晶体管输出（T 型）、双向晶闸管输出（S 型）和继电器输出（R 型），见图 1-33。

使用时注意：晶体管输出型模块只能带直流负载；双向晶闸管输出型模块只能带交流负载；继电器输出型模块可带交/直流负载，但不能用于高频输出。

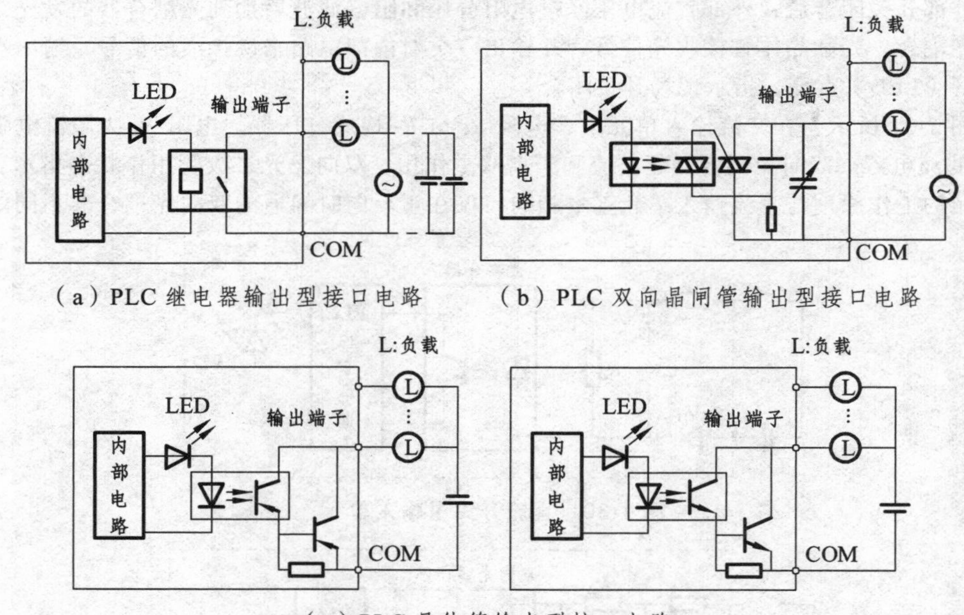

（a）PLC 继电器输出型接口电路

（b）PLC 双向晶闸管输出型接口电路

（c）PLC 晶体管输出型接口电路

图 1-33 几种典型输出接口电路

2.2 S7-200 PLC 概述

S7-200 系列 PLC 是 SIEMENS 公司新推出的一种小型 PLC。它以紧凑的结构、良好的扩展性、强大的指令功能、低廉的价格，已经成为当代各种小型控制工程的理想控制器。

S7-200 PLC 包含了一个单独的 S7-200 CPU 和各种可选择的扩展模块，可以十分方便地组成不同规模的控制器。其控制规模可以从几点上到几百点。S7-200 PLC 可以方便地组成 PLC-PLC 网络和微机-PLC 网络，从而完成规模更大的工程。

S7-200 的编程软件 STEP7-Micro/WIN32 可以方便地在 Windows 环境下对 PLC 编程、调试、监控，使得 PLC 的编程更加方便、快捷。可以说，S7-200 可以完美地满足各种小规模控制系统的要求。

S7-200 有四种 CPU，其性能差异很大。这些性能直接影响到 PLC 的控制规模和 PLC 系统的配置。

目前 S7-200 系列 PLC 主要有 CPU221、CPU222、CPU224 和 CPU226 四种。档次最低的是 CPU221，其数字量输入点数有 6 点，数字量输出点数有 4 点，是控制规模最小的 PLC。档次最高的应属 CPU226，CPU226 集成了 24 点输入/16 点输出，共有 40 个数字量 I/O。可连接 7 个扩展模块，最大扩展至 248 点数字量 I/O 点或 35 路模拟量 I/O。

2.2.1　CPU221 的技术指标

CPU221 本机集成了 6 点数字量输入和 4 点数字量输出，共有 10 个数字量 I/O 点，无扩展能力。CPU221 有 6 KB 字节程序和数据存贮空间，4 个独立的 30 kHz 高速计数器，2 路独立的 20 kHz 高速脉冲输出，1 个 RS-485 通信/编程口。CPU221 具有 PPI 通信、MPI 通信和自由方式通信能力，非常适于小型数字量控制。

2.2.2　CPU222 的技术指标

CPU222 本机集成了 8 点输入/6 点输出，共有 14 个数字量 I/O。可连接 2 个扩展模块，最大扩展至 78 点数字量 I/O 点或 10 路模拟量 I/O 点。CPU222 有 6 KB 字节程序和数据存贮空间，4 个独立的 30 kHz 高速计数器，2 路独立的 20 kHz 高速脉冲输出，具有 PID 控制器。它还配置了 1 个 RS-485 通信/编程口，具有 PPI 通信、MPI 通信和自由方式通信能力。CPU222 具有扩展能力、适应性更广泛的小型控制器。

2.2.3　CPU224 的技术指标

CPU224 本机集成了 14 点输入/10 点输出，共有 24 个数字量 I/O。它可连接 7 个扩展模块，最大扩展至 168 点数字量 I/O 点或 35 路模拟量 I/O 点。CPU224 有 13 KB 字节程序和数据存贮空间，6 个独立的 30 kHz 高速计数器，2 路独立的 20 kHz 高速脉冲输出，具有 PID 控制器。CPU224 配有 1 个 RS-485 通信/编程口，具有 PPI 通信、MPI 通信和自由方式通信能力，是具有较强控制能力的小型控制器。

2.2.4　CPU226 的技术指标

CPU226 本机集成了 24 点输入/16 点输出，共有 40 个数字量 I/O。可连接 7 个扩展模块，最大扩展至 248 点数字量 I/O 点或 35 路模拟量 I/O。CPU226 有 13 KB 字节程序和数据存贮空间，6 个独立的 30 kHz 高速计数器，2 路独立的 20 kHz 高速脉冲输出，具有 PID 控制器。CPU226 配有 2 个 RS-485 通信/编程口，具有 PPI 通信、MPI 通信和自由方式通信能力。用于较高要求的中小型控制系统。

2.2.5 S7-200CPU 存储器的范围与特性（见表 1-2）

表 1-2 S7-200CPU 存储器的范围与特性

描 述	CPU221	CPU222	CPU224	CPU224XP	CPU226
用户数据存储区/B 可以在运行模式下编辑 不能在运行模式下编辑	 4096 4096	 4096 4096	 8192 12288	 12288 16384	 16384 24576
数据存储区/B	2048	2048	8192	10240	10240
输入映像寄存器（I）	I0.0 ~ I15.7				
输出映像寄存器（Q）	Q0.0 ~ Q15.7				
模拟量输入（只读）	AIW0 ~ AIW30		AIW0 ~ AIW62		
模拟量输出（只写）	AQW0 ~ AQW30		AQW0 ~ AQW62		
变量存储器（V）	VB0 ~ VB2048		VB0 ~ VB8191	VB0 ~ VB10239	
局部存储器（L）	LB0 ~ LB63				
位存储器（M）	M0.0 ~ M31.7				
特殊存储器（SM） 特殊存储器（只读）	SM0.0 ~ SM179.7 SM0.0 ~ SM29.7	SM0.0 ~ SM299.7 SM0.0 ~ SM29.7	SM0.0 ~ SM549.7 SM0.0 ~ SM29.7		
定时器 保持型通电延时，1 ms 保持型通电延时，10 ms 保持型通电延时，100 ms 接通/关断延时，1 ms 接通/关断延时，10 ms 接通/关断延时，100 ms	256（T0 ~ T255） T0，T64 T1 ~ T4，T65 ~ T68 T5 ~ T31，T69 ~ T95 T32，T96 T33 ~ T36，T97 ~ T100 T37 ~ T63，T101 ~ T255				
计数器	C0 ~ C255				
高速计数器	HC0 ~ HC5				
顺序控制继电器	S0.0 ~ S31.7				
累加器	AC0 ~ AC3				
跳转/标号	0 ~ 255				
调用/子程序	0 ~ 63				0 ~ 127
中断服务程序	0 ~ 127				
正负跳变	256				
PID 回路	0 ~ 7				
串行扫描	端口 0				端口 0, 1

2.2.6 S7-200 PLC 的软元件的功能

（1）输入映像寄存器

PLC 的输入端子是从外部接收信号的窗口。输入端子与输入映像寄存器（I）的相应位对应即构成输入继电器，其常开和常闭触点使用次数不限。

注意：输入继电器线圈只能由外部输入信号所驱动，而不能在程序内部用指令来驱动。

输入映像寄存器的数据可以 bit 为单位使用，也可按字节、字、双字为单位使用，其地址格式为：

位地址：I[字节地址].[位地址]，如 I0.1。

字节、字、双字地址：I[数据长度][起始字节地址]，如 IB4、IW6、ID8。

CPU224 模块输入映像寄存器的有效地址范围为：I（0.0 ~ 15.7）

（2）输出映像寄存器（Q）

PLC 的输出端子是 PLC 向外部负载发出控制命令的窗口。输出端子与输出映像寄存器（Q）的相应位对应即构成输出继电器，输出继电器控制外部负载，其内部的软触点使用次数不限。

输出映像寄存器的数据可以 bit 为单位使用，也可按字节、字、双字为单位使用，其地址格式为：

位地址：Q[字节地址].[位地址]，如 Q0.1。

字节、字、双字地址：Q[数据长度][起始字节地址]，如 QB4、QW6、QD8。

CPU224 模块输入映像寄存器的有效地址范围为：I（0.0 ~ 15.7）

（3）内部标志位存储器（M）

内部标志位存储器（M）也称为内部继电器，存放中间操作状态，或存储其他相关的数据。内部标志位存储器以位为单位使用，也可以字节、字、双字为单位使用。

注意：内部继电器不能直接驱动外部负载。

内部标志位存储器（M）的地址格式为：

位地址：M[字节地址].[位地址]，如 M0.1。

字节、字、双字地址：M[数据长度][起始字节地址]，如 MB4、MW6、MD8。

CPU224 模块内部标志位存储器的有效地址范围为：M（0.0 ~ 31.7）；MB（0 ~ 31）；MW（0 ~ 30）；MD（0 ~ 28）

（4）特殊标志位存储器（SM）

特殊标志位存储器（SM）即特殊内部继电器。它为用户提供一些特殊的控制功能及系统信息，用户对操作的一些特殊要求也通过 SM 通知系统。特殊标志位存储器（SM）以位为单位使用，也可以字节、字、双字为单位使用。

SM0.0——RUN 监控，PLC 在 RUN 状态时，SM0.0 总为 1。

SM0.1——初始脉冲，PLC 由 STOP 转为 RUN 时，SM0.1 接通一个扫描周期。

SM0.2——当 RAM 中保存的数据丢失时，SM0.2 接通扫描一个周期。

SM0.3——PLC 上电进入 RUN 状态时，SM0.3 接通一个扫描周期。

SM0.4——分脉冲；占空比为 50%，周期为 1 min 的脉冲串。

SM0.5——秒脉冲；占空比为 50%，周期为 1 s 的脉冲串。

SM0.6——扫描时钟，一个扫描周期为 ON，下一个为 OFF，交替循环。

SM1.0——执行指令的结果为 0 时，该位置 1。

SM1.1——执行指令的结果溢出或检测到非法数值时，该位置 1。

SM1.2——执行数学运算的结果为负数时，该位置 1。

SM1.3——除数为 0 时，该位置 1。

特殊标志位寄存器的地址格式为：

位地址：SM[字节地址].[位地址]，如 SM0.1。

字节、字、双字地址：SM[数据长度][起始字节地址]，如 SMB4、SMW6、SMD8。

（5）顺序控制继电器（S）

顺序控制继电器（S）是使用顺控继电器指令编程时的重要元件。

顺序控制继电器（S）以位为单位使用，也可按字节、字、双字来存取数据，其地址格式为：

位地址：S[字节地址].[位地址]，如 S0.1。

字节、字、双字地址：S[数据长度][起始字节地址]，如 SB4、SW6、SD8。

（6）定时器（T）

PLC 中的定时器的作用相当于时间继电器。

定时器的设定值由程序赋予，定时器的分辨率有三种：1 ms、10 ms、100 ms。每个定时器有一个 16 位的当前值寄存器以及一个状态位。其地址表示格式为：T[定时器号]，如 T24。

S7-200 PLC 定时器的有效地址范围为：T（0 ~ 255）

（7）计数器（C）

计数器是累计其计数输入端子或内部元件送来的脉冲数。计数器的结构与定时器基本一样，其设定值在程序中赋予，它有一个 16 位的当前值寄存器及一个状态位。

计数器的地址表示格式为：C[计数器号]，如 C24。

S7-200 PLC 计数器的有效地址范围为：C（0 ~ 255）。

（8）变量寄存器（V）

S7-200 系列 PLC 有较大容量的变量寄存器。用于模拟量控制、数据运算、设置参数等用途。变量寄存器可以 bit 为单位使用，也可按字节、字、双字为单位使用。其地址格式为：

位地址：V [字节地址].[位地址]，如 V0.1。

字节、字、双字地址：V [数据长度][起始字节地址]，如 VB4、VW6、VD8。

（9）累加器（AC）

累加器是用来暂存计算中间值的寄存器，也可向子程序传递参数或返回参数。S7-200 CPU 中提供 4 个 32 bit 累加器（AC0 ~ AC3）。累加器支持以字节、字和双字的存取。以字节或字为单位存取累加器时，是访问累加器的低 8 位或低 16 位。

（10）模拟量输入/输出寄存器（AI/AQ）

PLC 外的模拟量经 A/D 转换为数字量，存放在模拟量输入寄存器（AI），供 CPU 运算，CPU 运算的相关结果存在模拟量输出寄存器（AQ），经 D/A 转换为模拟量，驱动外部模拟量控制设备。其地址格式为：

AIW/AQW[起始字节地址]，如：AIW0，2，4，…　　AQW0，2，4，…

表 1-3 所示为 S7-200 的操作数范围。

表 1-3　S7-200 的操作数范围

寻址方式	CPU221	CPU222	CPU224	CPU224XP	CPU226
位存取（字节，位）	I0.0 ~ I15.7　Q0.0 ~ Q15.7　M0.0 ~ M31.7　S0.0 ~ S31.7　T0 ~ T255　C0 ~ C255　L0 ~ L63.7				
	V0.0 ~ V2047.7		V0.0 ~ V8191.7	V0.0 ~ V10239.7	
	SM0.0 ~ 165.7	SM0.0 ~ 299.7	SM0.0 ~ 549.7		
字节存取	IB0 ~ 15　QB0 ~ 15　MB0 ~ 31　SB0 ~ 31　LB0 ~ 63　AC0 ~ 3　KB 常数				
	VB0 ~ 2047		VB0 ~ 8191	VB0 ~ 10239	
	SMB ~ 165	SMB ~ 299	SMB ~ 549		
字存取	IW0 ~ 14　QW0 ~ 14　MW0 ~ 30　SW0 ~ 30　T0 ~ 255　C0 ~ 255　LW0 ~ 62　AC0 ~ 3　KB 常数				
	VW0 ~ 2046		VW0 ~ 8190	VW0 ~ 10238	
	SMW0 ~ 164	SMW0 ~ 298	SMW0 ~ 548		
	AIW0 ~ 30　AQW0 ~ 30		AIW0 ~ 62　AQW0 ~ 62		
双字存取	ID0 ~ 12　QD0 ~ 12　MD0 ~ 28　SD0 ~ 28　LD0 ~ 60　AC0 ~ 3　HC0 ~ 5　KB 常数				
	VD0 ~ 2044		VD0 ~ 8188	VD0 ~ 10236	
	SMD0 ~ 162	SMD0 ~ 296	SMD0 ~ 546		

【任务实施】

1. 硬件配置

要实现电动机的正反转点动运行所需的器件有：启动按钮 SB，交流接触器 KM，热继电器 FR 及开关 QF 等。电路的连接如图 1-34 所示。

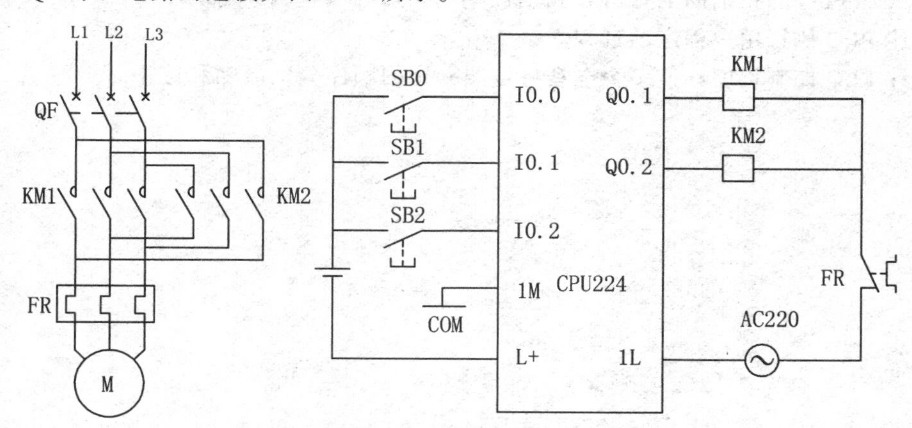

图 1-34　电动机正反转运行 PLC 接线图

2. I/0 分配表

输入（3 个端子）			输出（2 个端子）		
说明	器件名称	地址号	说明	器件名称	地址号
停止按钮	SB0	I0.0	正转交流接触器	KM1	Q0.1
正转按钮	SB1	I0.1	反转交流接触器	KM2	Q0.2
反转按钮	SB2	I0.2			

3. 梯形图设计

根据输入、输出接线图可设计出异步电动机正反转点动运行的梯形图如图 1-35 所示。

工作过程分析如下：

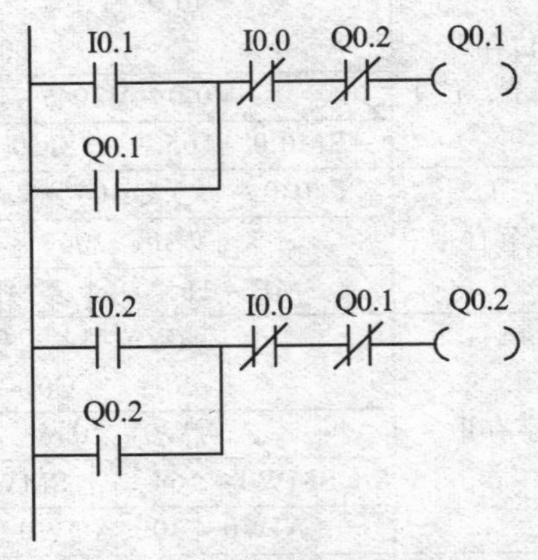

图 1-35 电动机正反转点动运行梯形图

① 当按下正转按钮 SB1 时，输入继电器 I0.1 得电，其常开触点闭合，则此时输出继电器 Q0.1 接通并自锁，进而接触器 KM1 得电，其主触点接通电动机的电源，则电动机启动正向运转。

② 当按下反转按钮 SB2 时，输入继电器 I0.2 得电，其常开触点闭合，则此时输出继电器 Q0.2 接通并自锁，进而接触器 KM2 得电，其主触点交换相序接通电动机的电源，则电动机启动反向运转。

③ 当按下停止按钮 SB0 时，I0.0 得电，其常闭触点断开，无论电机处于正转或反转状态，其自锁回路均被打破，Q0.1 或 Q0.2 均会失电，KM1 或 KM2 均断电，电动机停止转动。

④ Q0.1 与 Q0.2 的常闭触点串联在两条支路中，起到互锁作用，在一条支路得电的情况下，按下另一条支路的启动按钮，该支路不能启动，起到软件保护作用。

【巩固练习】

1. 简述 PLC 在输入/输出的处理上有什么特点。
2. 什么是 PLC 的扫描周期？PLC 扫描周期的长短与哪些因素有关？
3. 简述 PLC 执行用户程序的过程。
4. 设计 PLC 控制程序，使多个电动机按照一定的顺序分别启动和停止。

项目 2　旋转机械手运动控制的设计与制作

☆ 项目描述

在本项目中，我们以搬运机械手为控制对象，继续深入了解西门子 S7-200 PLC 的指令及编程方法。

随着工业自动化的普及和发展，控制器的需求量逐年增大，搬运机械手（见图 2-1）的应用也逐渐普及，主要用于汽车、电子、机械加工、食品、医药等领域的生产流水线或货物装卸调运，可以更好地节约能源和提高运输设备或产品的效率，避免了其他搬运方式的限制和不足，满足了现代经济发展的要求。

图 2-1　不同种类的机械手臂

搬运机械手的工作原理是：其电气控制系统采用西门子 PLC 为控制核心，去控制气动元件实现机械手的上升、下降、旋转、抓取等动作。所以，在这个项目中，主要以 PLC 控制气动元件为任务来向大家介绍西门子 S7-200 PLC 的指令系统及编程方法。

☆ 项目分析

本任务的机械与气动部分设计和安装已由机械工程师完成（见图 2-2）。机械手的基本动作为：工件的补充使用人工控制；当料台检测到有工件待转运时，机械手臂即先下降，将工件抓取后上升，再将工件搬运到目的地上方（水平移动），机械手臂再次下降后放开工件，然后机械手臂上升，最后机械手臂回到原点。采用气动控制，气缸均为单作用缸。气缸在抓取或放开工件后，都应有必要的时间间隔，机械手臂才能动作。气缸位置检测采用磁性开关实现。

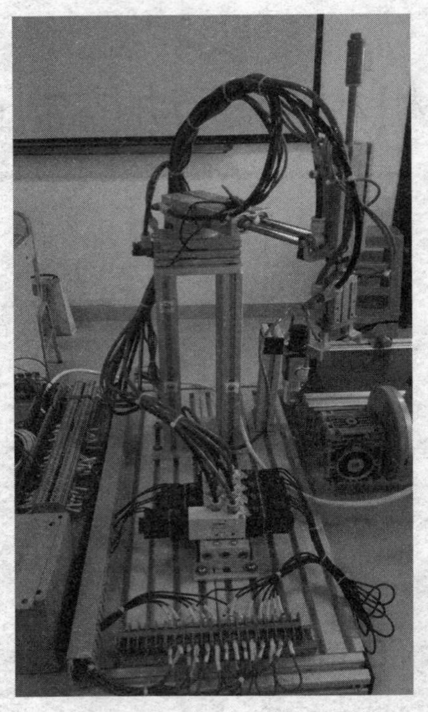

图 2-2 实验台上的机械手臂

机械手臂的周期动作流程如图 2-3 所示。

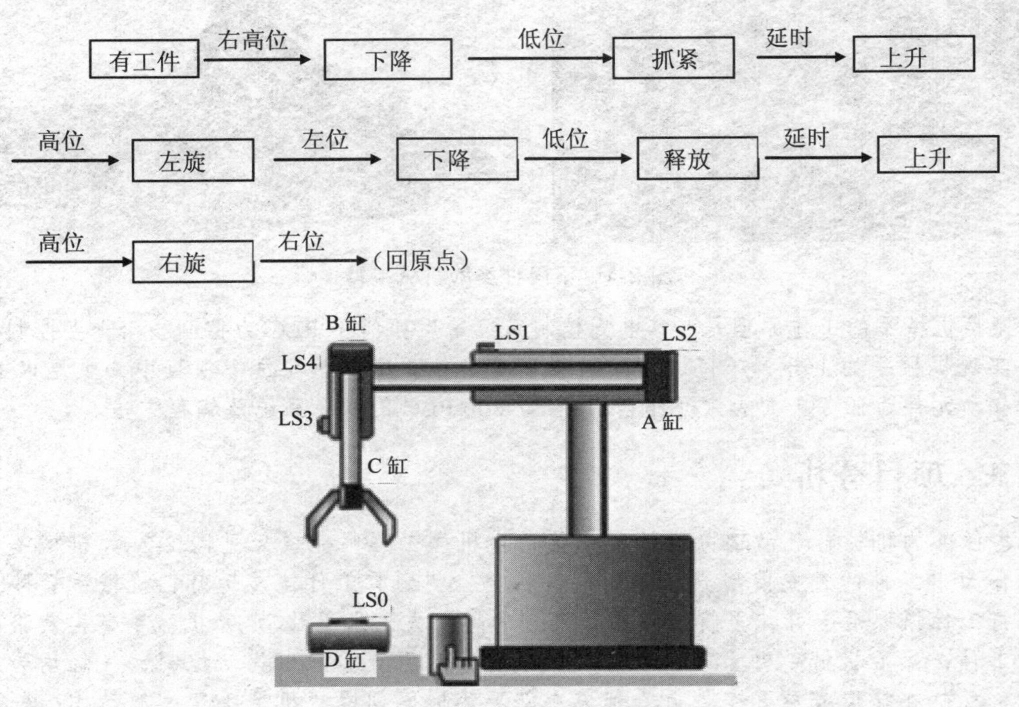

图 2-3 机械手臂的周期动作流程

☆ 项目分解

通过上述项目分析，下面以 4 个学习任务为载体，依据循序渐进的原则，逐步了解西门子 S7-200 的指令系统及编程方法。

任务 1：旋转机械手启动与停止控制

任务 2：旋转机械手按时间启动与停止控制。

任务 3：旋转机械手的顺序控制

任务 4：各种工作运行方式下的旋转机械手

任务 1　旋转机械手启动与停止控制

【任务要求】

实现旋转机械手启动与停止控制，要求我们正确连接 PLC 的控制电路，并完成机械手的上升、下降、夹紧与放松四个基本环节的点动控制。

要求设置按钮分别实现机械手的上升、下降、夹紧与放松的点动与一个按钮实现单周期半自动控制。

下面通过对此电路进行 PLC 控制，使同学们逐步了解西门子 S7-200PLC 的基本指令与基本控制环节。

【任务目标】

1. 知识要求

① 能正确使用 PLC 的基本逻辑指令功能：正负跳变指令的功能与使用用法；置位与复位指令的功能与使用用法；堆栈指令的功能与用法。

② 掌握 PLC 逻辑控制程序的编制方法。

③ 掌握 PLC 控制程序的基本调试方法。

2. 能力要求

① 能正确编写旋转机械手顺序运行的逻辑控制程序。

② 能正确连接 PLC 控制旋转机械手顺序运行外围线路。

③ 能在线监测程序运行，并能调试 PLC 外围线路和控制程序。

【相关知识】

1.1　磁性开关概述

在此项目中，我们采用磁性开关对气缸进行限位检测，下面介绍有关磁性开关的知识。

1.1.1　磁性开关的工作原理

磁性开关（或称“磁性接近开关”）能以细小的开关体积实现较远距离物体的检测。磁性开关一旦检测到磁性物体（一般为永久磁铁），会产生触发开关信号输出。由于磁场能通过很多非磁性物，所以此触发过程并不一定需要把目标物体直接靠近磁性开关的感应面，而是通过磁性导体（如铁）把磁场传送至远距离，例如，信号能够通过高温的地方传送到磁性开关而产生触发动作信号。

磁性开关的工作原理与电感式接近开关类似，其内部包含一个 LC 振荡器、一个信号触发器和一个开关放大器，还有一个非晶体化的、高穿透率的磁性软玻璃金属铁芯，该铁芯造成涡流损耗使振荡电路产生衰减，如果把它放置在一个磁场范围内（例如，永久磁铁附近），此时正在影响振荡电路衰减的涡流损耗会减少，振荡电路不再衰减。因此，磁性接近开关的消耗功率由于永久磁铁的接近而增加，信号触发器被启动产生输出信号。

磁性开关的应用较为广泛，例如：可以通过塑胶容器或导管来对物体进行检测；高温环境的物体检测；物料的分辨系统；用磁石辨认代码等。

1.1.2 磁性开关的分类

下面我们主要介绍用于气缸的磁性开关。

磁性开关可用来检测气缸活塞的位置，即检测活塞的运动行程。其结构和外形如图 2-4 所示。

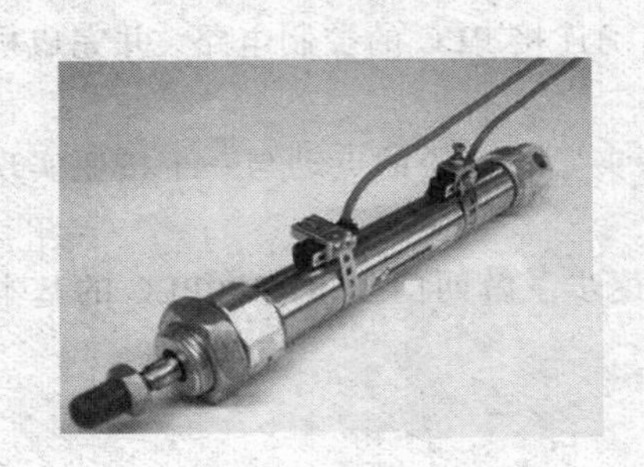
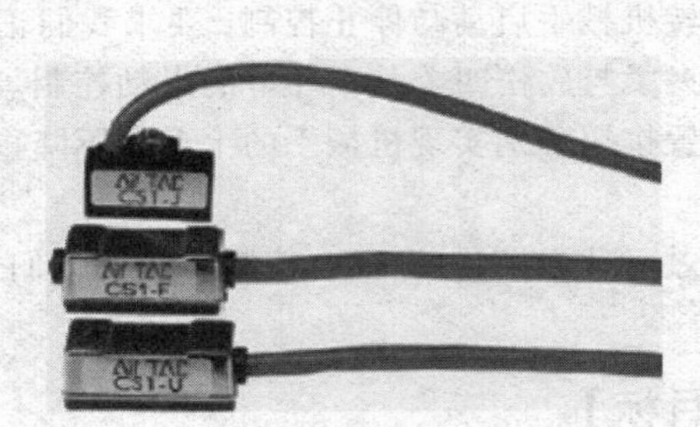

（a）外形

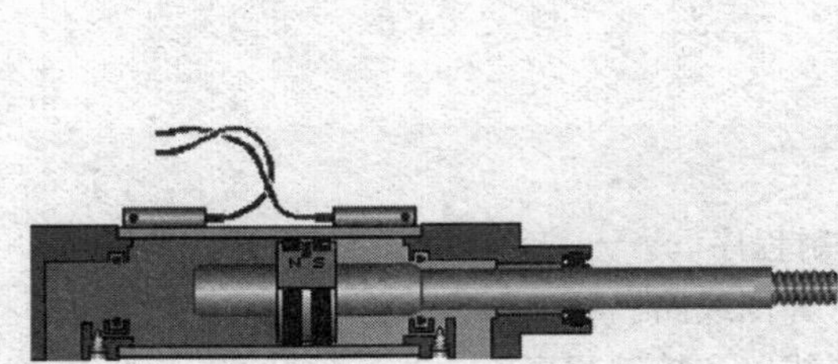
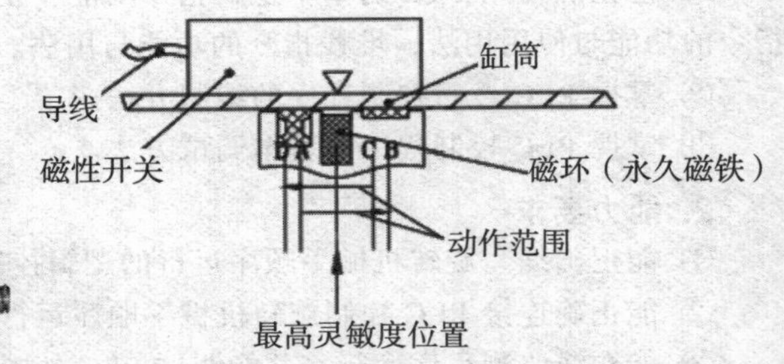

（b）结构及工作原理示意图

图 2-4 磁性开关的外形和结构及工作原理示意图

磁性开关可分为有接点型和无接点型两种。

（1）有接点型磁性开关

有接点型磁性开关的内部为两片磁簧管组成的机械触点。其内部结构形式及外部接线和安装示意图如图 2-5 所示。

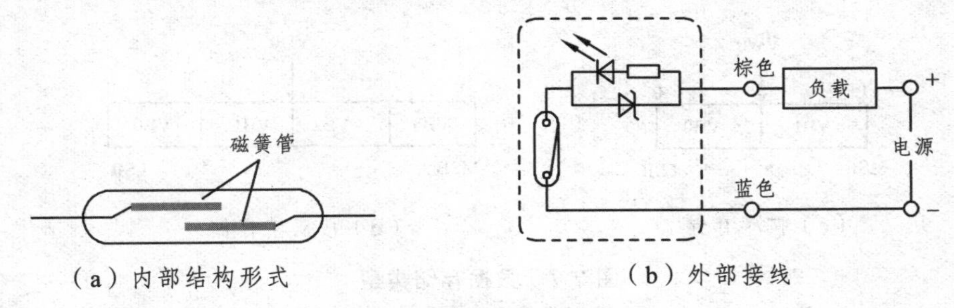

（a）内部结构形式　　（b）外部接线

图 2-5 有接点型磁性开关

其动作原理是：当随气缸移动的磁环靠近感应开关时，感应开关的两根磁簧片被磁化而使触点闭合，产生电信号；当磁环离开磁性开关后，舌簧片失磁，触点断开，电信号消失。这样可以检测到气缸活塞的位置从而控制相应的电磁阀动作。

（2）无接点型磁性开关

无接点型磁性开关又分为无接点 NPN 型、无接点 PNP 型和抗交流磁场型，见图 2-6。

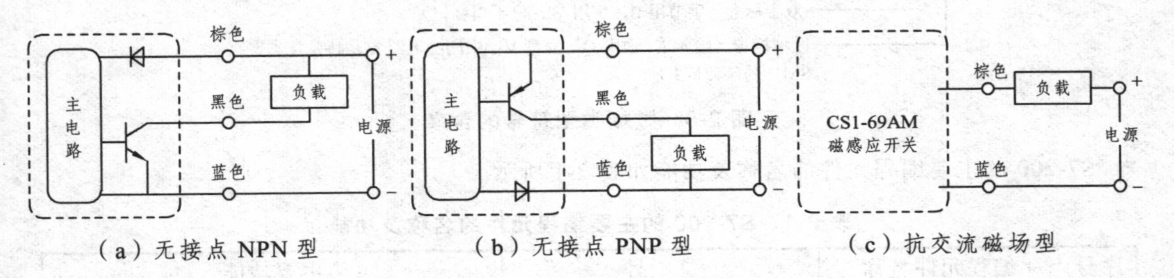

（a）无接点 NPN 型　　（b）无接点 PNP 型　　（c）抗交流磁场型

图 2-6 无接点型磁性开关

无接点型磁性开关从结构和原理上与有接点型磁性开关有本质的区别，它是通过对内部晶体管的控制来发出控制信号。当磁环靠近感应开关时，晶体管导通，产生电信号；当磁环离开磁性开关后，晶体管关断，电信号消失。

1.2 S7-200 的编程元件

PLC 提供了大量的内部元件，也称为编程元件，其数量和种类越多，PLC 的功能就越强。编程元件沿用了传统继电器控制电路中的继电器名称，但是在 PLC 的内部并不存在这些实际的物理器件，而是将 PLC 的存储器划分相应的存储区域与编程元件对应，存储的值就表示编程元件的状态。数据存储类型通常按位（bit）、字节（Byte）、字（Word）、双字（Double Word）来划分。可按图 2-7 所示进行理解。

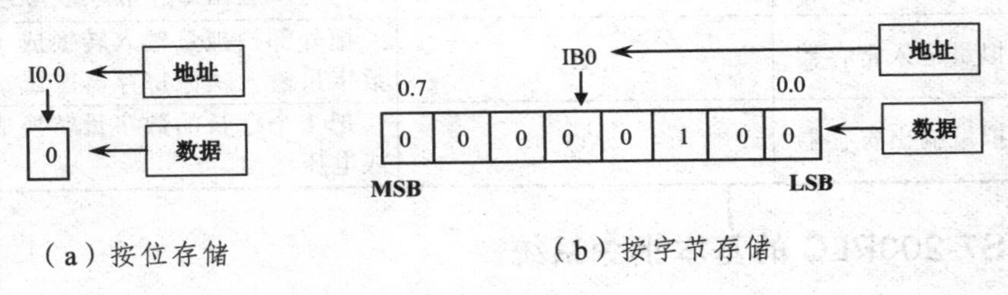

（a）按位存储　　（b）按字节存储

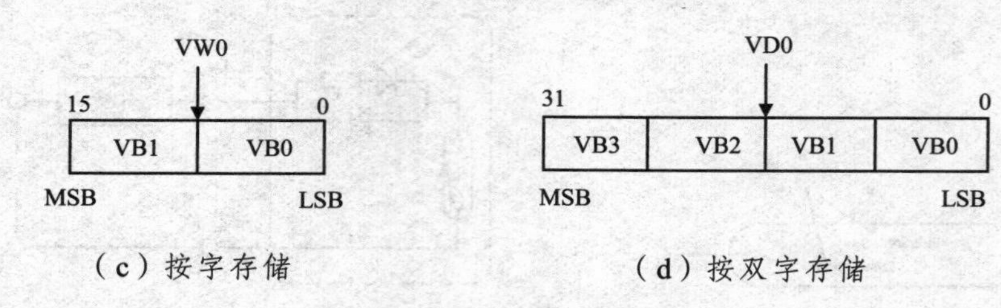

（c）按字存储　　　　（d）按双字存储

图 2-7　数据存储类型

从图 2-7 可以看出，IB0 由 I0.0～I0.7 组成，VW0 由 VB0 和 VB1 组成，VD0 由 VB0～VB3 组成。书写时应写成 VW0、VW2 和 VD0、VD4 等，而不能写成 VW1 和 VD3 等。

数据类型的符号含义如图 2-8 所示。

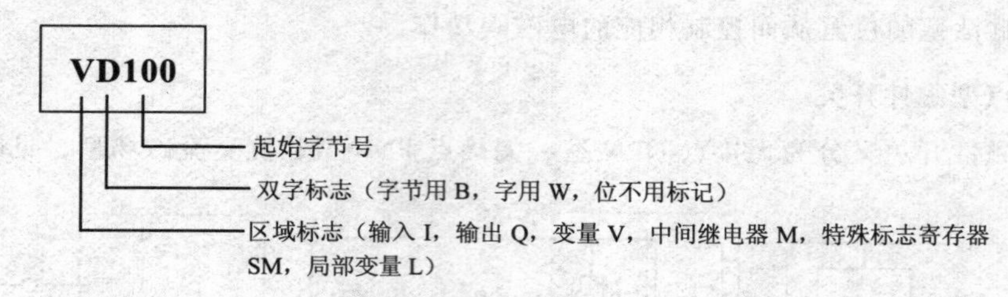

图 2-8　数据类型符号的含义

S7-200 的主要编程元件的名称及功能如表 2-1 所示。

表 2-1　S7-200 的主要编程元件的名称及功能

序号	编程元件名称	符　号	主要功能
1	输入映像寄存器	I、IB、IW、ID	建立硬输入点的镜像
2	输出映像寄存器	Q、QB、QW、QD	建立硬输出点的镜像
3	内部标志位寄存器	M、MB、MW、MD	作为辅助继电器和辅助触点
4	变量存储器	V、VB、VW、VD	存放各类变量，中间结果或设置参数
5	局部变量存储器	L、LB、LW、LD	与特定程序相关联的变量
6	定时器	T	设定时间长度
7	计数器	C	记录输入的脉冲个数
8	高速计数器	HSC	累计比 CPU 扫描速度更快的脉冲信号
9	累加器	AC	用来暂存数据
10	特殊标志位存储器	SM、SMB、SMW、SMD	用来在 CPU 和用户程序之间交换数据
11	顺序控制寄存器	S	与步进指令一起实现顺序控制
12	模拟量输入寄存器	AI	把外部模拟量输入转换成 1 个字长的数字量输入映像寄存器区域
13	模拟量输出寄存器	AQ	把 1 个字长的数字量转换成模拟电流或电压输出

1.3　S7-200PLC 的基本指令系统

基本逻辑指令在指令表编程语言中是指对位存储单元的简单逻辑运算，在梯形图中是指对触点的简单连接和对标准线圈的输出。

一般来说，指令表编程语言更适合于熟悉可编程序控制器和逻辑编程方面有经验的编程人员。用这种语言可以编写出用梯形图或功能框图无法实现的程序。选择指令表时进行位运算要考虑主机的内部存储结构。

1.3.1 逻辑取、线圈驱动指令

LD ——“取”指令，用于网络块逻辑运算开始的常开触点与母线的连接。

LDN ——“取反”指令，用于网络块逻辑运算开始的常闭触点与母线的连接。

= ——“线圈驱动”指令，用于网络块逻辑运算开始的常闭触点与母线。

使用说明（见图 2-9）：

① LD、LDN、= 指令的操作数为：I、Q、T、C、M、SM、V、S、L。

② 在同一程序中不能使用双线圈输出，即同一元元器件在同一程序中只能使用一次 = 指令，并联的 = 指令可以连续使用任意次。

③ LD、LDI 在分支电路的开始也使用。

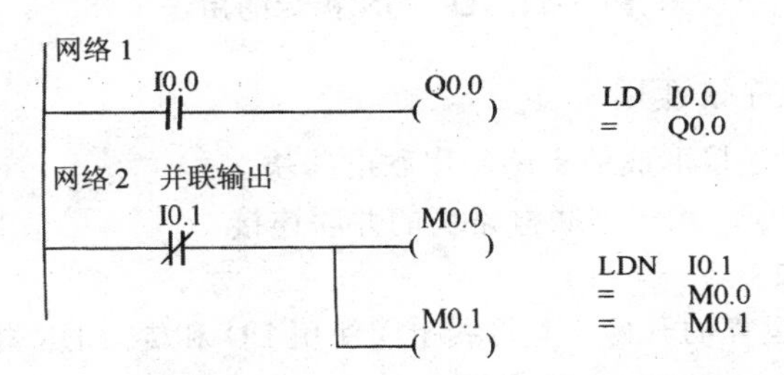

图 2-9 LD、LDN 和 = 指令的用法

1.3.2 触点串联指令

A——“与”指令，用于单个常开触点的串联连接。

AN——“与反”指令，用于单个常闭触点串联连接。

使用说明（见图 2-10）：

① A、AN 可连续使用。

② A、AN 指令的操作数为：I、Q、M、SM、T、C、VS、L。

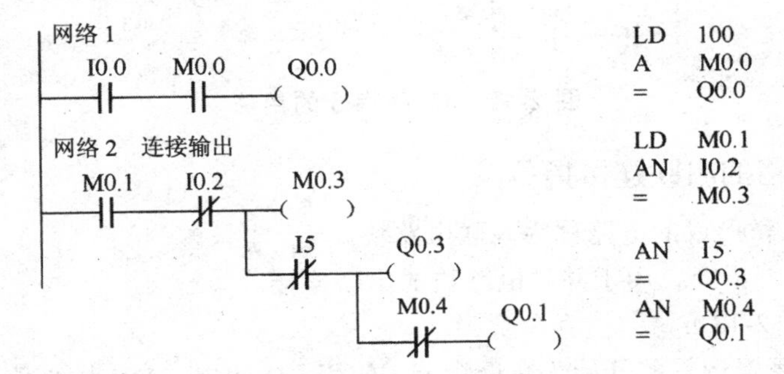

图 2-10 A、AN 指令的用法

1.3.3 触点并联指令

O——“或”指令，用于单个常开触点的并联连接。

ON——“或反”指令，用于单个常闭触点的并联连接。

使用说明（见图 2-11）：

① 单个触点的 O、ON 指令可连续使用。

② O、ON 指令的操作数为：I、Q、M、SM、T、C、V、S、L。

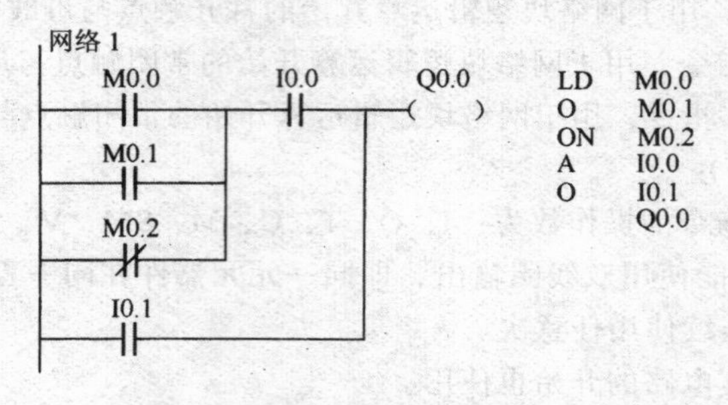

图 2-11 O、ON 指令的用法

1.3.4 串联电路的并联连接指令

两个以上的触点串联连接形成的支路叫串联电路块。

OLD——“或块”指令，用于串联电路块的并联连接。

使用说明（见图 2-12）：

① 除在网络块逻辑运算的开始（左母线上）使用 LD 和/或 LDN 指令外，在电路块的开始（分支母线上）也要使用 LD 和/或 LDN 指令。

② 可以依次使用 OLD 指令并联多个串联逻辑块，每完成一次电路块的并联时都要写上 OLD 指令。

③ OLD 指令无操作数。

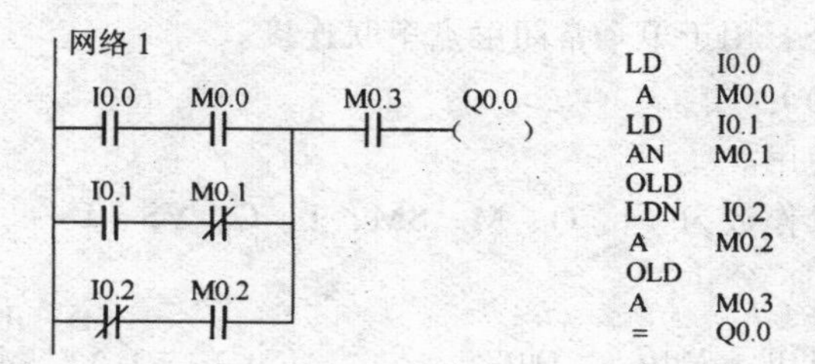

图 2-12 OLD 指令的用法

1.3.5 并联电路的串联连接指令

两条以上支路并联形成的电路称为并联电路块。

ALD——“与块”指令，用于并联电路块的串联连接。

使用说明（见图 2-13）：

① 除在网络块逻辑运算的开始（左母线上）使用 LD 和/或 LDN 指令外，在电路块的开始（分支母线上）也要使用 LD 和/或 LDN 指令。

② 可以依次使用 ALD 指令串联多个串联逻辑块，每完成一次电路块的串联时都要写上

ALD 指令。

③ ALD 指令无操作数。

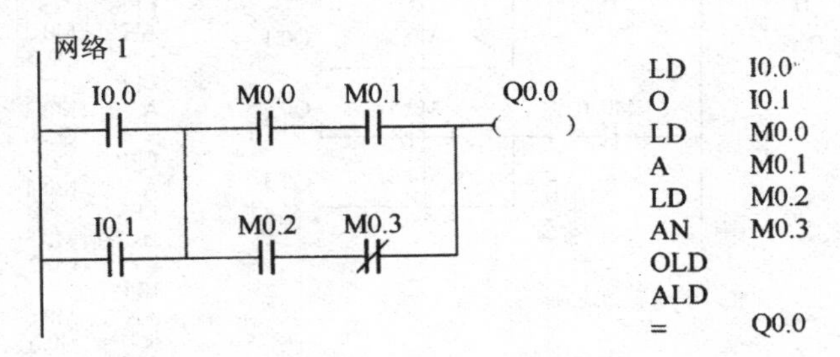

图 2-13 ALD 指令的用法

1.3.6 逻辑入栈指令 LPS、逻辑读栈指令 LRD 和逻辑出栈指令 LPP

这三条也称多重输出指令，主要用于多个分支电路同时受一个或一组触点控制的复杂逻辑输出指令。

LPS——逻辑入栈指令，用于生成一条新的母线，把栈顶值复制后压入堆栈保存起来，防止丢失，以备恢复再用。

LRD——逻辑读栈指令，只读取最近 LPS 压入堆栈的内容，即恢复最近保存的内容供编程使用。

LPP——逻辑出栈指令，LPP 把堆栈弹出一级，堆栈内存依次上移，即将 LPS 压入堆栈保存的内容弹出，不需要再保存了。

使用说明（见图 2-14）：

① 逻辑入栈指令 LPS、逻辑读栈指令 LRD 和逻辑出栈指令 LPP 可以嵌套使用，但受堆栈空间限制，最多只能使用 9 次。

② 逻辑入栈指令 LPS 和逻辑出栈指令 LPP 必须成对出现，它们之间根据需要可插入使用 LRD 指令。

③ 逻辑入栈指令 LPS、逻辑读栈指令 LRD 和逻辑出栈指令 LPP 无操作数。

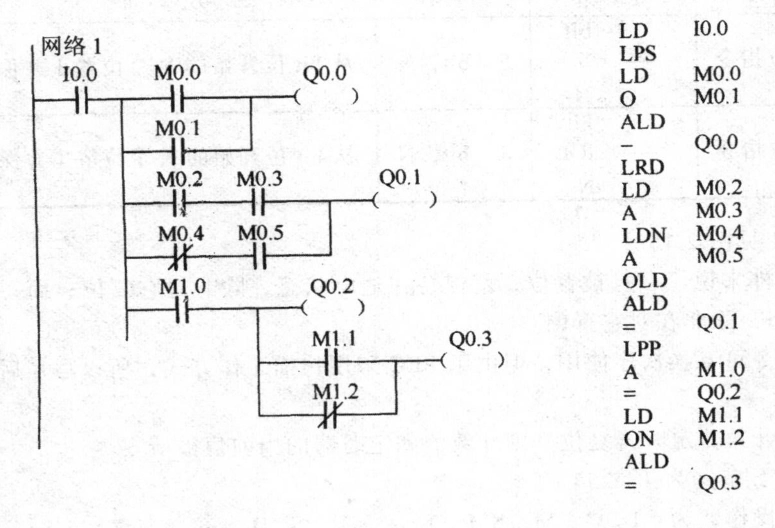

（a）

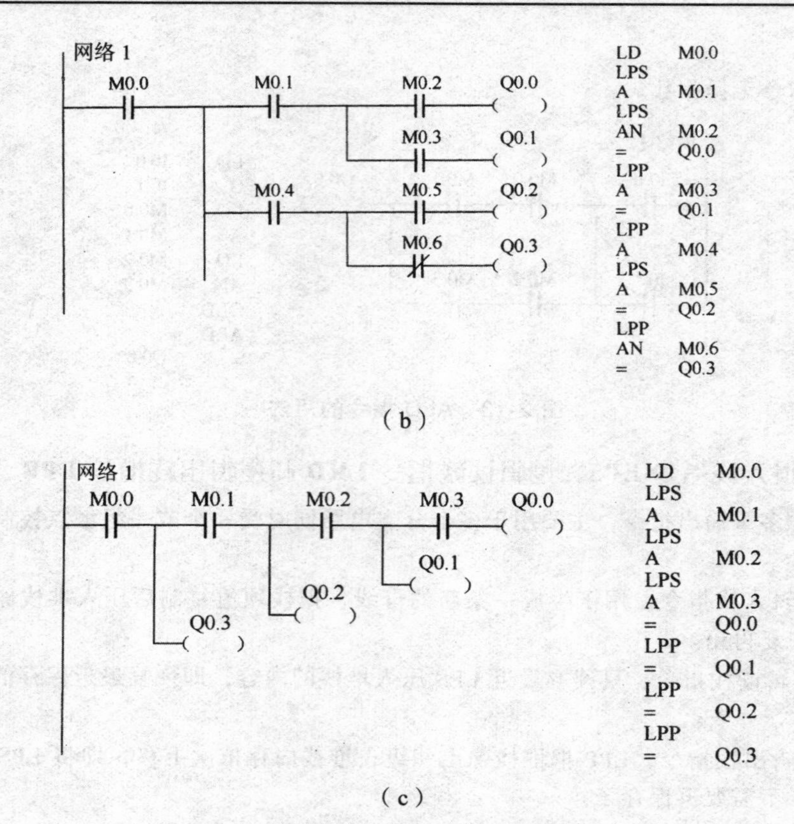

图 2-14 堆栈指令的用法

1.3.7 置位、复位指令

置位 S/复位 R 指令的功能见表 2-2。

表 2-2 置位 S/复位 R 指令的功能

指令	梯形图	语句表	功　能
置位指令	bit ——（S） N	S　bit，N	从 bit 位开始的 N 个位置 1 并保持
复位指令	bit ——（R） N	R　bit，N	从 bit 位开始的 N 个位清零并保持

使用说明（见图 2-15）：

① 对位元件来说，一旦被置位，就保持在通电状态，除非对它复位；而一旦被复位，就保持在断电状态，除非在对它置位。

② S/R 指令可互换次序使用，但由于 PLC 采用扫描工作方式，所以写在后面的指令具有优先权。

③ 如果对计数器定时器复位，则计数器和定时器的当前值被清零。

④ N 的常数范围为 1 ~ 255。

⑤ S/R 的操作数为：I、Q、M、SM、T、C、V、S、L。

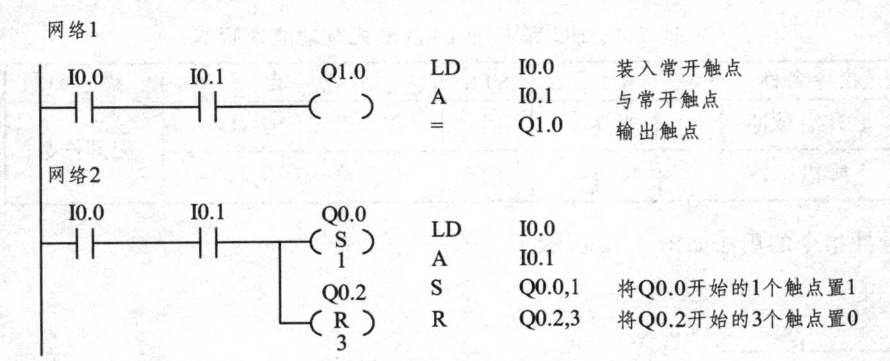

图 2-15　S/R 指令的用法

1.3.8　RS 触发器指令

RS 触发发器包括两条指令：

SR——置位优先触发指令。当置位信号（S）复位信号（R）都为真时，输出为真。

RS——复位优先触发器指令。当置位信号（S）复位信号（R）都为真时，输出为假。

SR 指令和 RS 指令的格式和真值表如表 2-3 所示。

表 2-3　RS 触发指令的 LAD 形式和真值表

类　型	梯形图程序	真　值　表			指令功能
置位优先触发器指令（SR）	bit S1　OUT SR R	S1	R	输出（bit）	置位优先，当置位信号（S1）和复位信号（R）都为 1 时，输出为 1
		0	0	保持前一状态	
		0	1	0	
		1	0	1	
		1	1	1	
复位优先触发器指令（RS）	bit S　OUT RS R1	S	R1	输出（bit）	复位优先，当置位信号（S）和复位信号（R1）都为 1 时，输出为 0
		0	0	保持前一状态	
		0	1	0	
		1	0	1	
		1	1	0	

使用说明：

① bit 参数用于指定被复位或被置位的逻辑位。

② 如果在 R 端输入的信号状态为“1”，在 S 端输入的信号状态为“0”，则 RS（复位置位触发器）复位；相反，如果在 R 端输入的信号状态为“0”，在 S 端输入的信号状态为“1”，则 RS（复位置位触发器）置位。如果在两个输入端 RLO 均为“1”，则顺序优先，触发器置位。

③ S（置位）和 R（复位）指令只有在 RLO 为“1”时才执行。

1.3.9　边沿脉冲指令

边沿脉冲指令为 EU、ED。其 LED 形式和功能见表 2-4。

EU——上升沿脉冲指令。

ED——下降沿脉冲指令。

表 2-4 EU 和 E 原 LAD 形式及功能说明

指令名称	LAD	STL	功 能	说 明
上升沿脉冲	┤ P ├	EU	在上升沿产生脉冲	无操作数
下降沿脉冲	┤ N ├	ED	在下降沿产生脉冲	

边沿脉冲指令的用法如图 2-16 所示。

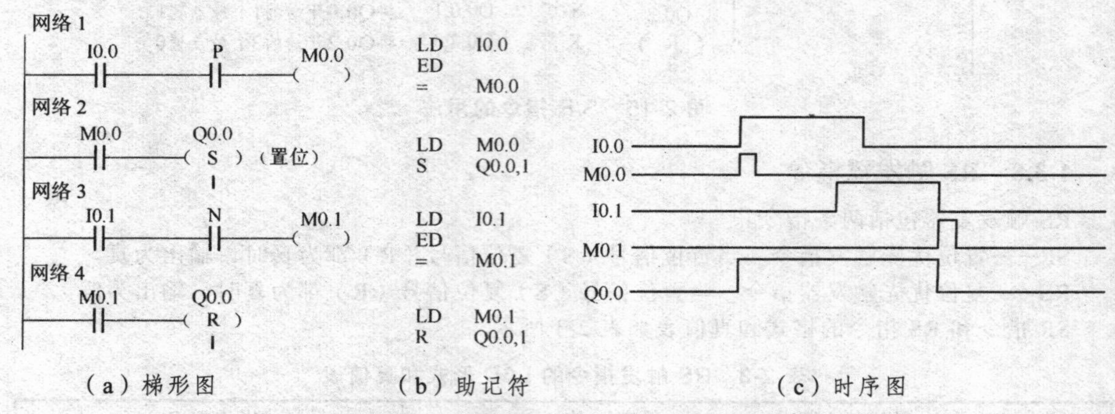

图 2-16 边沿脉冲指令 EU、ED 的用法

【任务实施】

1. 硬件配置

根据系统需要，选用西门子 S7-200 CPU224 系列 PLC。

实现机械手的上升、下降、右旋、左旋、夹紧与放松的点动所需的器件有：机械手上升点动按钮 SB0，机械手下降点动按钮 SB1，机械手右旋按钮 SB2、机械手左旋按钮 SB3、机械手夹紧点动按钮 SB4，机械手上升电磁阀 0YV，机械手下降电磁阀 1YV，机械手右旋电磁阀 2YV，机械手左旋电磁阀 3YV，机械手夹紧电磁阀 4YV。

电路的连接如图 2-17 所示。

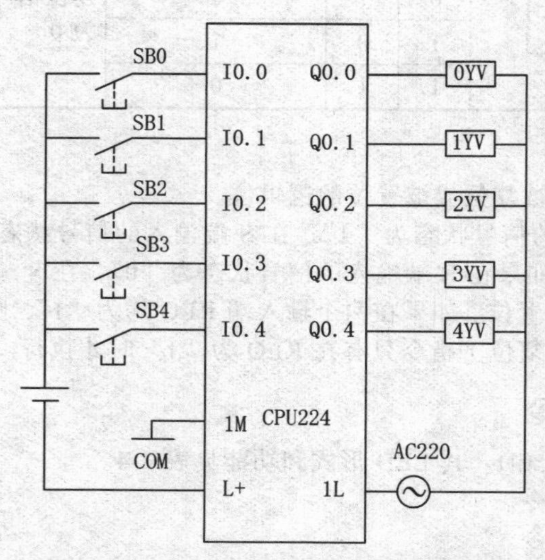

图 2-17 点动调试机械手的 PLC 接线图

2. I/0 分配表

输入（5 个端子）			输出（5 个端子）		
说　明	器件名称	地址号	说　明	器件名称	地址号
上升按钮	SB0	I0.0	上升电磁阀	0YV	Q0.0
下降按钮	SB1	I0.1	下降电磁阀	1YV	Q0.1
右旋按钮	SB2	I0.2	右旋电磁阀	2YV	Q0.2
左旋按钮	SB3	I0.3	左旋电磁阀	3YV	Q0.3
夹紧按钮	SB4	I0.4	夹紧电磁阀	4YV	Q0.4

3. 梯形图设计

点动调试机械手的 PLC 程序梯形图如图 2-18 所示。

点动操作不需要按工序顺序动作，所以可按普通继电器程序来设计，手动按钮 I0.0 ~ I0.4 分别控制上升、下降、左旋、右旋和夹紧。为了保证系统的安全设置了一些必要的互锁；比如，手臂上升时按下下降按钮，不能控制 Q0.1 得电等。

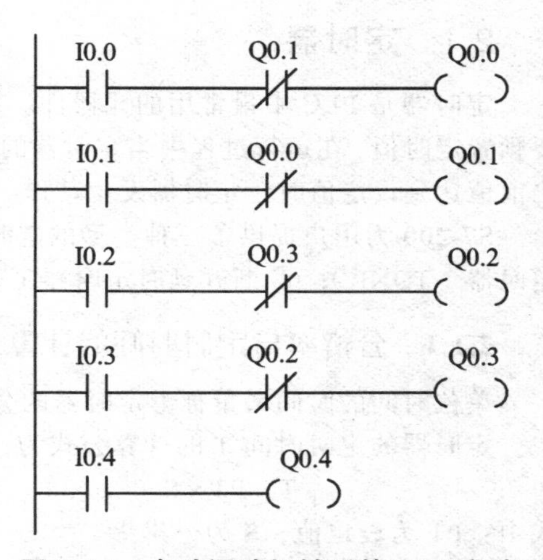

图 2-18　点动调试机械手的 PLC 程序

【巩固练习】

1. 用 PLC 实现控制程序：顺序启动控制电路。给定常开触点 SB3 和 SB4，给定常闭触点 SB2 和 SB12，控制 HL3 和 HL4 的亮灭。

控制要求：按下 SB3，HL3 长亮；只有在 HL3 亮的情况下，按下 SB4，HL4 长亮；按下 SB12，HL4 灭；按下 SB2，同时熄灭 HL3 和 HL4。

2. 用 PLC 实现控制程序：互锁控制电路。给定常开触点 SB3、SB4 和 SB5，给定常闭触点 SB2，控制 HL3、HL4 和 HL5。

控制要求：按下 SB3，只有 HL3 亮；按下 SB4，只有 HL4 亮；按下 SB5，只有 HL5 亮；按下 SB2，熄灭 HL3、HL4 和 HL5。

3. 用 PLC 实现控制程序：多地控制电路。给定按钮 SB3、SB4、SB5、灯 HL3。

控制要求：按任意一个按钮灯亮，再按任意一个按钮灯灭。

4. 用 PLC 实现控制程序：抢答器电路实现。

控制要求：用 PLC 对 3 组抢答器进行控制，试完成程序设计。三位选手每人台上有 1 个抢答按钮和 1 个指示灯，谁第一个按动抢答按钮，谁的指示灯就亮，其他选手滞后按动抢答按钮无效。主持人台上有 1 个复位按钮，可以进行指示灯的复位。

任务 2　旋转机械手按时间启动与停止控制

【任务要求】

在任务 1 的基础上，让机械手按时间顺序实现：启动按钮—机械手右旋—延时—手臂伸出—延时—手臂下降—延时—机械手夹紧—延时—手臂上升—延时—手臂退回—延时—机械手左旋退回原点。

【任务目标】

1. 知识要求

① 会正确使用定时和计数指令。

② 能正确绘制多I/O点PLC外围线路。

③ 能正确编写调试较复杂的逻辑控制程序。

2. 能力要求

① 能运用定时、计数指令编写旋转机械手定时或计数运行的控制程序段。

② 能通过监控调试、分析、修改程序及外围线路。

【相关知识】

2.1 定时器

定时器是PLC中最常用的元器件。用好定时器对PLC程序设计非常重要。定时器编程时要预置定时值，在运行过程中当定时器的输入条件满足时，当前值从0开始按一定的单位增加；当前值达到设定值时，定时器发生动作。下面详细讲解定时器的使用。

S7-200为用户提供了三种类型的定时器：① 接通延时定时器（TON）；② 有记忆接通延时定时器（TONR）；③ 断开延时定时器（TOF）。

2.1.1 分辨率与定时时间的计算

单位时间的时间增量称为定时器的分辨率。S7-200有三个分辨率等级：1 ms、10 ms、100 ms。

定时器的定时时间T的计算公式为：

$$T = PT \times S$$

式中：PT为设定值，S为分辨率。

例如，TON指令使用T97（10 ms定时器）设定值为100，则实际定时时间为：

$$T = 100 \times 10\ \text{ms} = 1\ 000\ \text{ms}$$

2.1.2 定时器的编号含义

定时器的编号用定时器的名称和它的常数编号（最大数为255）来表示，即T×××，如：T40。

定时器的编号包含两方面的变量信息：定时器的位和定时器的当前值。

定时器的位：当定时器的当前值达到设定值时定时器的位触点动作。

定时器的分辨率和编号如表2-5所示。

表2-5 定时器的分辨率和编号

定时器类型	分辨率/ms	最大当前值/s	定时器编号
TONR	1	32.767	T0，T64
	10	327.67	T1～T4，T65～T68
	100	3276.7	T5～T31，T69～T95
TON、TOF	1	32.767	T324，T96
	10	327.67	T33～T36，T97～T100
	100	3276.7	T37～T63，T101～T255

从表2-5可以看出TON和TOF使用相同的编号。注意：在同一程序中不可以把同一个定时号同时用作TON和TOF。例如，在同一程序中不能既有接通延时定时T32，又有断开延时定时器T32。

2.1.3　定时器的使用说明

（1）接通延时定时器

TON 是接通延时定时器指令，用于单一间隔的定时。上电周期或首次扫描，定时器位 OFF，当前值为 0；使能输入接通时，定时器位为 OFF；当前值从 0 开始计数时间，当前值达到预设值时，定时器位 ON，当前值连续计数到 32767；使能输入断开，定时器自动复位，即定时器位 OFF，当前值为 0。

指令格式：TON Txxx，PT

例（见图 2-19）：TON T120，8

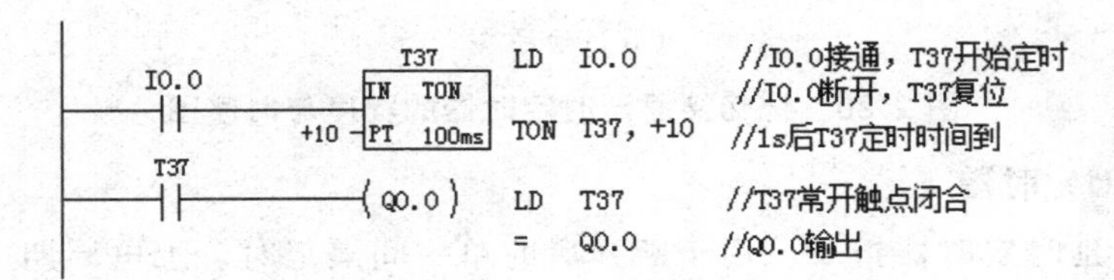

（a）梯形图程序及指令表

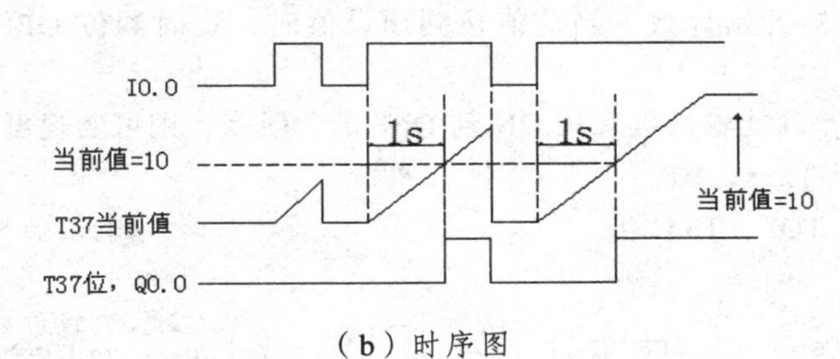

（b）时序图

图 2-19　接通延时定时器的程序与时序图

（2）记忆接通延时定时器

TONR 是记忆接通延时定时器指令，用于对许多间隔的累计定时。上电周期或首次扫描，定时器位 OFF，当前值保持；使能输入接通时，定时器位为 OFF，当前值从 0 开始计数时间；使能输入断开，定时器位和当前值保持最后状态；使能输入再次接通时，当前值从上次的保持值继续计数，当累计当前值达到预设值时，定时器位 ON，当前值连续计数到 32767。TONR 定时器只能用复位指令进行复位操作。

指令格式：TONR Txxx，PT

例（见图 2-20）：TONR T20，63

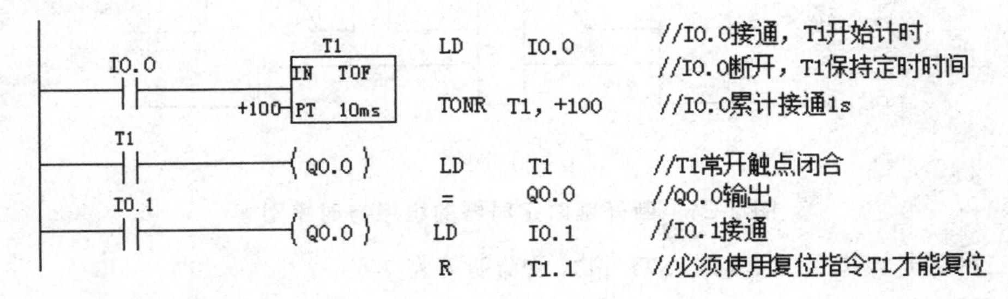

（a）梯形图程序及指令表

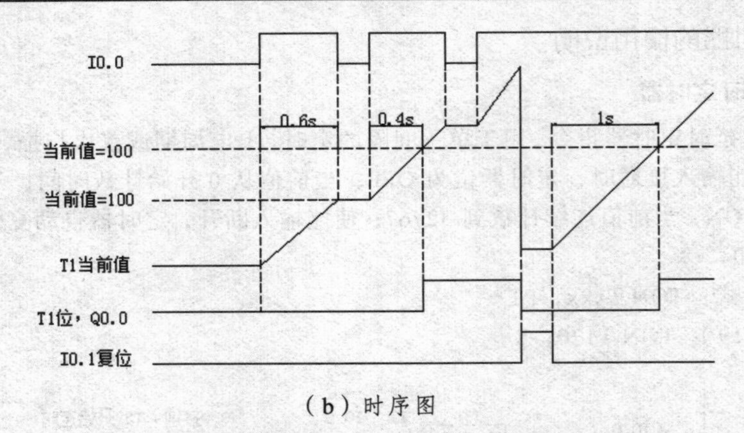

（b）时序图

图 2-20 记忆接通延时定时器的程序与时序图

（3）断开延时定时器

TOF 是断开延时定时器指令，用于断开后的单一间隔定时。上电周期或首次扫描，定时器位 OFF，当前值为 0；使能输入接通时，定时器位为 ON，当前值为 0；当使能输入由接通到断开时，定时器开始计数，当前值达到预设值时，定时器位 OFF；当前值等于预设值，停止计数。

TOF 复位后，如果使能输入再有从 ON 到 OFF 的负跳变，则可实现再次启动。

指令格式：TOF Txxx，PT

例（见图 2-21）：TOF T35，6

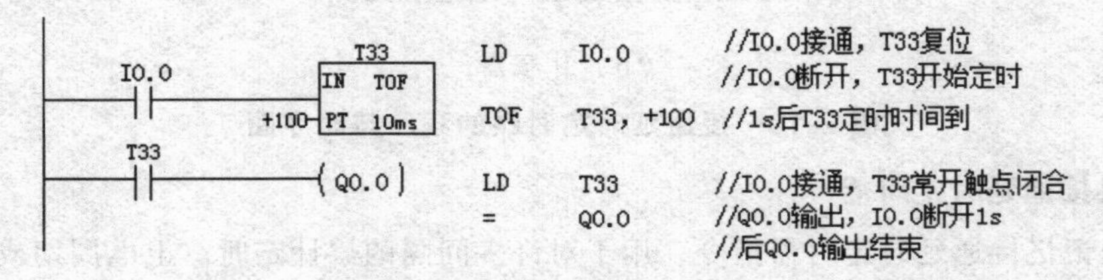

（a）梯形图程序及指令表

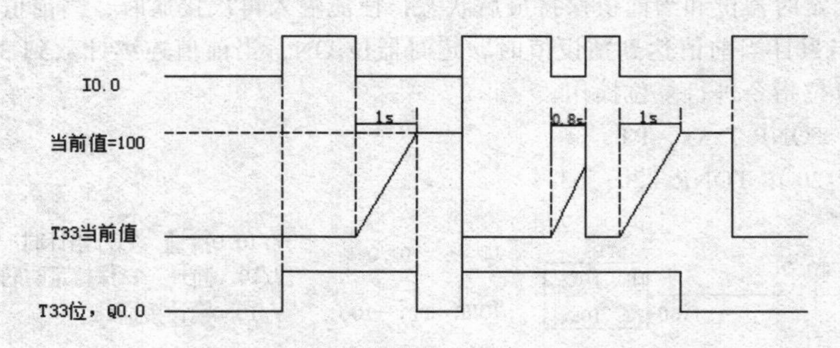

（b）时序图

图 2-21 断开延时定时器的程序与时序图

上述三种定时器指令的 LAD、STL 格式及功能见表 2-6。

表 2-6 三种定时器指令的 LAD、STL 格式及功能

定时器类型	梯形图程序	语序表程序	指令功能
接通延时定时器（TON）	Txxx IN TON PT	TON Txxx，PT	使能输入端（IN）的输入电路接通时开始定时。当前值大于预置时间 PT 端指定的设定值时，定时器位变为 ON，梯形图中对应的定时器的常开触点闭合，常闭触点断开；到设定值后，当前值继续计数，直到最大值时停止
断开延时定时器（TOF）	Txxx IN TOF PT	TOF Txxx，PT	使能输入端接通时，定时器当前值被清零，同时定时器位变为 ON。当输入端断开时，当前值从 0 开始增加，达到设定值，定时器位变为 OFF，对应梯形图中常开触点断开，常闭触点闭合，当前值保持不变
记忆接通延时定时器（TONR）	Txxx IN TONR PT	TONR Txxx，PT	使能输入端接通时开始定时，定时器当前值从 0 开始增加；当未达到定时时间而输入端断开时，定时器当前值保持不变；当输入端再次接通时，当前值继续增加，达到设定值时，定时器位变为 ON

定时器的使用说明如下：

① T×××表示定时器号，IN 表示输入端，PT 端的取值范围是 I～32767。

② 接通延时定时器输入电路断开时，定时器自动复位，即当前值被清零，定时器位变为 OFF。

③ TON 与 TOF 指令不能共用同一个定时器号，即在同一程序中，不能对同一个定时器同时使用 TON 与 TOF 指令。

④ 断开延时定时器 TOF 可以用复位指令进行复位。

⑤ 记忆接通延对定时器只能用复位指令进行复位，即当前值被清零，定时器位变为 OFF。

⑥ 记忆接通延时定时器可实现累计输入端接通时间的功能。

⑦ 结合时序图分析程序，有助于更好地理解定时器指令的应用。

2.2 计数器

计数器用来累计输入脉冲的次数，在实际应用中用来对产品计数。计数器的使用和定时器基本相似，编程时输入它的计数设定值，计数器累计它的脉冲上升沿的个数。当计数值达到设定值时，计数器发生动作，即常开触点闭合，常闭触点断开。

S7-200 的计数器有三种：加计数器 CTU、增减计数器 CTDU、减计数器 CTD。

2.2.1 计数器的编号

计数器的编号由计数器的名称和数字组成，即 Cxxx，例如 C6。

计数器也包含两方面的信息：计数器的位和当前值。计数器的位是一个开关量，表示计数器是否发生动作的状态。当计数器的当前值达到设定值时，该位被置位为 ON。计数器的当前值的值是一个存储单元，它用来存储计数器当前所累计的脉冲个数，最大值为 32767。

2.2.2 计数器的输入端和操作数

计数器的设定值输入：数据类为整数型。一般情况下使用常数为计数器的设定值。

计数器指令的 LAD 和 STL 格式如表 2-7 所示。

表 2-7 计数器指令的 LAD 和 STL 格式

计数器类型	梯形图程序	语句表程序	指令功能
加计数器（CTU）	Cxxx CU CTU R PV	CTU Cxxx，PV	加计数器（CTU）的复位端 R 断开且脉冲输入端 CU 检测到输入信号正跳变时，计数器位变为 ON
减计数器（CTD）	Cxxx CD CTD LD PV	CTD Cxxx，PV	减计数器（CTD）的装载输入端 LD 断开且脉冲输入端 CD 检测到输入信号正在跳变时，当前值从 PV 端的设定值开始减 1，变为 0 时，计数器位变为 ON
加/减计数器（CTUD）	Cxxx CU CTUD CD LD PV	CTUD Cxxx，PV	加计数器（CTUD）的复位端 R 断开且加输入端 CD 检测到输入信号正在跳变时，当前值加 1；当减输入端 CD 检测到输入信号正在跳变时，当前值减 1；当前值大于等于 PV 端时，计数器位变为 ON

2.2.3 计数器指令的使用说明

（1）加计数器

· CTU 是加计数器指令。首次扫描，定时器位 OFF，当前值为 0。脉冲输入的每个上升沿，使计数器计数 1 次，当前值增加 1 个单位，当前值达到预设值时，计数器位 ON，当前值继续计数到 32767 停止计数。复位输入有效或执行复位指令，计数器自动复位，即计数器位 OFF，当前值为 0。

指令格式：CTU Cxxx，PV

例（见图 2-22）：CTU C20，3

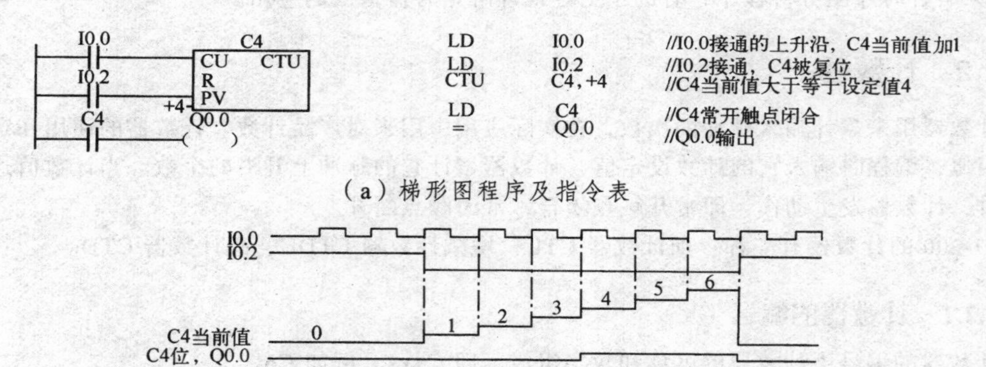

（a）梯形图程序及指令表

（b）时序图

图 2-22 加计数器的程序及时序图

（2）减计数器

CTD 是减计数器。首次扫描时，计数器位为 OFF，当前值为预设定值 PV；在计数脉冲输入端 CD，每个上升沿计数器计数一次，当前值减小一个数值；当前值减小到 0 时，计数器位置位为 1，其后值一直为 1。当复位输入端有效或对计数器执行复位指令，计数器自动复位，即计数器位为 OFF，当前值为设定值 PV。

指令格式：CTD Cxxx，PV

例（见图 2-23）：CTD C20，3

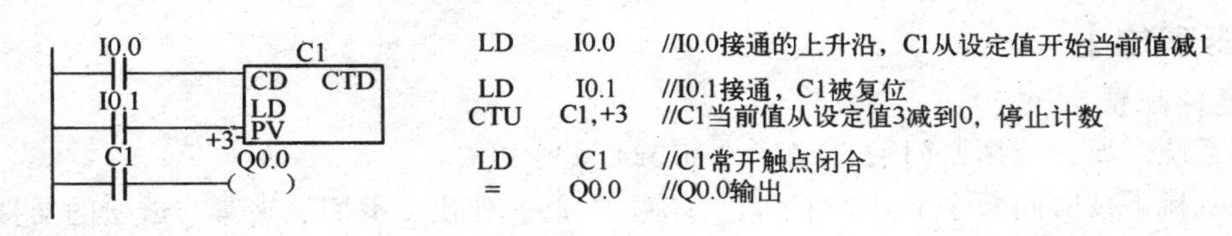

（a）梯形图程序及指令表

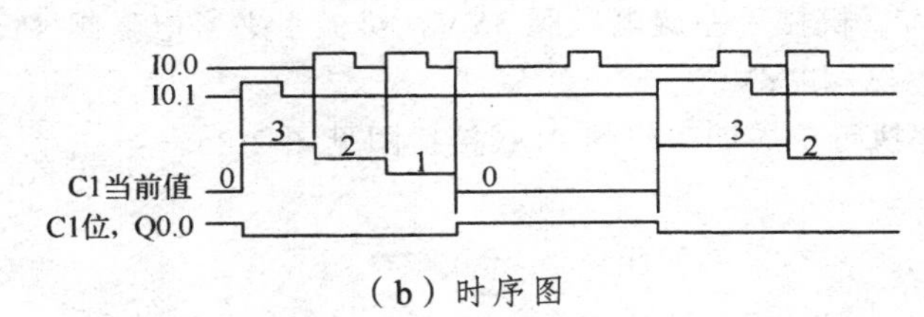

（b）时序图

图 2-23 减计数器的程序及时序图

（3）加/减计数器

CTUD 为加/减计数器指令。有两个脉冲输入端：CU 输入端用于递增计数，CD 输入端用于递减计数。

首次扫描时，计数器为 OFF，当前值为 0；CU 输入的每个上升沿，都使计数器当前值增加一个数值；CD 输入的每个上升沿，都使计数器当前值减小一个数值。当前达到设定值时，计数器位置为 1（ON）。

加/减计数器当前值计数到 32767（最大值）时，下一个 CU 输入的上升沿将使当前值跳变为最小值（-32767）；当前值达到最小值 -32767 后，下一个 CD 输入的上升沿将使当前值跳变为最大值 32767。复位输入端有效或只用指令对计数器执行复位操作后，计数器自动复位，即计数器位为 OFF，当前值为 0。

指令格式：CTUD Cxxx，PV

例（见图 2-24）：CTUD C30，5

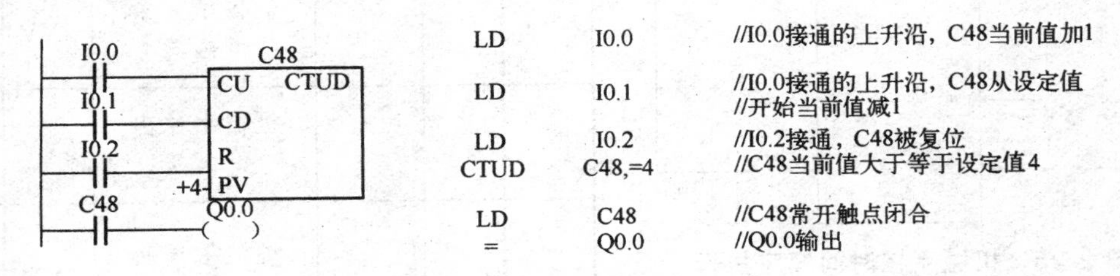

（a）梯形图程序及指令表

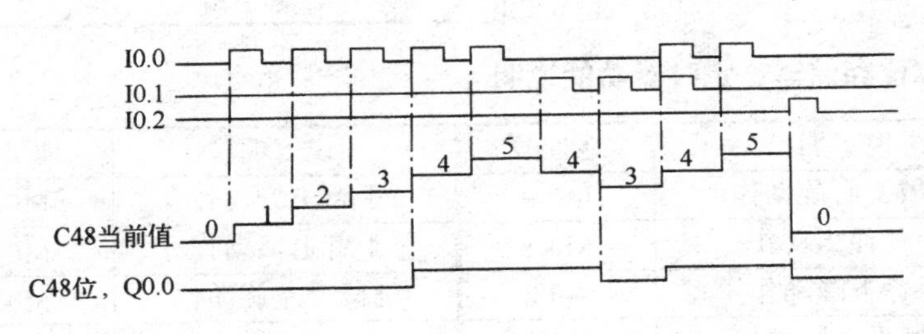

（b）时序图

图 2-24 加/减计数器的程序及时序图

【任务实施】

1. 硬件配置

根据系统需要，选用西门子 S7-200 CPU224 系列 PLC。

实现机械手按时间顺序上升、下降、右旋、左旋，伸出、退回、夹紧与放松的器件有：启动按钮 SB0、机械手上升到位限位开关 SQ0，机械手上升电磁阀 0YV、机械手下降电磁阀 1YV、机械手右旋电磁阀 2YV，机械手左旋电磁阀 3YV，机械手夹紧电磁阀 4YV，机械手伸出电磁阀 6YV、机械手退回电磁阀 7YV。

机械手按时间顺序执行单周期动作的 PLC 接线图见图 2-25。

2. I/O 分配表

（1）I/O 地址分配表

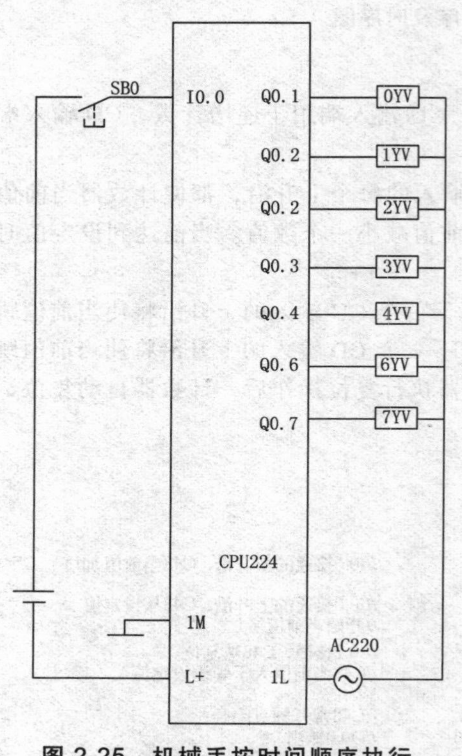

图 2-25 机械手按时间顺序执行单周期动作 PLC 接线图

输入（9个端子）			输出（6个端子）		
说明	器件名称	地址号	说明	器件名称	地址号
启动按钮	SB0	I0.0	机械手上升电磁阀 0YV	0YV	Q0.0
			机械手下降电磁阀 1YV	1YV	Q0.1
			机械手右旋电磁阀 2YV	2YV	Q0.2
			机械手左旋电磁阀 3YV	3YV	Q0.3
			机械手夹紧电磁阀	4YV	Q0.4
			机械手伸出电磁阀	6YV	Q0.6
			机械手退回电磁阀	7YV	Q0.7

（2）内部标志位存储器、定时器功能说明

说明	地址号	说明	地址号
机械手右旋动作	M0.0	手臂上升动作	M0.4
手臂伸出动作	M0.1	手臂退回动作	M0.5
手臂下降动作	M0.2	机械手左旋动作	M0.6
机械手夹紧动作	M0.3		

3. 梯形图设计（见图 2-26）

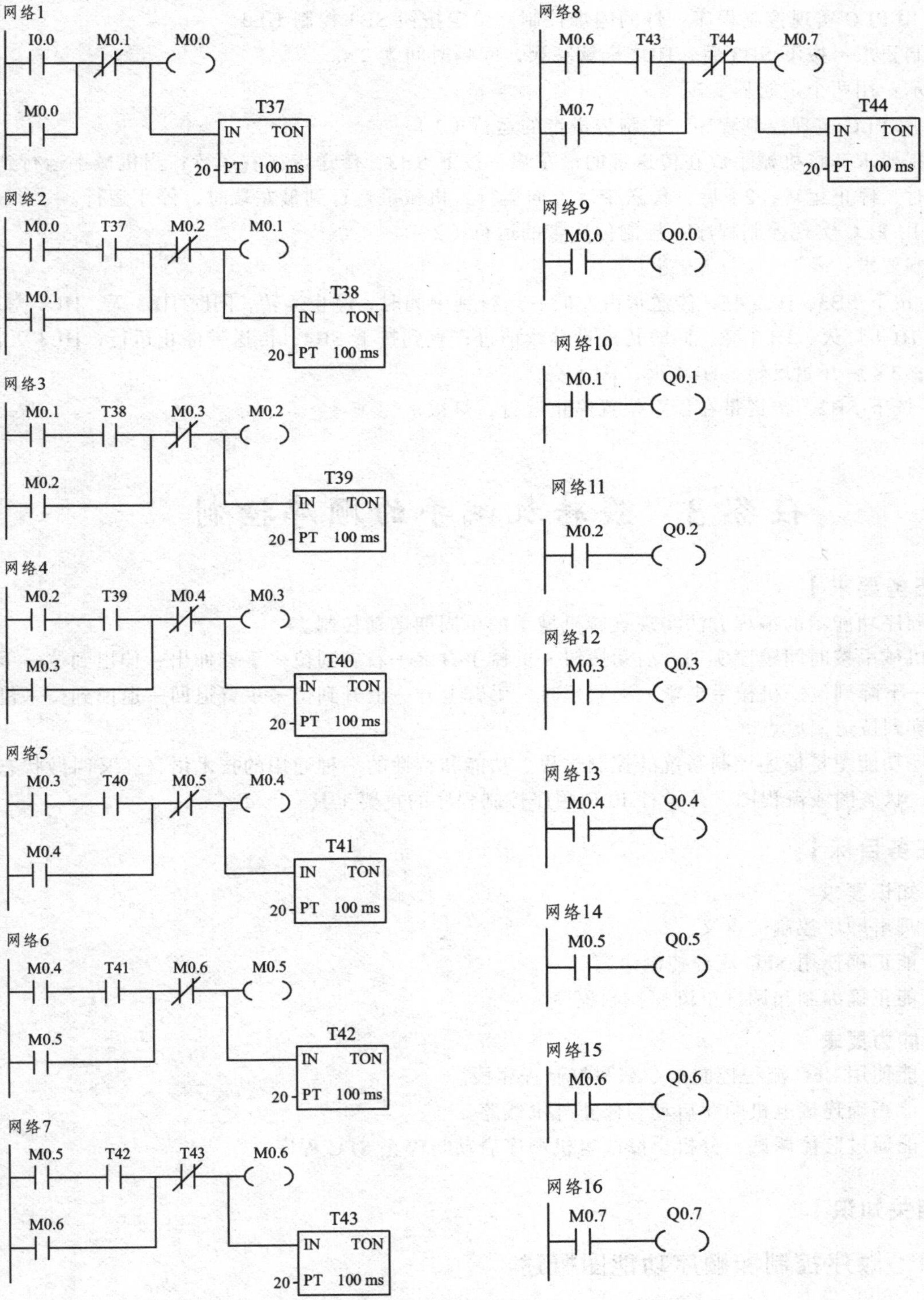

网络1
I0.0　M0.1　M0.0
M0.0
T37
IN　TON
20 PT　100 ms

网络2
M0.0　T37　M0.2　M0.1
M0.1
T38
IN　TON
20 PT　100 ms

网络3
M0.1　T38　M0.3　M0.2
M0.2
T39
IN　TON
20 PT　100 ms

网络4
M0.2　T39　M0.4　M0.3
M0.3
T40
IN　TON
20 PT　100 ms

网络5
M0.3　T40　M0.5　M0.4
M0.4
T41
IN　TON
20 PT　100 ms

网络6
M0.4　T41　M0.6　M0.5
M0.5
T42
IN　TON
20 PT　100 ms

网络7
M0.5　T42　T43　M0.6
M0.6
T43
IN　TON
20 PT　100 ms

网络8
M0.6　T43　T44　M0.7
M0.7
T44
IN　TON
20 PT　100 ms

网络9
M0.0　Q0.0

网络10
M0.1　Q0.1

网络11
M0.2　Q0.2

网络12
M0.3　Q0.3

网络13
M0.4　Q0.4

网络14
M0.5　Q0.5

网络15
M0.6　Q0.6

网络16
M0.7　Q0.7

图 2-26　按时间顺序启动机械手的 PLC 程序

【巩固练习】

1. 用 PLC 实现控制程序：灯的闪烁控制。给定按钮 SB3 控制 HL3。

控制要求：按下 SB3 后，HL3 交替亮灭，间隔时间为 2 s。

提示：用两个定时器实现。

2. 用 PLC 实现控制程序：控制传送带的运行（1）。

控制要求：将机械手放在传送带的最左端，按下 SB3，传送带往右运行；当机械手运行到最右端时，停止运转；2 s 后，传送带反方向运行，机械手运行到最左端时，停止运行。

3. 用 PLC 实现控制程序：控制传送带的运行（2）。

控制要求：

① 按下 SB3，HL3 亮，传送带由左向右运行到中间时，停止运转，同时 HL3 灭，HL4 亮；3 s 后，HL4 灯灭，HL3 亮，同时传送带继续前进；直到按下 SB4，传送带停止运行，HL3 灭，HL4 亮；3 s 后开始反转，HL4 灭，HL5 亮。

② 按下 SB2，传送带在任意位置停止运行，灯灭。

任务 3　旋转机械手的顺序控制

【任务要求】

用顺序功能图的编程方法实现旋转机械手的单周期运动控制。

让机械手按时间顺序实现：启动按钮—机械手右旋—右旋到位—手臂伸出—伸出到位—手臂下降—下降到位—机械手夹紧—夹紧延时—手臂上升—上升到位—手臂退回—退回到位—机械手左旋到位退回原点。

顺序功能图是描述控制系统的控制过程、功能和特性的一种通用的技术语言，又叫做状态转移图、状态图或流程图，是设计 PLC 顺序控制程序的重要工具。

【任务目标】

1. 知识要求

① 理解顺序控制的含义。

② 能正确使用 SFC 流程控制语言。

③ 能正确编制和调试单流程控制程序。

2. 能力要求

① 能使用 SFC 流程控制指令编写控制程序段。

② 能正确连接电机顺序启动与停止外围线路。

③ 能通过监控调试、分析、修改电机顺序启动与停止 SFC 程序。

【相关知识】

3.1　顺序控制和顺序功能图概述

顺序控制是指在各个输入信号的作用下，按照生产工艺的过程顺序，各执行机构自动有序地进行控制操作。

顺序功能图是使用图形方式将生产过程表现出来。以图 2-27（a）中给出的锅炉鼓风机和引风机的控制要求为例，其工作过程是：按下启动按钮 I0.0 后，引风机开始工作，5 s 后鼓风机再开始工作；按下停止按钮 I0.1 后，鼓风机停止工作，5S 后引风机再停止工作。其顺序功能图如图 2-27（b）所示。

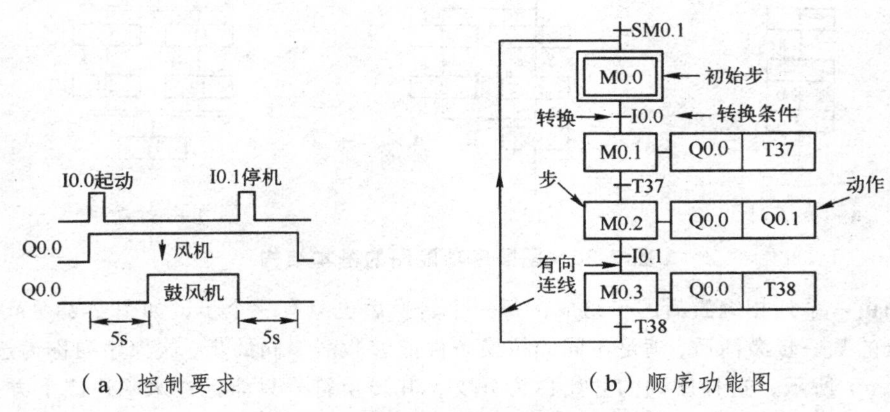

（a）控制要求　　　　（b）顺序功能图

图 2-27　锅炉鼓风机/引风机的顺序控制

3.1.1　顺序功能图的组成元件

顺序功能图主要用来描述系统的功能。可根据输出量的不同将系统的一个工作周期划分为各个顺序相连的阶段，这些阶段称为步。使用内部位存储器 M 或顺序控制继电器 S 代表各步，如图 2-27（b）所示，在图中的矩形方框中用数字表示该步的编号，也可用代表该步的编程元件的地址作为步的编号。在任何一步中，各输出量 ON/OFF 状态不变，但是相邻两步输出状态是不同的。任何系统都有等待启动命令的相对静止初始状态。与系统该初始状态相对应的步称为初始步，用双线方框表示。根据输出量的状态，图 2-27（b）中的周期可以划分为包括初始步在内的 4 步，分别用 M0.0 ~ M0.3 代表。当系统处于某—步所在的阶段时，该步称为“活动步”，其前一步称为前阶步，其后一步称为“后续步”，其他各步称为“不活动步”。

系统处于某一步可以有多个动作步，也可以无动作，这些动作直接无顺序关系。如果某一步需要完成一定的“动作”，用矩形方框将“动作”与步相连。

顺序功能图中，代表各步的方框按照它们成为活动步的先后次序顺序排列，并用有向连线将它们连接起来，步与步之间的活动状态的进展按照有向连线规定的路线和方向进行。有向连线在从上到下或由左向右方向的箭头可以省略，而其他方向上的箭头必须标明。为了易

于理解，在可以省略箭头的方向上也可以标上箭头，如图 2-27（b）所示。

在步和步之间，有向连线垂直的短横线代表转换，其作用是将相邻的两步分开。旁边与转换对应的参量称为转换条件，转换条件是系统由当前步进入下一步的信号，分为三种类型：一是外部的输入条件，例如按钮、指令开关、限位开关的接通或断开等；二是 PLC 内部产生的信号，例如定时器、计数器等触点的接通；三是若干个信号“与”、“或”、“非”的逻辑组合。顺序功能图中，只有当某一步的前级步是活动步时，该步才有可能变成活动步。如果使用没有断电保持功能的编程器件代表各步，进入 RUN 工作方式时，它们均处于 OFF 状态，必须用初始化脉冲 SM0.1 作为转换条件，将各步预置为活动步，否则因为顺序功能图中没有活动步，系统将无法工作。

3.1.2 顺序功能图的基本结构

顺序功能图的基本结构包括单序列、选择序列和并行序列，如图 2-28 所示。

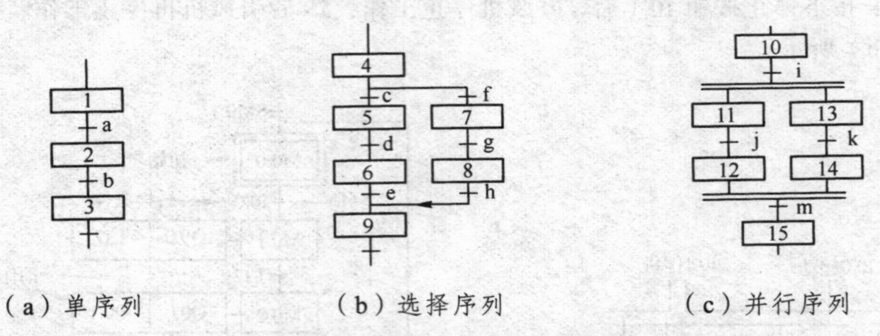

（a）单序列　（b）选择序列　（c）并行序列

图 2-28 图顺序功能图的基本结构

单序列由一系列相继激活的步组成，每一个转换后也只有一个步，如图 2-28（a）所示。

当系统的某一步激活后，满足不同的抟换条件能够激活不同的步，这种序列称为选择序列，如图 2-28（b）所示，选择序列的开始称为分支，其转换符号只能标在水平连线下方。选择序列中，如果步 4 是活动步，满足转换条件 c 时，步 5 是活动步；满足转换条件 f 时，步 7 是活动步。选择序列的结束称为合并，其转换符号只能标在水平连线上方。如果步 6 是活动步且满足转换条件 e 时，步 9 是活动步；如果步 8 是活动步且满足转换条件 h 时，步 9 也是活动步。

当系统的某一位活动后满足转换条件能够同时激活几步，这种序列称为并行序列，如图 2-28（c）所示。并行序列的开始称为分支，为强调转换的同步实现，水平连线用双线，水平双线上只允许有一个转换符号。

并行序列中，当步 10 是活动步，满足转换条件 i 时，转换的实现将导致步 11 和步 13 是活动步。并行序列的结束称为合并，在表示同步的水平双线之下只允许有一个转换符号。当步 12 和步 14 同时是活动步且满足转换条件 m 时，步 15 才能变成活动步。

3.1.3 顺序功能图的转换

（1）转换实现的条件

顺序功能图中，转换的实现完成了步的活动状态的进展。转换实现必须同时满足以下两个条件：

① 该转换所有的前级步都是活动步。

② 相应的转换条件都得到满足。

这两个条件是缺一不可的。例如，假设在剪板机中取消了第一个条件，在板料被压住的时候误操作按下了启动按钮，这时也会使步 M0.1 变成活动步，板料可能右行，因此会造成设备的误动作。

（2）实现转换的操作

实现转换应完成以下两个操作：

① 使所有由有向连线与相应转换符号相连的后续步都变为活动步。

② 使所有由有向连线与相应转换符号相连的前级步都变为不活动步。

以上规则适用于任意结构中的转换。其区别是：对于单序列，一个转换仅有一个前级步和一个后续步；对于选择序列，分支处与合并处一个转换实际上只有一个前级步和一个后续步，但是一个步可能有多个前级步或多个后续步；对于并行序列，分支处转换有几个后续步，在转换实现时应同时将它们对应的编程元件置位，其合并处转换有几个前级步，在转换实现时应将它们对应的编程元件全部复位。

（3）绘制顺序功能图时的注意事项

绘制顺序功能图时应注意以下事项：

① 两个步绝对不能直接相连，必须用一个转换将它们分隔开。

② 两个转换也绝对不能直接相连，必须用一个步将它们分隔开。

③ 初始步必不可少，一方面因为该步与其相邻步相比，从总体上说输出变量的状态各不相同；另一方面，如果没有该步，无法表示初始状态，系统也无法返回等待其动作的停止状态。

④ 顺序功能图是由步和有向连线组成的闭环，即在完成一次工艺过程的全部操作之后，应从最后一步返回初始步，系统停留在初始状态；在连续循环工作方式时，应从最后一步返回下一工作周期开始运行的第一步。

3.2　顺序功能图的应用举例

3.2.1　单序列结构：鼓风机控制

鼓风机的顺序控制要求示意图如图 2-27（a）所示。按下启动按钮 I0.0 后，引风机开始工作，5 s 后鼓风机再开始工作；按下停止按钮 I0.1 后，鼓风机停止工作，5S 后引风机再停止工作。根据控制要求，可画出该鼓风机控制系统的顺序功能图，如图 2-27（b）所示。该顺序功能图是由一系列相继活动的步组成的单序列结构。

设计顺序功能图的梯形图程序的关键是找出启动条件和停止条件。以图 2-29 为例，根据转换实现的基本原则，转换实现的条件是它的前级步为活动步，并且满足相应的转换条件。如果步 M0.1 要变成活动步，条件是它的前级步 M0.0 为活动步，且转换满足转换条件 I0.0。利用与触点和线圈有关的 PLC 控制指令，可将代表前级步 M0.0 的常开触点和代表转换条件 I0.0 的常开触点串联，作为控制 M0.1 的启动电路；当步 M0.1 为活动步且满足转换条件 T37 时，步 M0.2 变为活动步，这时 M0.1 应变为不活动步，因此可以将 M0.2 为 1 作为使步 M0.1 变为不活动的停止条件。所有的步都可以用这种方法编程。再以初始步 M0.0 为例，其前级步是 M0.3，转换条件是 T38 常开触点，以启动电路是 M0.3 和 T38 的常开触点串联。在 PLC 第一次执行程序时，应使用 SM0.1 的常开触点将 M0.0 变为活动步，所以启动电路要并联 SM0.1 的常开触点，再并联 M0.0 的常开触点作为保持条件，上述电路再串联 M0.1 的常闭触点作为停止条件。

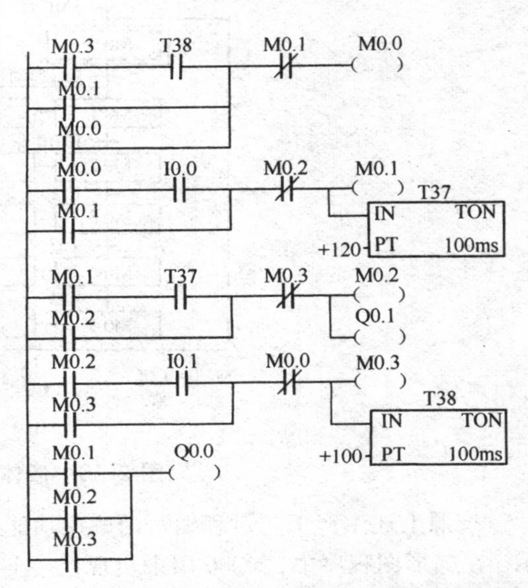

图 2-29　锅炉鼓风机/引风机的梯形图程序

对于步的动作，输出量的处理分为两种：

① 某一输出量仅在某步中为 ON 时，可以将它的线圈对应步的存储器位的线圈并联。

② 某一输出量在某步中为 ON 时，则将代表各有关的存储器位的常开触点并联后，一起驱动该输出线圈。如果某些输出连续的几步中均为 ON，可以用置位与复位指令进行控制。

3.2.2 分支序列结构：液体混合装置

液体混合装置的生产工艺过程示意图如图 2-30（a）所示。上限位、中限位、下限位液位传感器被液体淹没时为 1 状态；阀门 A、阀门 B 和阀门 C 为电磁阀，线圈通电时阀门打开，线圈断电时阀门关闭。开始时，容器是空的，各阀门均关闭，各液位传感器均为 0 状态。按下启动按钮后，打开阀门 A，液体 A 流入容器；当液面到达中限位时，中限位液位传感器变为 ON，关闭阀门 A，打开阀门 B，液体 B 流入容器；当液面到达上限位时，上限位液位传感器变为 ON，关闭阀门 B，电动机 M 开始运行，搅拌液体；30 s 后停止搅拌，打开阀门 C 放出混合液体；当液面下降到下限位时，下限位液位传感器变为 ON，5 s 之后容器放空，关闭阀门 C，打开阀门 A，又开始下一周期的操作。按下停止按钮，当前工作周期的操作结束后，才停止操作，返回并停留在初始状态。

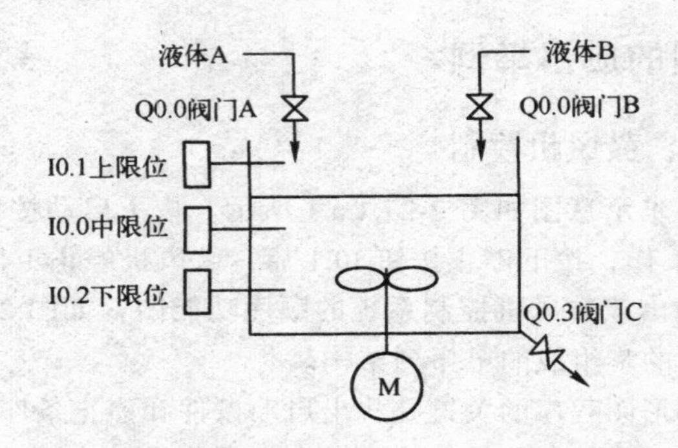

（a）生产工艺过程示意图

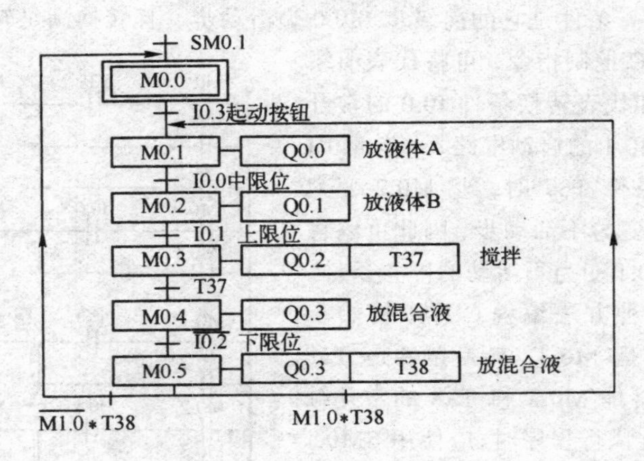

（b）顺序功能图

图 2-30 液体混合装置的顺序控制

按照上述生产工艺过程编写的顺序功能图如图 2-30（b）所示，其梯形图程序如图 2-31 所示。在梯形图程序中，M1.0 用来实现在按下停止按钮后不会马上停止工作，而是在当前工作周期的操作结束后才停止运行。步 M0.1 之前是选择合并。当步 M0.0 为活动步并且满足 IO.3 的转换条件，或者步 M0.5 为活动步并且满足 M1.0*T38 的转换条件时，步 M0.1 都能变为活动步。因此，步 M0.1 的启动电路由 M0.0、I0.3 或者 M0.5、M1.0、T38 的常开触点串联而成。

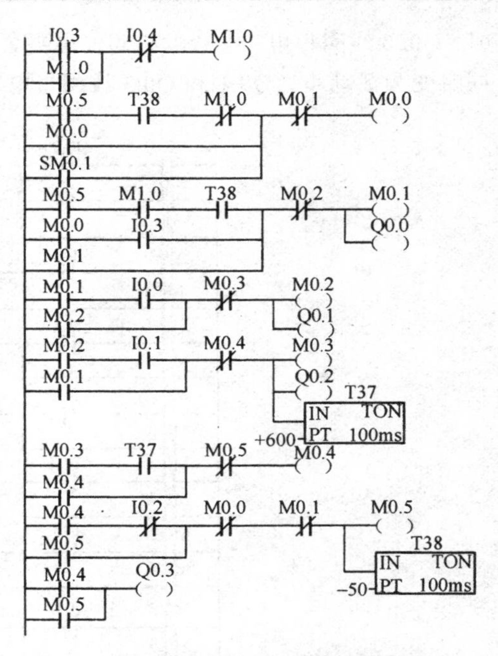

图 2-31　液体混合装置的梯形图程序

3.2.3　并行序列结构：某专用钻床控制

某专用钻床的生产工艺过程示意图如图 2-32（a）所示，该专用钻床使用两只钻头同时钻两个孔。在开始自动钻孔之前，两只钻头都在最上面初始位置，上限位开关 I0.3 和 I0.5 均为 ON。放好工件后，按下启动按钮 I0.0，工件被夹紧后，两只钻头同时开始钻孔，钻到由限位开关 I0.2 和 I0.4 设定的深度位置时，分别上行；返回到由限位开关 I0.3 和 I0.5 设定的起始位置时，分别停止上行；两只钻头都到位后，工件被松开，松开到位后，一个工作周期结束，系统返回初始状态。

根据控制要求，系统的顺序功能图如图 2-32（b）所示。从顺序功能图中可以看出：该系统由大小两只钻头和各自的限位开关组成了两个子系统。这两个子系统在钻孔过程中同时工作，形成并行序列。如果不使用并行序列，由于两个钻头的工作并不能绝对同步，会对限位开关造成冲击，形成安全隐患，因此必须使用并行序列进行编程。

在顺序功能图中，步 M0.4 和 M0.7 是两个等待步，用于保证两个钻头同步工作。其后的转换条件“=1”表示转换条件总是满足，只要步 M0.4 和 M0.7 都变为活动步，就能使 M1.0 变为活动步。

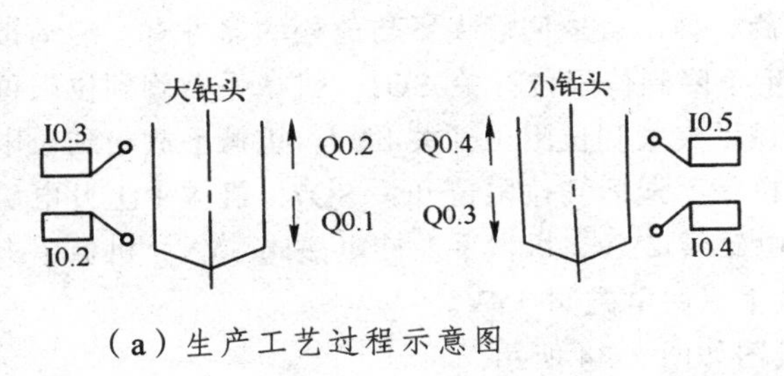

（a）生产工艺过程示意图

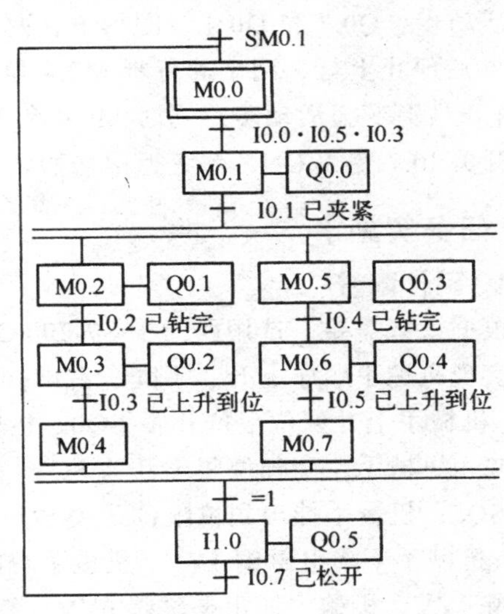

（b）顺序功能图

图 2-32　某专用钻床的顺序控制

根据图 2-32（b）所示的顺序功能图编写的梯形图程序如图 2-33 所示。步 M0.1 为活动步时，Q0. 0 线圈得电，夹紧电磁阀通电夹紧工件。当压力达到一定时，压力继电器 M0.2 和 M0.5 同时变为活动步，Q0.1 和 Q0.3 线圈得电，大、小钻头同时向下运动进行钻孔。

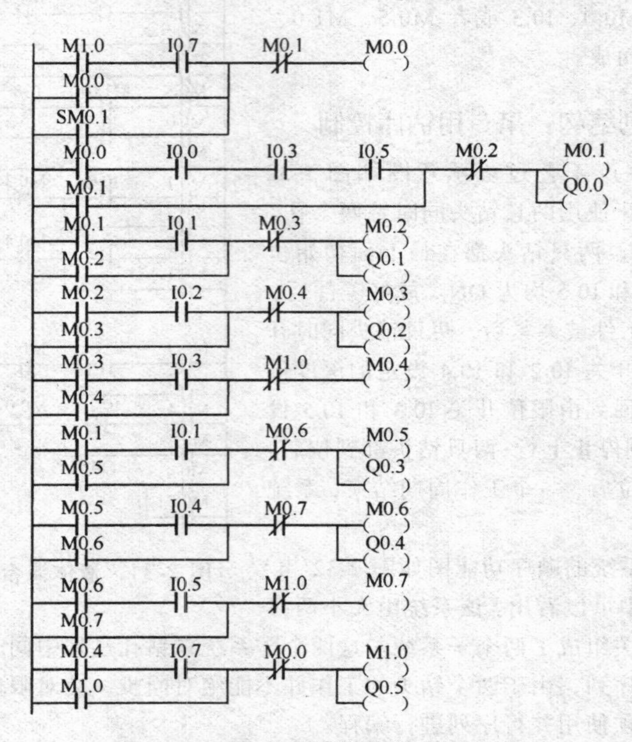

图 2-33 某专用钻床的梯形图程序

当两个孔钻完，大、小钻头分别碰到各自的下限位开关 I0.2 和 I0.4 后，步 M0.3 和步 M0.6 变为活动步，Q0.2 和 Q0.4 线圈得电，两个钻头分别向上运动，碰到各自的上限位开关，I0.3 和 I0.5 后停止上行，两个等待步 M0.4 和 M0.7 变为活动步。只要 M0.4 和 M0.7 变为活动步，步 M1.0 马上变为活动步，同时 M0.4 和 M0.7 变为不活动步，线圈 Q0.5 得电，工件被松开，限位开关 I0.7 变为 ON，系统返回初始状态。

【任务实施】

1. 硬件配置

根据系统需要，选用西门子 S7-200 CPU224 系列 PLC。

实现机械手顺序上升、下降、右旋、左旋，伸出、退回、夹紧与放松的器件有：启动按钮 SB0、机械手上升到位限位开关 SQ0，机械手下降到位限位开关 SQ1，机械手右旋到位限位开关 SQ2、机械手左旋到位限位开关 SQ3、机械手夹紧到位限位开关 SQ4，机械手放松到位限位开关 SQ5，机械手伸出到位限位开关 SQ6，机械手退回到位限位开关 SQ7，机械手上升电磁阀 0YV、机械手下降电磁阀 1YV、机械手右旋电磁阀 2YV，机械手左旋电磁阀 3YV，机械手夹紧电磁阀 4YV，机械手伸出电磁阀 6YV、机械手退回电磁阀 7YV。

机械手顺序执行单周期动作的 PLC 接线图如图 2-34 所示。

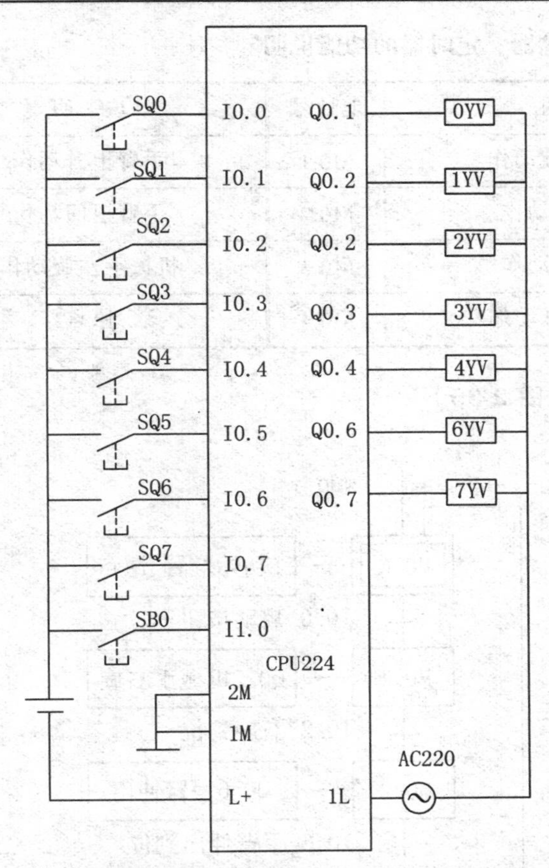

图 2-34　机械手顺序执行单周期动作的 PLC 接线图

2. I/0 分配表

（1）I/0 地址分配表

输入（9 个端子）			输出（6 个端子）		
说明	器件名称	地址号	说明	器件名称	地址号
启动按钮	SB0	I1.0	机械手上升电磁阀 0YV	0YV	Q0.0
机械手上升到位限位开关	SQ0	I0.0	机械手下降电磁阀 1YV	1YV	Q0.1
机械手下降到位限位开关	SQ1	I0.1	机械手右旋电磁阀 2YV	2YV	Q0.2
机械手右旋到位限位开关	SQ2	I0.2	机械手左旋电磁阀 3YV	3YV	Q0.3
机械手左旋到位限位开关	SQ3	I0.3	机械手夹紧电磁阀	4YV	Q0.4
机械手夹紧到位限位开关	SQ4	I0.4	机械手伸出电磁阀	6YV	Q0.6
机械手放松到位限位开关	SQ5	I0.5	机械手退回电磁阀	7YV	Q0.7
机械手伸出到位限位开关	SQ6	I0.6			
机械手退回到位限位开关	SQ7	I0.7			

（2）内部标志位存储器、定时器的功能说明

说　明	地址号	说　明	地址号
机械手右旋动作	M0.1	手臂上升动作	M0.5
手臂伸出动作	M0.2	手臂退回动作	M0.6
手臂下降动作	M0.3	机械手左旋动作	M0.7
机械手夹紧动作	M0.4	原点	M0.0

3. 顺序功能图（见图 2-35）

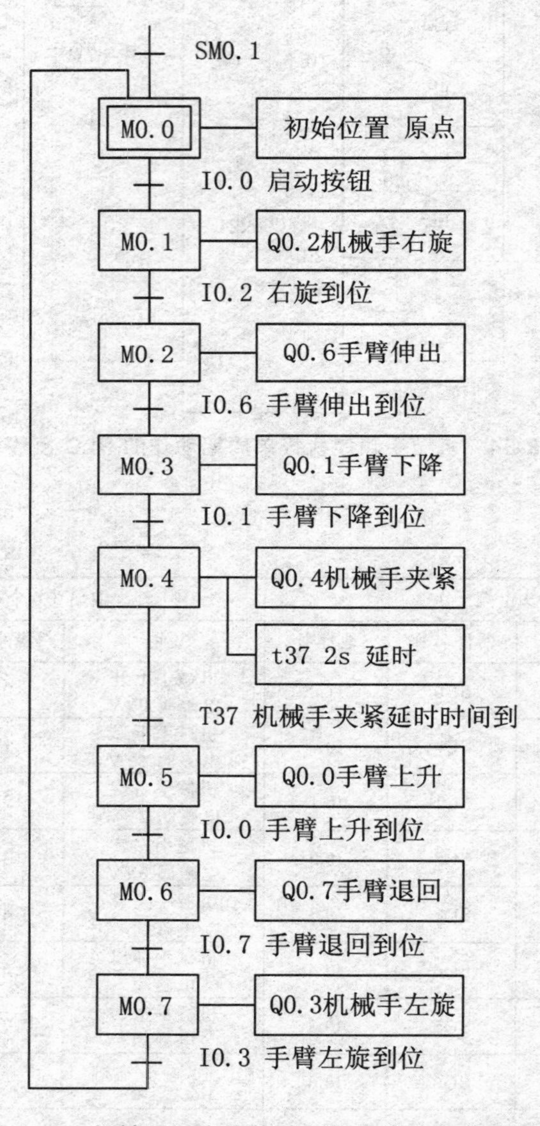

图 2-35　机械手顺序执行单周期动作的顺序功能图

4. 梯形图设计（见图 2-36）

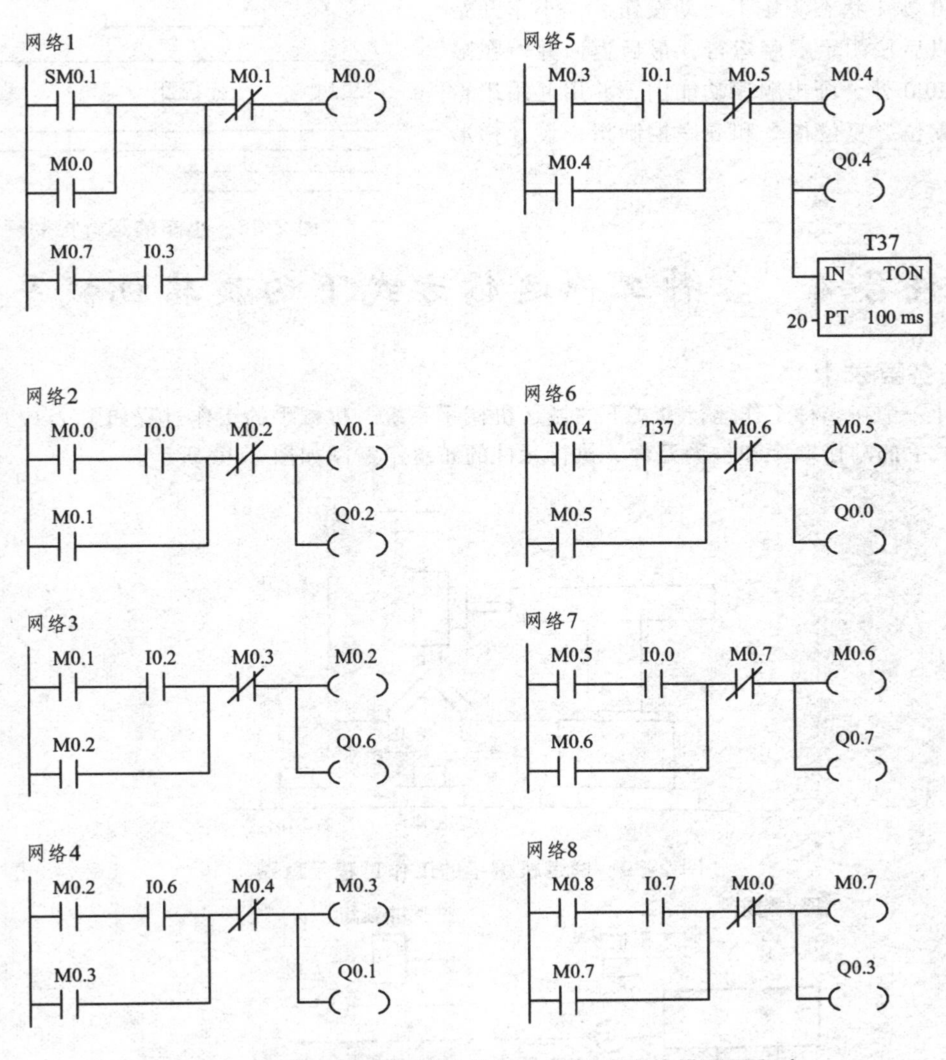

图 2-36 机械手按时间顺序执行单周期动作的梯形图程序

【巩固练习】

1. 粉末冶金制品压制机如图 2-37 所示。装好粉末后，按下启动按钮 I0.0，冲头下行；将粉末压紧后，压力继电器 I0.1 接通；保压延时 5 s 后，冲头上行至 I0.2 接通，然后模具下行至 I0.3 接通。取走成品后，工人按一下按钮 I0.5，模具上行至 I0.4 接通，统统返回初始状态。画出顺序功能图，并设计出梯形图程序。

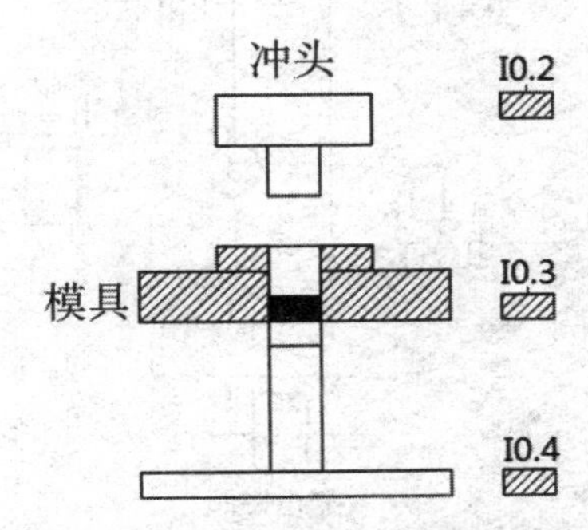

图 2-37 粉末冶金制品压制机的工作原理

2. 如图 2-38 所示，小车开始停在左边，限位开关 I0.0 为 1 状态。按下启动按钮后，小车开始右行，以后按图示顺序运行，最后返回并停在限位开关 I0.0 处。画出顺序功能图，并用通用逻辑指令，置位、复位指令和顺序控制指令设计梯形图程序。

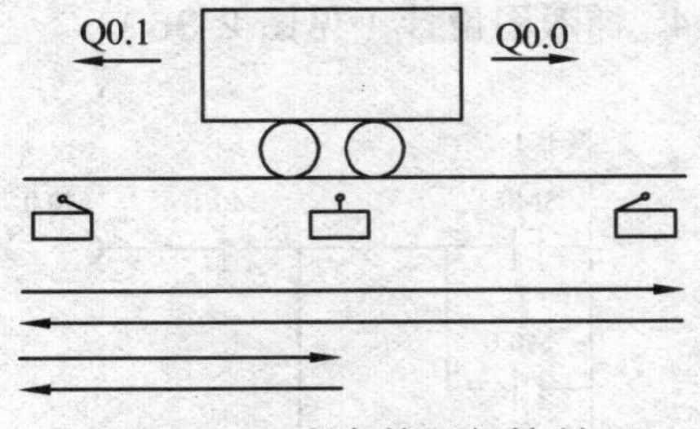

图 2-38　小车的运行控制

任务 4　各种工作运行方式下的旋转机械手

【任务要求】

设计一个在多种工作运行方式下的搬运机械手系统。机械手的工作过程如图 2-39 所示。机械手的动作顺序和检测元件、执行元件的布置示意图如图 2-40 所示。

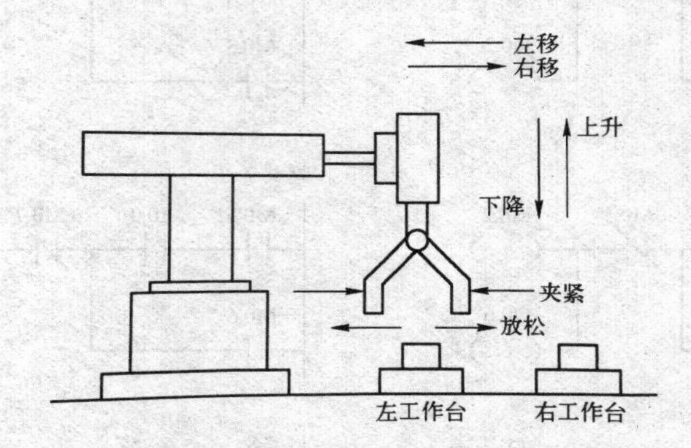

图 2-39　搬运机械手的工作过程示意图

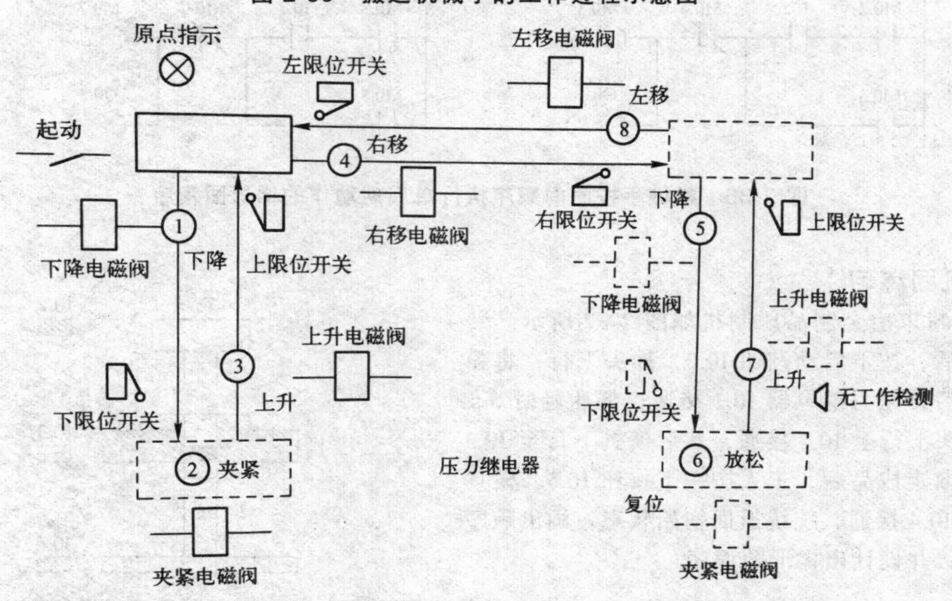

图 2-40　机械手的动作顺序和检测元件、执行元件的布置示意图

机械手的初始位置为停在原点（不在远点时刻通过操作使其返回原点），按下启动按钮后，机械手将依次完成：①下降→②夹紧→③上升→④右移→⑤在下降→⑥放松→⑦再上升→⑧左移 8 个动作。机械手的下降、上升、右移、左移等动作的转换，是由相应的限位开关来控制的，而夹紧、放松动作的转换是由时间来控制的。

控制要求：

① 手动工作方式。利用按钮对机械手每一动作单独进行控制。例如，按“下降”按钮，机械手下降；按“上升”按钮，机械手上升。用手动操作可以使机械手置于原点位置（机械手在最左边和最上面，且夹紧装置松开），还便于维修时机械手的调整。

② 单步工作方式。从原点开始，按照自动工作循环的工序，每按一下启动按钮，机械手完成一步的动作后自动停止。

③ 单周期工作方式。按下启动按钮，从原点开始，机械手按工序自动完成一个周期的动作，返回原点后停止。

④ 连续工作方式。按下启动按钮，机械手从原点开始工序自动反复连续循环工作，直到按下停止按钮，机械手自动停机；或者将工作方式选择开环转换到“单周期”工作方式，此时机械手在完成最后一个周期后，返回原点自动停机。

机械手的操作台面板布置示意图如图 2-41 所示。

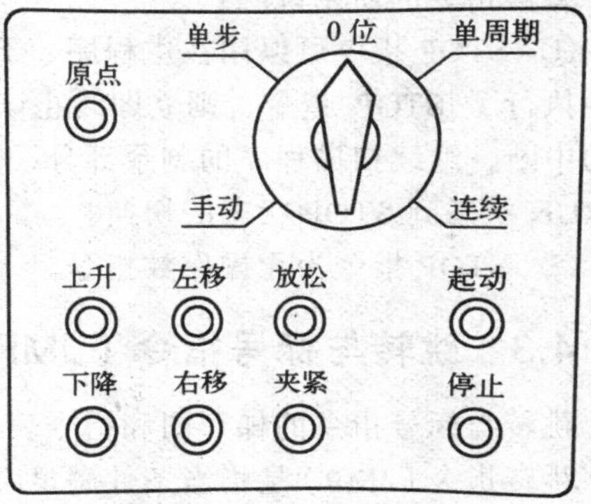

单步　0 位　单周期
原点
手动　连续
上升　左移　放松　起动
下降　右移　夹紧　停止

图 2-41　机械手的操作台面板布置示意图

【任务目标】

1. 知识要求

① 能正确使用各种程序控制指令，包括结束指令、暂停指令、监视定时器复位指令、跳转与标号指令、循环指令、子程序调用，中断等指令。

② 能正确编写各种工作运行方式下（调试、单步、单周期、半自动、自动）的运行程序。

③ 能正确编写调试较复杂的逻辑控制程序。

2. 能力要求

能正确使用各种程序控制指令编写各种工作运行方式下（调试、单步、单周期、半自动、自动）旋转机械手的运行程序。

【相关知识】

程序控制指令用于对程序的走向进行控制。可以控制程序的结束、分支、循环、子程序或中断程序调用等。合理使用该类指令，可以优化程序结构，增强程序的功能和灵活性。

该类指令主要包括：结束指令、暂停指令、监视定时器复位指令、跳转与标号指令、循环指令、子程序调用、中断等指令。

4.1　结束指令 END 和 MEND

结束指令分为有条件结束指令（END）和无条件结束指令（MEND），结束指令的梯形图和指令表格式如图 2-42 所示。

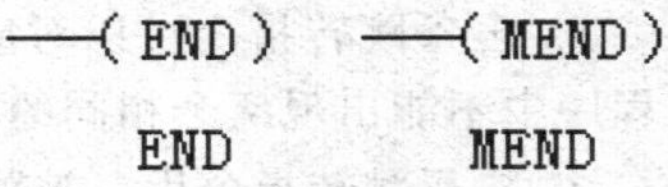

——(END)　——(MEND)

END　MEND

图 2-42　结束指令

结束指令的使用说明：

① END 指令是指当执行条件成立时结束主程序，返回主程序的起点，且用在无条件结束

指令之前。

② MEND 指令则是编程软件 STEP-Micro/WIN32 在主程序结尾处自动加上的，标志主程序的结束。

③ 结束指令的功能是结束主程序，只能用于主程序中，不能在子程序和中断程序中使用。

④ 有条件结束指令和无条件结束指令均为无操作数指令。

4.2 暂停指令（STOP）

暂停指令是指当执行条件成立时使 PLC 的运行方式从 RUN 状态转为 STOP 状态，同时立即终止用户程序的执行。暂停指令的梯形图和指令表格式如图 2.43 所示。

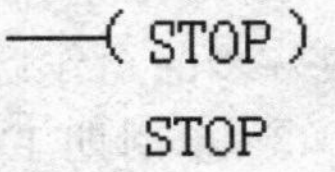

—(STOP)

STOP

图 2-43 暂停指令

暂停指令的使用说明：

① STOP 指令可以用在主程序、子程序和中断程序中。若在中断程序中执行了 STOP 指令，则立即终止该中断处理程序，并且忽略所有等待的中断，继续扫描程序的剩余部分，在本次扫描结束后，完成将 PLC 从 RUN 状态到 STOP 状态的切换。

② STOP 指令为无操作数指令。

4.3 跳转与标号指令（JMP、LBL 指令）

跳转与标号指令的梯形图和指令表格式如图 2-44 所示。

跳转指令（JMP）是指当条件满足时，可使程序跳转到同一程序中 N 所指定的相应标号处。

标号指令（LBL）用于标记跳转目的地的位置（N），由 N 来标记与哪个 JMP 指令对应。

指令操作数 N 为常数（0 ~ 255）。

跳转指令是根据不同的逻辑条件，有选择地执行不同的程序。利用跳转指令可以使 PLC 编程的灵活性大大提高，减少扫描时间，从而加快了系统的响应速度。

跳转与标号指令的应用如图 2-45 所示。

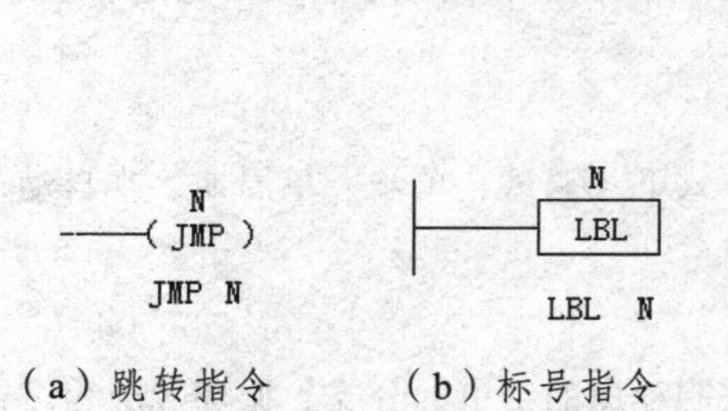

（a）跳转指令 （b）标号指令

图 2-44 跳转与标号指令

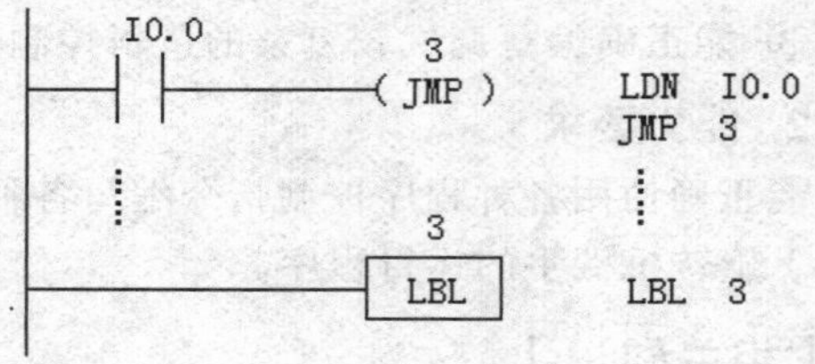

I0.0
3
(JMP)
3
LBL

LDN I0.0
JMP 3
LBL 3

图 2-45 跳转与标号指令的应用

跳转与标号指令的使用说明：

① JMP 和 LBL 指令必须成对应用于主程序、子程序或中断程序中。不能在不同的程序块中相互跳转。若在步进程序中使用跳转指令，则必须使 JMP 和 LBL 指令在同一个 SCR 段中。

② 多条跳转指令可以对应于同一个标号，但一条跳转指令不能对应多个相同的标号，即在程序中不能出现两个相同的标号。

③ 执行跳转指令后，被跳过的程序段中各元件的状态如下：

- 各输出线圈保持跳转前的状态。
- 计数器 C 停止计数，当前值存储器保持跳转前的计数值。

• 分辨率为 1 ms、10 ms 的定时器保持跳转之前的工作状态，原来工作的继续工作，到设定值后可以正常动作，其当前值一直累计到 32767 才停止。分辨率为 100 ms 的定时器在跳转期间停止工作，但不会复位，当前值保持不变，跳转结束后，若输入条件允许，可继续计时，但计时已不准确了。

4.4　循环指令（FOR、NEXT 指令）

当需要重复执行相同功能的程序段时，可采用循环程序结构。循环指令有两条：循环开始指令 FOR 和循环结束指令 NEXT。这两条指令的梯形图和指令表格式如图 2-46 所示。

循环开始指令 FOR 的功能是标记循环程序的开始。循环结束指令 NEXT 的功能是标记循环程序的结束，无操作数。FOR 和 NEXT 之间的程序部分称为循环体。

FOR 指令中 INDX 指定当前循环计数器，用于记录循环次数，INIT 指定循环次数的初值，FINAL 指定循环次数的终值。当使能输入有效时，开始执行循环体，当前循环计数器从 INIT 指定的初值开始，每执行 1 次循环体，当前循环计数器值增加 1，并且将结果同终值进行比较，如果大于终值，循环结束。

循环指令的应用如图 2-47 所示。该段程序的功能是，当 I0.0 接通时，外层循环执行 10 次，当 I0.1 接通时，内层循环执行 5 次。

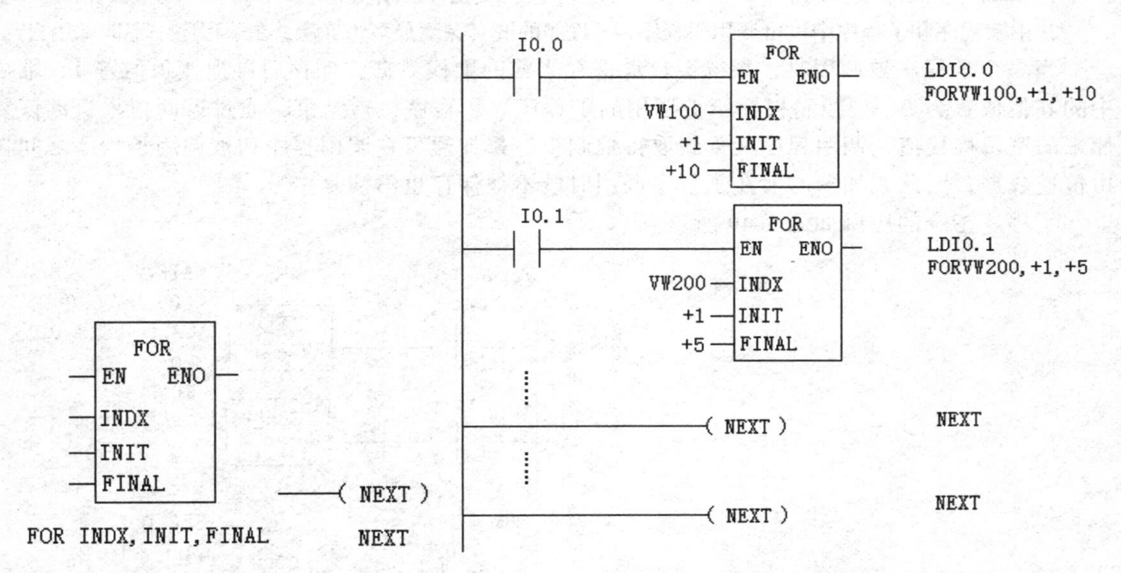

图 2-46　循环指令（FOR、NEXT 指令）　　图 2-47　循环指令的应用

循环指令的使用说明：

① 循环开始指令 FOR 和循环结束指令 NEXT 必须成对使用。

② 当初值大于终值时，循环指令不被执行。

③ 每次使能输入有效时，指令自动复位各参数，同时将 INIT 指定初值放入当前循环计数器中，使循环指令可以重新执行。

④ 循环指令可以循环嵌套，嵌套最多为 8 层，但各个循环指令之间不能交叉。

4.5　子程序指令

在程序设计中，可以把功能独立的且需要多次使用的程序段单独编写，设计成子程序的形式，供主程序调用。要使用子程序，首先要建立子程序，然后才能调用子程序。

4.5.1 建立子程序

建立子程序是通过编程软件来完成的。可用编程软件“编辑”菜单中的“插入”子菜单下的“子程序”命令，来建立一个新的子程序。默认的子程序名为 SBR-N，编号 N 从 0 开始按顺序递增，范围为 0～63，也可以通过重命名命令为子程序改名。

4.5.2 子程序调用（CALL）、子程序返回（CRET）指令

子程序调用和返回指令的梯形图与指令表格式如图 2-48 所示。

子程序调用指令（CALL）是指当 EN 端口执行条件存在时，主程序把程序控制权交给子程序，转到子程序入口开始执行子程序。SBR-N 是子程序名，表示子程序入口地址。子程序调用可以带参数，也可以不带参数。

有条件子程序返回指令（CRET）是指当逻辑条件成立时，结束子程序的执行，返回主程序中的子程序调用处继续向下执行。

每个子程序必须以无条件返回指令 RET 作为结束，编程软件 STEP-Micro/WIN32 为每个子程序自动加入无条件返回指令，不需要编程人员手工输入该指令。

在中断程序和子程序中也可调用子程序，子程序的嵌套深度最多为 8 层，在子程序中不能调用自己。

当一个子程序被调用时，系统会自动保存当前的堆栈数据，保存后再把栈顶值置 1，堆栈中的其他值置为 0，把控制权交给被调用的子程序。子程序执行结束，通过返回指令自动恢复原来的逻辑堆栈值，调用程序又重新取得控制权。累加器可在调用程序和被调用子程序之间自由传递数据，因此累加器的值在子程序调用时既不被保存也不恢复。

子程序指令的应用如图 2-49 所示。

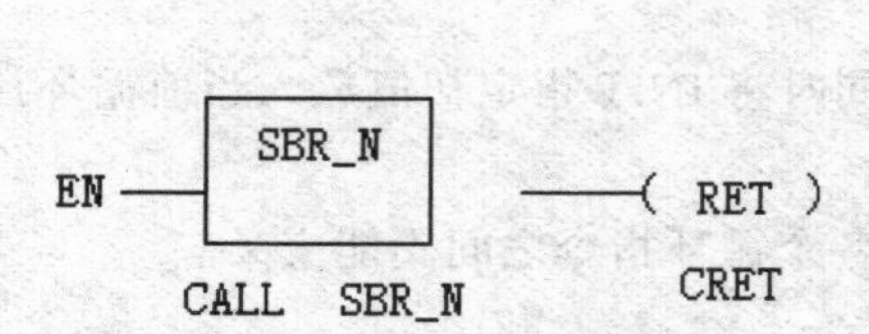

图 2-48 子程序调用（CALL）、子程序返回（CRET）指令

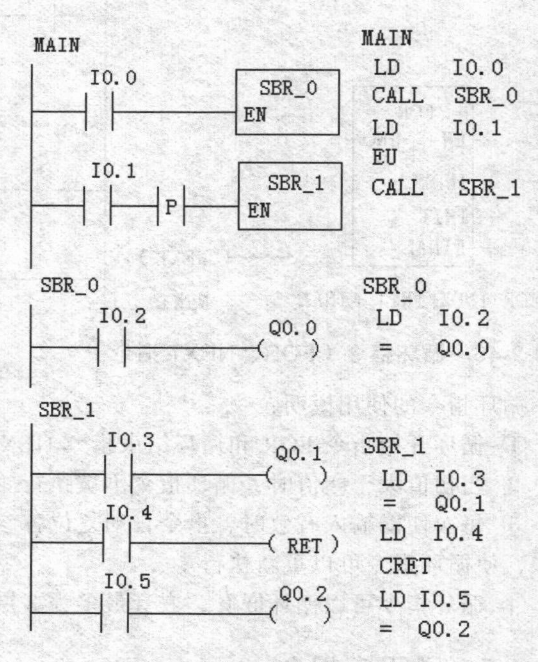

图 2-49 子程序指令的应用

4.5.3　带参数的子程序调用

在调用子程序的过程中，允许带参数调用，带参数调用时，增加了程序的灵活性。带参数调用的子程序指令如图 2-50 所示。

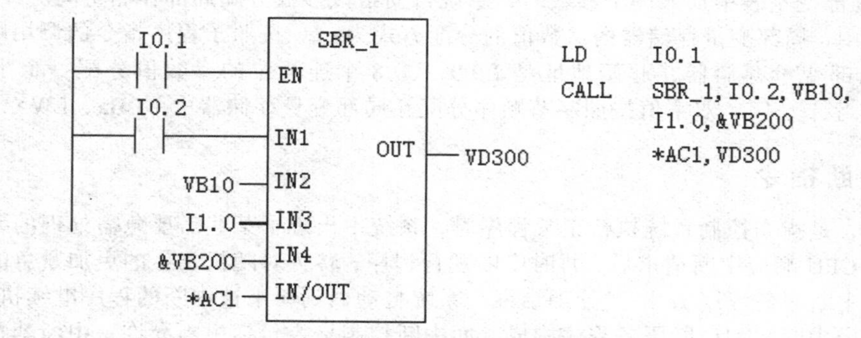

图 2-50　带参数调用的子程序指令

子程序在带参数调用时，最多可以带 16 个参数。参数在子程序的局部变量表中定义，如表 2-8 所示。参数由地址、参数名称（最多 8 个字符）、变量类型和数据类型来描述。

表 2-8　子程序带参数调用时的局部变量表

L 地址	参数名称	变量类型	数据类型	说　明
	EN	IN	BOOL	使能输入
L0.0	IN1	IN	BOOL	第 1 个输入参数
LB1	IN2	IN	BYTE	第 2 个输入参数
L2.0	IN3	IN	BOOL	第 3 个输入参数
LD3	IN4	IN	DWORD	第 4 个输入参数
LW7	IN/OUT1	IN/OUT	WORD	第 1 个输入/输出参数
LD9	OUT1	OUT	DWORD	第 1 个输出参数

局部变量表中的变量类型区定义的变量有：传入子程序参数（IN）、传入/传出子程序参数（IN/OUT）、传出子程序参数（OUT）、暂时变量（TEMP）四种类型。

传入子程序参数（IN）：其寻址方式可以是直接寻址（如：VB10）、间接寻址（如：*AC1）、立即数寻址（如：16#1234）或地址（&VB100）。

传入/传出子程序参数（IN/OUT）：在调用子程序时，将指定地址的参数值传入子程序，子程序返回时，从子程序得到的结果值被返回到同一个地址。其寻址方式可以是直接寻址和间接寻址，但常数和地址不允许作为输入/输出参数。

传出子程序参数（OUT）：将从子程序返回的结果值传送到指定的参数位置。其寻址方式可以是直接寻址和间接寻址，但不可以是常数或地址。

暂时变量（TEMP）：只能在子程序内部暂时存储变量，不能用来与主程序传递参数数据。

在带参数调用子程序指令中，参数必须按照一定顺序排列，先是输入参数（IN），然后是输入/输出参数（IN/OUT），最后是输出参数（OUT）。

子程序中参数的使用规则：

① 必须对常数作数据类型说明，否则常数会被当作不同类型使用。例如，把值为 12345 的无符号双字作为参数传递时，必须用 DW#12345 来指明。

② 在参数传递的过程中数据类型不能自动转换，例如，局部变量表中声明一个参数为实

型，而在调用时使用的是一个双字，则子程序中的值就是双字。

③ 当子程序调用时，输入参数值被拷贝到子程序的局部变量存储器中，当子程序结束时，则从局部变量存储器区拷贝输出参数值到指定的输出参数地址。

④ 当在局部变量表中加入一个参数时，系统自动给该参数分配局部存储空间。

在子程序中，局部变量存储器的参数值的分配方式为：① 按照子程序指令的调用顺序，参数值分配给局部变量存储器，起始地址是 L0.0；② 8 个连续位的参数值分配一个字节，从 LX.0 ~ LX.7，字节、字、双字值按照字节顺序分配在局部变量存储器中（LBx，LWX，LDX）。

4.6 中断指令

所谓中断，是指当控制系统执行正常程序时，系统中出现了某些需要急需处理的事件或者特殊请求，当 CPU 响应中断请求后，暂时中断现行程序，转去对随机发生的更加紧急的事件进行处理（执行中断服务程序），一旦处理结束，系统自动回到原来被中断的程序继续执行。

中断主要由中断源和中断服务程序构成。而中断控制指令包括中断允许、中断禁止指令和中断连接、分离指令。

4.6.1 中断源

中断源是中断事件向 PLC 发出中断请求的信号。S7-200 系列 PLC 至多具有 34 个中断源，每个中断源都被分配了一个编号加以识别，称为中断事件号。不同的 CPU 模块，可使用的中断源有所不同，具体如表 2-9 所示。

表 2-9 不同 CPU 模块可使用的中断源

CPU 模块	CPU221、CPU222	CPU224	CPU226
可使用的中断源（中断事件）	0 ~ 12，19 ~ 23，27 ~ 33	0 ~ 23，27 ~ 33	0 ~ 33

S7-200 PLC 的 34 个中断源大致可分为三大类：通信中断、I/O 中断、时基中断。

（1）通信中断

在自由口通信模式下（通信口由程序来控制），可以通过编程来设置通信的波特率、每个字符位数、起始位、停止位及奇偶校验，可以通过接收中断和发送中断来简化程序对通信的控制。

（2）I/O 中断

I/O 中断包含了上升沿和下降沿中断、高速计数器中断、高速脉冲输出中断。上升沿和下降沿中断是系统利用 I0.0 ~ I0.3 的上升沿或下降沿所产生的中断，用于连接某些一旦发生就必须引起注意的外部事件；高速计数器中断可以响应诸如当前值等于预置值、计数方向的改变、计数器外部复位等事件所产生的中断；高速脉冲输出中断可以响应给定数量脉冲输出完毕所产生的中断。

（3）时基中断

时基中断包括定时中断和定时器中断。定时中断按指定的周期时间循环执行，周期时间以 1 ms 为计量单位，周期可以设定为 1 ms ~ 255 ms。S7-200 系列 PLC 提供了两个定时中断，即定时中断 0 和定时中断 1，对于定时中断 0，把周期时间值写入 SMB34；对于定时中断 1，把周期时间值写入 SMB35。当定时中断允许，则相关定时器开始计时，当达到定时时间值时，相关定时器溢出，开始执行定时中断所连接的中断处理程序。定时中断一旦允许就连续地运行，按指定的时间间隔反复执行被连接的中断程序，通常可用于模拟量的采样周期或执行一个 PID 控制。定时器中断就是利用定时器来对一个指定的时间段产生中断，只能使用 1 ms 定时器 T32 和 T96 来实现，在定时器中断被允许时，一旦定时器的当前值和预置值相等，则执行被连接的中断程序。

4.6.2　中断优先级

所谓中断优先级，是指当多个中断事件同时发出中断请求时，CPU 响应中断的先后次序。优先级高的先执行，优先级低的后执行。SIMEMENS 公司生产的 CPU 规定的中断优先级由高到低的顺序是：通信中断、输入/输出中断、时基中断。同类中断中的不同中断事件也有不同的优先权，如表 2-10 所示。

表 2-10　CPU226 中的中断事件及其优先级

中断事件号	中断描述	优先组	组内优先级
8	通信口 0：接收字符	通信（最高）	0
9	通信口 0：发送信息完成		0
23	通信口 0：接收信息完成		0
24	通信口 1：接收信息完成		1
25	通信口 1：接收字符		1
26	通信口 1：发送信息完成		1
19	PTO0 脉冲串输出完成中断	I/O 中断（中等）	0
20	PTO1 脉冲串输出完成中断		1
0	I0.0 上升沿		2
2	I0.1 上升沿		3
4	I0.2 上升沿		4
6	I0.3 上升沿		5
1	I0.0 下降沿		6
3	I0.1 下降沿		7
5	I0.2 下降沿		8
7	I0.3 下降沿		9
12	HSC0 当前值等于预置值中断		10
27	HSC0 输入方向改变中断		11
28	HSC0 外部复位中断		12
13	HSC1 当前值等于预置值中断		13
14	HSC1 输入方向改变中断		14
15	HSC1 输入方向改变中断		15
16	HSC2 当前值等于预置值中断		16
17	HSC2 输入方向改变中断		17
18	HSC2 外部复位中断		18
32	HSC3 当前值等于预置值中断		19
29	HSC4 当前值等于预置值中断		20
30	HSC4 输入方向改变中断		21
31	HSC4 外部复位中断		22
33	HSC5 当前值等于预置值中断		23
10	定时中断 0	定时中断（最低）	0
11	定时中断 1		1
21	定时器 T32 当前值等于预置值中断		2
22	定时器 T96 当前值等于预置值中断		3

在 PLC 中，CPU 按先来先服务的原则处理中断，一个中断程序一旦执行，它会一直执行到结束，不会被其他高优先级的中断事件所打断。在任一时刻，CPU 只能执行一个用户中断程序，正在处理某中断程序时，新出现的中断事件，则按照优先级排队等候处理，中断队列可保存的最大中断数是有限的，如果超出队列容量，则产生溢出，某些特殊标志存储器被置位。S7-200 系列 PLC 各 CPU 模块的最大中断数及溢出标志位见表 2-11。

表 2-11　S7-200 系列 PLC 各 CPU 模块最大中断数及溢出标志位

中断队列种类	CPU221　CPU222　CPU224	CPU226　CPU226XM	中断队列溢出标志位
通信中断队列	4	8	SM4.0
I/O 中断队列	16	16	SM4.1
时基中断队列	8	8	SM4.2

4.6.3　中断程序

中断程序是用户为处理中断事件而事先编制的程序，建立中断程序的方法为：选择编程软件中的“编辑”菜单中的“插入”子菜单下的“中断程序”选项就可以建立一个新的中断程序。默认的中断程序名（标号）为 INT_N，编号 N 的范围为 0 ~ 127，从 0 开始按顺序递增，也可以通过“重命名”命令为中断程序改名。

中断程序名 INT_N 标志着中断程序的入口地址，可以通过中断程序名在中断连接指令中将中断源和中断程序连接起来。在中断程序中，可以用有条件中断返回指令或无条件中断返回指令来返回主程序。

4.6.4　中断连接指令（ATCH）、中断分离指令（DTCH）

中断连接指令（ATCH）、中断分离指令（DTCH）的梯形图和指令表格式如图 2-51 所示。

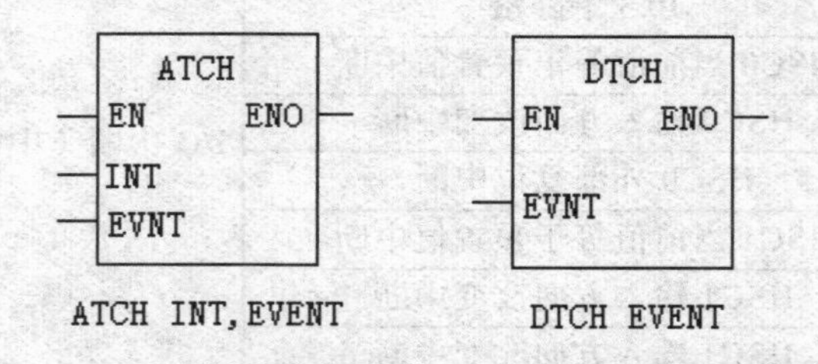

图 2-51　中断连接指令（ATCH）、中断分离指令

中断连接指令（ATCH）是指当 EN 端口执行条件存时，把一个中断事件（EVENT）和一个中断程序（INT）联系起来，并允许该中断事件，INT 为中断服务程序的标号，EVNT 为中断事件号。

中断分离指令（DTCH）是指当 EN 端口执行条件存在时，切断一个中断事件和中断程序之间的联系，并禁止该中断事件。EVNT 端口指定被禁止的中断事件。

4.6.5　中断允许指令（ENI）、中断禁止指令（DISI）

中断允许指令（ENI）、中断禁止指令（DISI）指令的梯形图和指令表格式如图 2-52 所示。

—(ENI)　　—(DISI)

ENI　　DISI

图 2-52　中断允许指令（ENI）、中断禁止指令（DISI）

中断允许指令（ENI）是指当逻辑条件成立时，全局地允许所有被连接的中断事件。该指令无操作数。

中断禁止指令（DISI）是指当逻辑条件成立时，全局地禁止所有被连接的中断事件。该指令无操作数。

4.6.6 中断返回指令

中断返回指令包含有条件中断返回指令（CRETI）和无条件中断返回指令（RETI）两条。

有条件中断返回指令（CRETI）：当逻辑条件成立时，从中断程序中返回到主程序，继续执行。

无条件中断返回指令（RETI）：由编程软件在中断程序末尾自动添加。

中断处理提供了对特殊的内部或外部事件的快速响应。因此中断程序应短小、简单，执行时间不宜过长。在中断程序中不能使用 DISI、ENI、HDEF、LSCR 和 END 指令。中断程序的执行影响触点、线圈和累加器状态，中断前后，系统会自动保存和恢复逻辑堆栈、累加器及特殊存储标志位（SM）来保护现场。

定时中断指令采集模拟量的程序应用如图 2-53 所示。

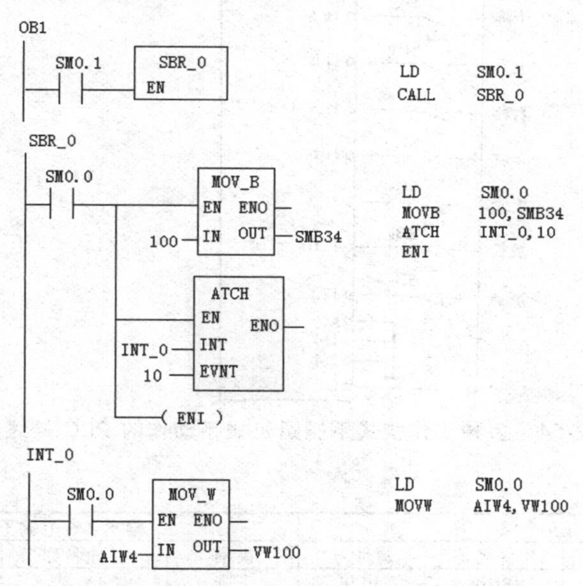

图 2-53 定时中断指令采集模拟量的程序

【任务实施】

1. 硬件配置

根据系统需要，选用西门子 S7-200 CPU226 系列 PLC，共 24 个输入端子、16 个输出端子。

输入信号分配：位置检测信号有下限、上限、右限、左限共 4 个行程开关，需要 4 个输入端子；“无工件”检测信号采用观点开关座检测元件，需要 1 个输入端子；“工作方式”选择开关有手动、单步、单周期和连续 4 种工作方式，需要 4 个输入端子；手动操作时，需要有下降、上升、右移、左移、夹紧、放松、回原点 7 个按钮，需要 7 个输入端子；自动工作时，尚需启动按钮、停止按钮，需要 2 个输入端子。共 18 个输入信号端子。

输出信号分配：PLC 的输入信号用来控制机械手的下降、上升、右移、左移和夹紧 5 个电磁阀线圈，需要 5 个输出点；机械手从原点开始工作，需要 1 个原点指示灯，需要 1 个输出端子。共 6 个输出端子。

多种工作模式下搬运机械手动作的 PLC 接线图如图 2-54 所示。

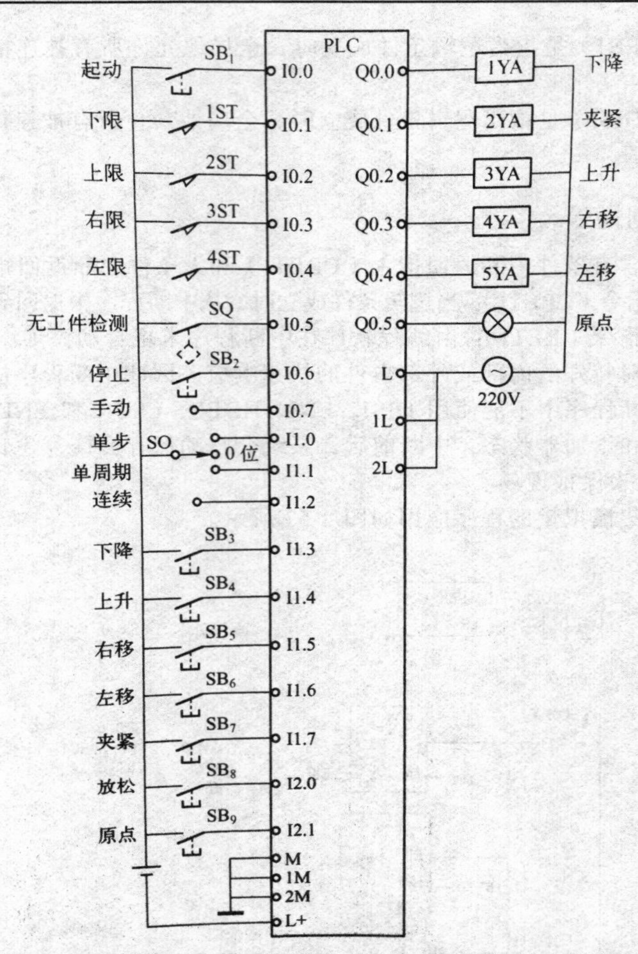

图 2-54 多种工作模式下搬运机械手动作的 PLC 接线图

2. I/0 分配表

输入（9 个端子）			输出（6 个端子）		
说明	器件名称	地址号	说明	器件名称	地址号
启动按钮	SB0	I0.0	下降	1YV	Q0.0
下限	1ST	I0.1	夹紧	2YV	Q0.1
上限	2ST	I0.2	上升	3YV	Q0.2
右限	3ST	I0.3	右移	4YV	Q0.3
左限	4ST	I0.4	左移	5YV	Q0.4
无工件检测	SQ	I0.5	原点	HL	Q0.5
停止	SB2	I0.6			Q0.7
手动	SO	I0.7			
单步	SO	I1.0			
单周期	SO	I1.1			
连续	SO	I1.2			
下降	SB3	I1.3			
上升	SB4	I1.4			
右移	SB5	I1.5			
左移	SB6	I1.6			
夹紧	SB7	I1.7			
放松	SB8	I2.0			
原点	SB9	I2.1			

3. 自动操作流程图及顺序功能图（见图2-55、图2-56）

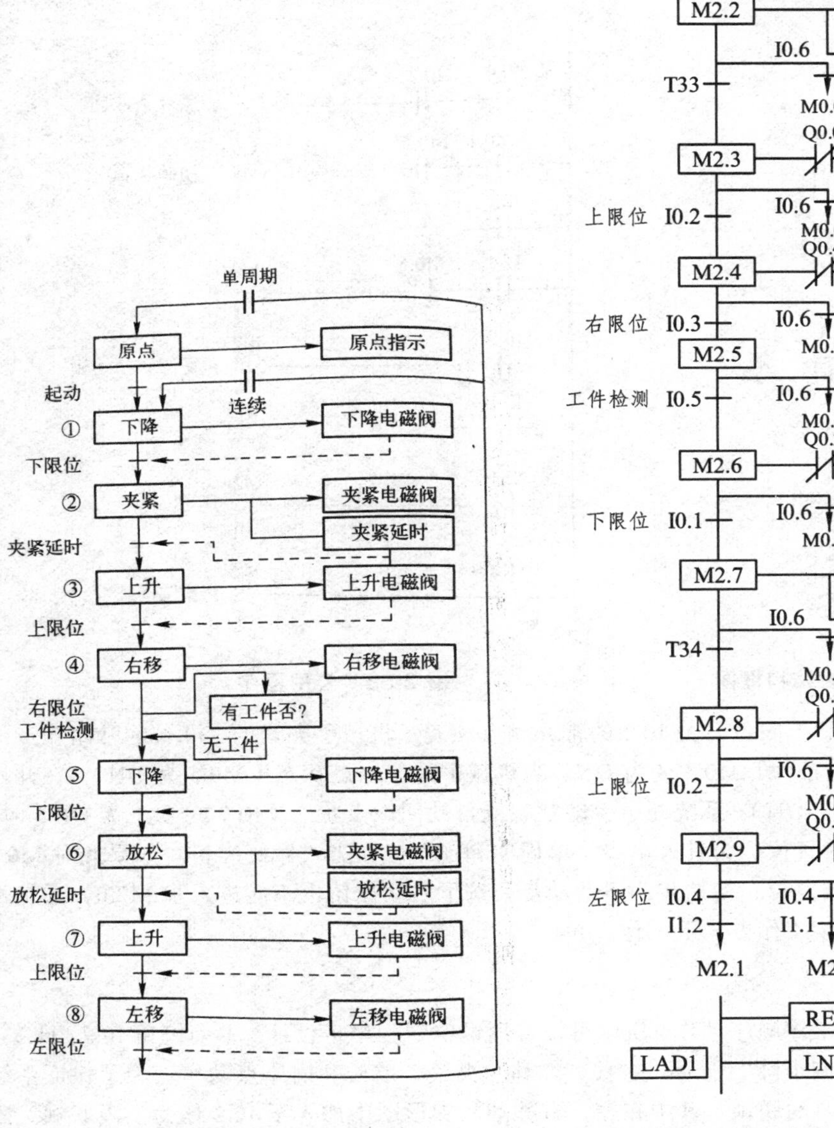

图2-55 自动操作流程图

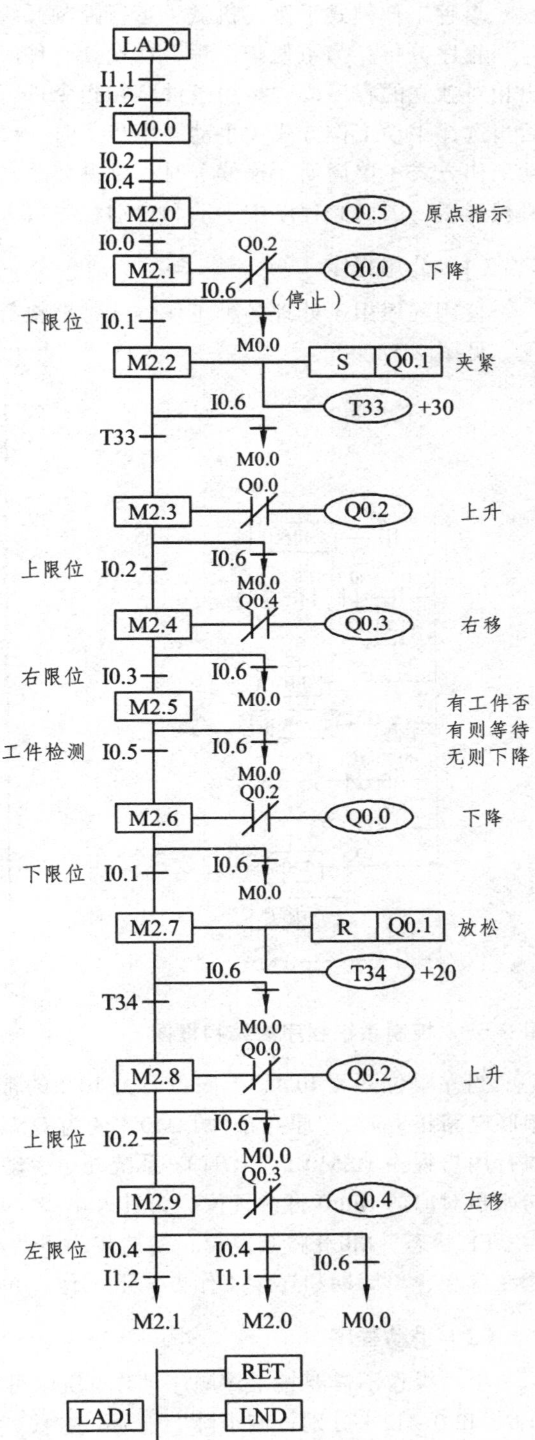

图2-56 自动程序顺序功能图

4. 梯形图设计

多种工作模式下搬运机械手运行控制系统程序的结构框图如图 2-57 所示。

程序分析：为了便于编程，在设计软件时常常将公用程序、手动程序和自动程序分别编写出相对独立的程序段，再用条件跳转指令进行选择。本程序系统运行时首先执行公用程序，而后当选择手动工作方式（手动、单步）时，I0.7 或 I1.0 接通并跳转至手动程序执行；当选择自动工作方式（单周期、连续）时，则跳转至自动程序执行。由于工作方式选择转换开关采取了机械互锁，因而此程序中手动和自动程序可采用互锁，也可以不互锁。

（1）公用程序

公用程序用于处理各种工作方式都要执行的任务，以及不同的工作方式之间相互切换的处理，见图 2-58。

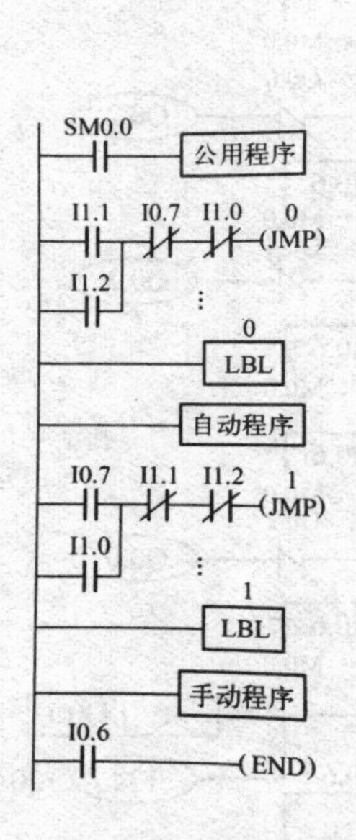

图 2-57 控制系统程序的结构框图

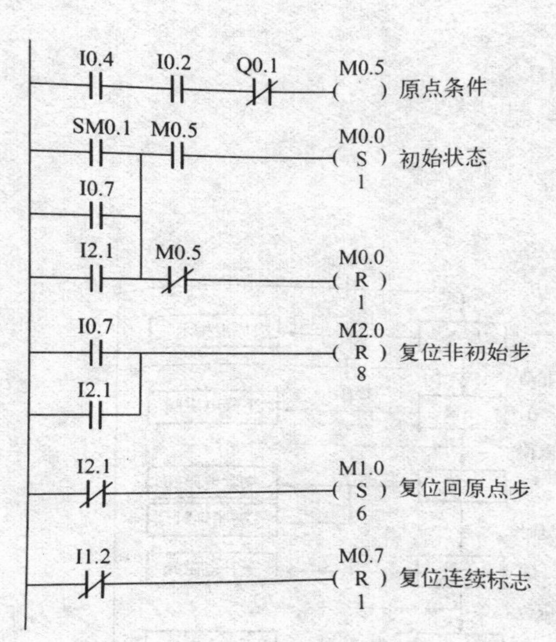

图 2-58 公用程序

当左限位开关 I0.4、上限位开关 I0.2 的常开触点和表示机械手夹紧的 Q0.1 的常闭触点的串联电路接通时，“原点条件”M0.5 变为 ON。当机械手处于原点状态（M0.5 为 ON），在开始执行用户程序（SM0.1 为 ON）、系统处于手动状态或自动回原点状态（I0.7 或 I2.1 为 ON）时，初始步对应的 M0.0 将被置位，为进入单步、单周期和连续工作方式做好准备。如果此时 M0.5 为 OFF 状态，M0.0 将被复位，初始步为不活动步，按下启动按钮也不能进入步 M2.0，系统不能在单步、单周期和连续工作方式下工作。

（2）手动程序

手动操作不需要按工序顺序动作，所以可按普通继电器程序来设计。手动按钮 I0.7、I1.3 ~ I1.7、I2.0 ~ I2.1 分别控制下降、上升、右移、左移、夹紧、放松和回原点动作。为了保证系统安全运行设置了一些必要的联锁。其中在左、右移动的梯形图中加入了 I0.2 作为上限联锁，因为机械手只有在处于上限位置时，才能左右移动。其梯形图程序见图 2-59。

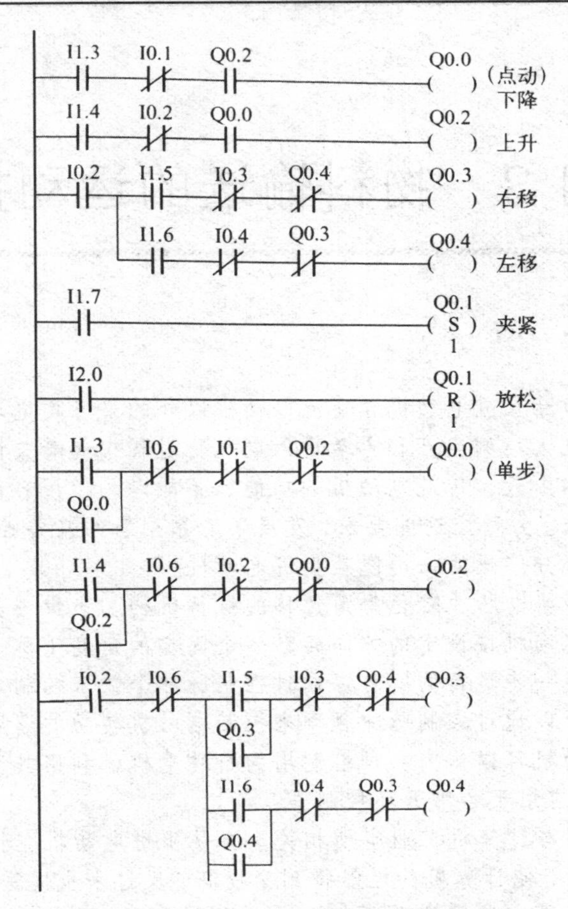

图 2-59　手动（单步）操作的梯形图程序

（3）自动程序

由于自动操作的动作较为复杂，可先画出自动操作的流程图及自动操作的顺序功能图，再按照所学的控制方法进行程序设计。

【巩固练习】

某动力头按如图 2-60 所示的步骤动作：快进，工进 1，工进 2，快退。输出 Q0.0 ~ Q0.3 在各步的状态如图所示，表 2-12 中的 1 和 0 分别表示接通和断开。设计该动力头系统的梯形图程序，要求设置手动、连续、单周期、单步 4 种工作方式。

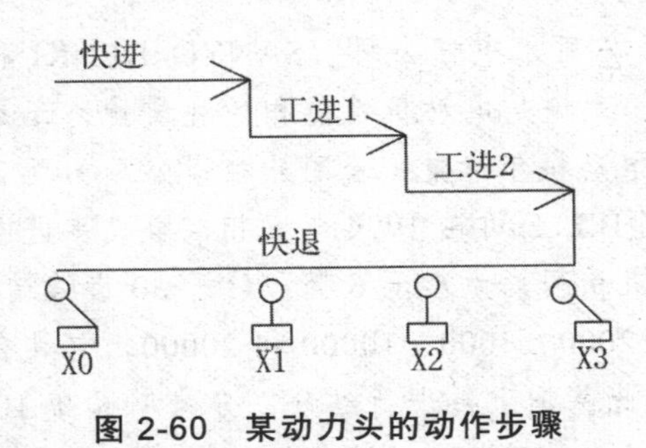

图 2-60　某动力头的动作步骤

表 2-12　某动力头的动作时序

动作	Y0	Y1	Y2	Y3
快进	0	1	1	0
工进 1	1	1	0	0
工进 2	0	1	0	0
快退	0	0	1	1

项目 3　物料输送的运动控制

☆ 项目描述

步进电动机已成为除直流电动机和交流电动机以外的第三类电动机。传统电动机作为机电能量转换装置，在人类的生产和生活进入电气化过程中起着关键的作用。可是在人类社会进入自动化时代的今天，传统电动机的功能已不能满足工厂自动化和办公自动化等各种运动控制系统的要求。为适应这些要求，发展了一系列新的具备控制功能的电动机系统，其中较有特点且应用十分广泛的一类便是步进电动机。

步进电动机是一种将电脉冲转化为角位移的执行机构。当步进驱动器接收到一个脉冲信号，它就驱动步进电动机按设定的方向转动一个固定的角度（称为“步距角”），它的旋转是以固定的角度一步一步运行的。可以通过控制脉冲个数来控制角位移量，从而达到准确定位的目的；同时可以通过控制脉冲频率来控制电动机转动的速度和加速度，从而达到调速的目的。步进电动机可以作为一种控制用的特种电机，利用其没有积累误差（精度为 100%）的特点，广泛应用于各种开环控制。

步进电动机的发展与计算机工业密切相关。自从步进电动机在计算机外围设备中取代了小型直流电动机以后，使计算机的性能得到了提高，反过来也促进了步进电动机的发展。而后随着微型计算机和数字控制技术的发展，又将作为数控系统执行部件的步进电动机推广应用到了其他领域，如电加工机床、小功率机械加工机床、测量仪器、光学和医疗仪器以及包装机械等。任何一种产品成熟的过程，基本上都是规格品种逐步统一和简化的过程。现在，步进电动机的发展已归结为单段式结构的磁阻式、混合式和爪极结构的永磁式三类。爪极电机价格便宜，性能指标不高；混合式和磁阻式主要作为高分辨率电动机。而混合式步进电动机具有控制功率小、运行平稳性较好的特点，因此逐步处于主导地位。最典型的产品是二相 8 极 50 齿的电动机，步距角 1.8°/0.9°（全步/半步）；还有五相 10 极 50 齿和一些转子 100 齿的二相和五相步进电动机，五相电动机主要用于运行性能较高的场合。到目前为止，工业发达国家的磁阻式步进电动机已极少见。

步进电动机最大的生产国是日本，如日本伺服公司、东方公司、SANYO DENKI 和 MINEBEA 及 NPM 公司等，特别是日本东方公司，无论是电动机性能和外观质量，还是生产手段，都堪称是世界上最好的。现在日本步进电动机年产量（含国外独资公司）近 2 亿台，德国也是世界上步进电动机的生产大国。德国 B.L.公司在 1994 年五相混合式步进电动机专利期满后，推出了新的三相混合式步进电动机系列，为定子 6 极、转子 50 齿结构，配套电流型驱动器，每转步数为 200、400、1000、2000、4000、10000 和 20000，它具有通常的二相和五相步进电动机的分辨率，还可以在此基础上再进行细分，分辨率提高 10 倍，这是一种很好的方案，充分运用了电流型驱动技术的功能，让三相电动机同时具有二相和五相电动机的性能。与此同时，日本伺服公司也推出了他们的三相混合式步进电动机，该公司的阪正文博士研制了三种不同的永磁式三相步进电动机，即HB型（混合式）、RM型（定子和混合式相似，转子则同永磁式环形磁铁相似）和爪极PM型。

三相步进电动机与二相步进电动机的功能特点是：

① 在获得小步距角方面，三相电动机比二相电动机要好。

② 三相电动机的两相励磁最大保持力矩为$3T_1$（T_1为单相励磁转矩），而二相电动机为$2T_1$，所以三相电动机的合成力矩大。

③ 三相电动机的转矩波动比二相电动机要小。

④ 三相电动机连续2步用于半步的转矩差比二相电动机的要小。

⑤ 三相电动机绕组可以星形连接，三个终端驱动，励磁电路晶体管为6个；而二相电动机是8个。

⑥ 连续运转时，由于三相步进电动机结构的原因，磁通和电流的三次谐波被消除了，所以三相电动机的振动力矩比二相电动机的要小。

另外，HB型电动机更适合于低速大转矩的场合；RM型电动机适用于平稳运行以及转速大于1 000 r/min的场合；而PM型成本低，在低转速时的振动和高转速时的大转矩方面，三相PM型电动机比两相电动机的性能要好。因此，当前最有发展前景的当属混合式步进电动机，而混合式电动机又向以下四个方向发展：

发展趋势一，随着电动机本身应用领域的拓宽以及各类整机的不断小型化，要求与之配套的电动机也必须越来越小，在57、42机座号的电动机应用了多年之后，现在其机座号向39、35、30、25方向向下延伸。瑞士ESCAP公司最近还研制出外径仅10 mm的步进电动机。

发展趋势之二，是改圆形电动机为方形电动机。由于电动机采用方形结构，使得转子有可能设计得比圆形大，因而其力矩体积比将大为提高。同样机座号的电动机，方形的力矩比圆形的力矩将提高30%～40%。

发展趋势之三，对电动机进行综合设计，即把转子位置传感器、减速齿轮等和电动机本体综合设计在一起，这样使其能方便地组成一个闭环系统，因而具有更加优越的控制性能。

发展趋势之四，是向五相和三相电动机方向发展。目前广泛应用的二相和四相电动机，其振动和噪声较大，而五相和三相电动机在这方面具有优势。而就这两种电动机而言，五相电动机的驱动电路比三相电动机复杂，因此三相电动机系统的性能价格比要比五相电动机更好一些。

我国的情况有所不同，直到20世纪80年代，一直是磁阻式步进电动机占统治地位，混合式步进电动机是80年代后期才开始发展，至今仍然是两种结构类型同时并存。尽管新的混合式步进电动机完全可能替代磁阻式电动机，但磁阻式电动机的整机获得了长期应用，对于它的技术也较为熟悉，特别是典型的混合式步进电动机的步距角（0.9°/1.8°）与典型的磁阻式电动机的步距角（0.75°/1.5°）不一样，用户改变这种产品结构不是很容易的，这就使得两种机型并存的局面难以在较短时间内改变。这种现状对步进电动机的发展是不利的。

☆ 项目分析

本项目以亚龙 YL—335B 输送单元为例来了解步进电动机的各种控制方式。该输送单元的工艺功能是：驱动其抓取机械手装置精确定位到指定单元的物料台，在物料台上抓取工件，把抓取到的工件输送到指定地点，然后放下。

输送单元由抓取机械手装置、直线运动传动组件、拖链装置、PLC 模块和接线端口以及按钮/指示灯模块等部件组成。图 3-1 所示是安装在工作台面上的输送单元装置侧面部分。直线运动传动组件以步进电动机作为动力拖动机械手装置做往复直线运动，完成精确定位的功能。

图 3-1　直线运动传动组件图

针对步进电动机的工作原理，可通过改变 PLC 输出脉冲频率和个数的控制，实现步进电机的速度控制要求和定位控制。至于方向控制，则可用 PLC 输出信号作为驱动器方向电平的输入信号。

通过以上分析，本项目分别采用定时器、高速脉冲输出指令输出和位控向导组态三种不同的控制方法对步进电机进行控制。第一种方法采用定时器，定时器是 PLC 中常见的元器件之一。定时器编程时要预置定时器，在运行过程中当定时器的输入条件满足时，当前值从 0 开始按一定的单位增加；当定时器的当前值到达设定值时，定时器发生动作，从而满足各种定时逻辑控制的需要。主要考虑采用矩形波发生电路（见图 3-2）来改变步进电机的脉冲，从而实现步进电机的各种控制。

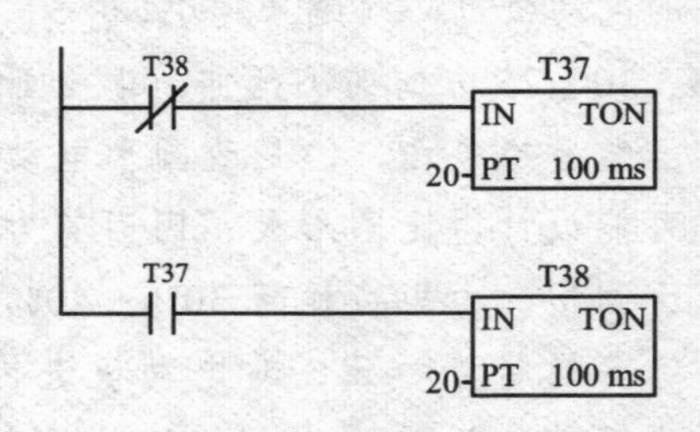

图 3-2　矩形波发生电路

第二、三种方法是采用高速脉冲控制步进电机，高速脉冲输出功能是指可编程序控制器的某些输出端产生高速脉冲，用来驱动负载实现精确控制。高速脉冲输出有高速脉冲输出 PTO（Pulse Train Output）和宽度可调脉冲输出 PWM（Pulse Width Modulation）两种方式。PTO 可以输出一串脉冲（占空比 50%），用户可以控制脉冲的周期和个数。

☆ 项目分解

通过以上的项目分析，下面以 3 个学习任务为载体，依据循序渐进的原则，逐步了解 PLC 对步进电机控制。认知 PLC 与步进电机的联系，进一步掌握西门子 S7-200 的指令系统及编程方法。

任务 1：步进电机运动的基本控制

任务 2：步进电机运动的 PT0/PWM 控制

任务 3：步进电机运动的位向导控制

任务 1　步进电机运动的基本控制

【任务要求】

步进电机是一种感应电机，其工作的基本原理在于将电脉冲转化为角位移进行输出。在通常情况下，电机的转速以及停止的位置只与脉冲信号的频率和脉冲数有关，而不受负载变化的影响。当步进驱动器接收到一个脉冲信号，它就驱动步进电机按设计的方向转动一个固定的角度。因此，可通过控制脉冲输出信号的频率和个数来实现步进电机的速度、方向、定位等功能。

具体要求如下：

① 速度控制：整步控制，即按下 SB1、SB4 按钮，步进电机进行整步运行；慢、快速运行，即按下慢速按钮 SB2/快速按钮 SB3，电机以相应的慢/快速运行。

② 方向控制：按下正/反按钮 SB5，电机正/反转运行。

③ 定位控制：在整步运行状态下，设定脉冲数为一固定值，并用计数器进行计数，实现电机的精确定位控制（如运行 5 圈）。

【任务目标】

1. 知识要求

① 掌握步进电机的工作原理。

② 能够利用 PLC 对步进电机实现定时控制。

③ 能够计算步进电机的最小步距角以及转速。

2. 能力要求

① 掌握步进电机的驱动与控制。

② 能按照工艺要求对电机进行定时控制。

③ 掌握步进电机的使用与维护注意事项

【相关知识】

在输送单元中，步进电机驱动是抓取机械手装置沿直线导轨做往复运动的动力源，可利用 PLC 对步进电机进行定时控制。

1.1　步进电机概述

步进电动机是一种将脉冲信号变换成相应的角位移或线位移的电磁装置，是一种特殊的电动机。一般电动机都是连续转动的，而步进电机则有定位和转动两种状态，当有脉冲输入时，步进电机是一步一步地转动，每给它一个脉冲信号，它就转过一定的角度。步进电动机的角位移量和输入脉冲的个数严格地成正比，在时间上与输入脉冲同步，因此，只要控制输入脉冲的数量、脉冲及电动机绕组通电的时序，便可获得所需的转角、转速及转动方向。

现在比较常用的步进电机包括反正式步进电机（VR）、永磁式步进电机（PM）、混合式步进电机（HB）和单相式步进电机等。

步进电机的主要参数有：

① 步进电机步距角：它表示控制系统每发出一个步进脉冲信号，电机所转动的角度。

② 步进电机的相数：是指电机内部的线圈组数，目前常用的有二相、三相、四相、五相步进电机。电机相数不同，其步距角也不同。一般情况下，二相电机的步距角为 0.9°/1.8°、三相的为 0.75°/1.5°、五相的为 0.35°/0.72°。

1.2 步进电机的控制工作原理

步进电机在结构上由定子和转子主成。通常电机的转子为永磁体，当电流流过定子绕组时，定子绕组产生一矢量磁场，该磁场会带动转子旋转一角度，使得转子的一对磁场方向与定子的磁场方向一致。当定子的矢量磁场旋转一个角度。转子也随着该磁场转一个角度。每输入一个电脉冲，电动机转动一个角度前进一步。它输出的角位移与输入的脉冲数成正比、转速与脉冲频率成正比。改变绕组通电的顺序，电机就会反转。所以可用控制脉冲数量、频率及电动机各相绕组的通电顺序来控制步进电机的转动。

下面以一台简单的三相反应式步进电动机为例来介绍步进电机的工作原理。

图 3-3 所示是一台三相反应式步进电动机的工作原理示意图。定子铁芯为凸极式，共有三对（六个）磁极，每两个空间相对的磁极上绕有一相控制绕组。转子用软磁性材料中制成，也是凸极结构，只有四个齿，齿宽等于定子的极宽。

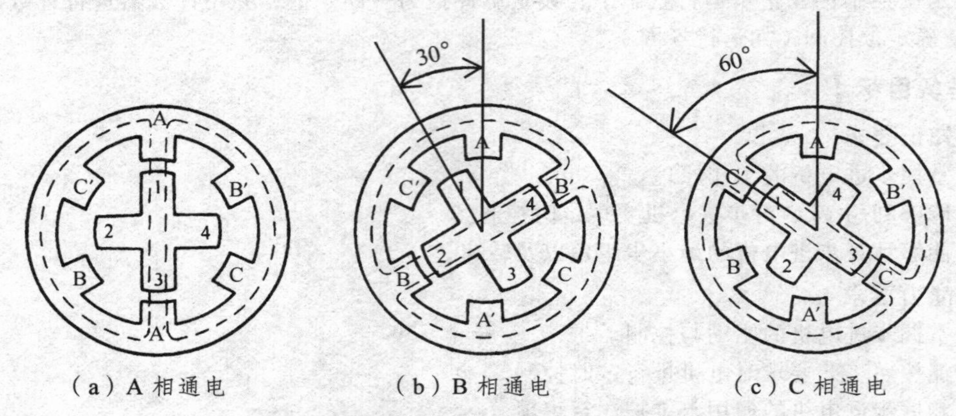

图 3-3 三相反应式步进电动机的工作原理

当 A 相控制绕组通电，其余两相均不通电，电机内建立以定子 A 相极为轴线的磁场。由于磁通具有力图走磁阻最小路径的特点，使转子齿 1、3 的轴线与定子 A 相极轴线对齐，如图 3-3（a）所示。若 A 相控制绕组断电、B 相控制绕组通电时，转子在反应转矩的作用下，逆时针转过 30°，使转子齿 2、4 的轴线与定子 B 相极轴线对齐，即转子走了一步，如图 3-3（b）所示。若断开 B 相，使 C 相控制绕组通电，转子逆时针方向又转过 30°，使转子齿 1、3 的轴线与定子 C 相极轴线对齐，如图 3-3（c）所示。如此按 A—B—C—A 的顺序轮流通电，转子就会一步一步地按逆时针方向转动。其三相单三拍工作方式时序图如图 3-4 所示。

步进电机的转速取决于各相控制绕组通电与断电的频率，旋转方向取决于控制绕组轮流通电的顺序。若按 A—C—B—A 的顺序通电，则电动机按顺时针方向转动。

上述通电方式称为三相单三拍。“三相”是指三相步进电动机；“单三拍”是指每次只有一相控制绕组通电；控制绕组每改变一次通电状态称为一拍，“三拍”是指改变三次通电状态为一个循环。把每一拍转子转过的角度称为步距角。三相单三拍运行时，步距角为 30°。显然，这个角度太大，不能付诸实用。

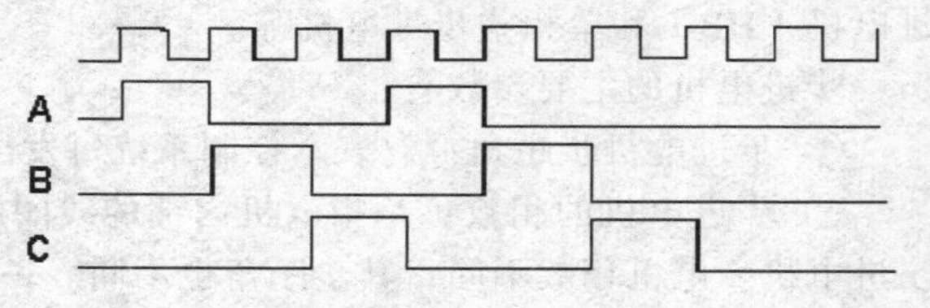

图 3-4 三相单三拍工作方式时序图

如果把控制绕组的通电方式改为 A→AB→B→BC→C→CA→A，即一相通电接着二相通电，间隔地轮流进行，完成一个循环需要经过六次改变通电状态，称为三相单、双六拍通电方式。当 A、B 两相绕组同时通电时，转子齿的位置应同时考虑到两对定子极的作用，只有 A 相极和 B 相极对转子齿所产生的磁拉力相平衡的中间位置，才是转子的平衡位置。这样，单、双六拍通电方式下转子平衡位置增加了一倍，步距角为 15°。三相双三拍工作方式（AB→BC→CA→AB）时序图如图 3-5 所示，三相六拍工作方式（A→AB→B→BC→C→CA→A）时序图如图 3-6 所示。

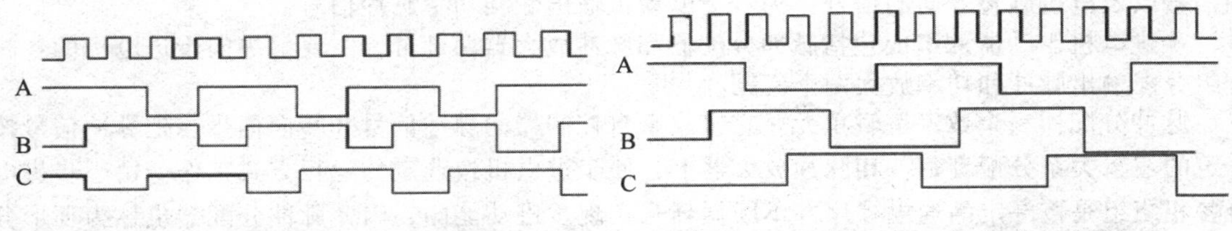

图 3-5　三相双三拍工作方式时序图　　图 3-6　三相六拍工作方式时序图

进一步减少步距角的措施是采用定子磁极带有小齿、转子齿数很多的结构，分析表明，这样结构的步进电动机，其步距角可以做得很小。一般来说，实际的步进电机产品，都采用这种方法实现步距角的细分。例如，输送单元所选用的 Kinco 三相步进电机 3S57Q-04056，它的步距角是在整步方式下为 1.8°，半步方式下为 0.9°。

1.3　步进电动机的驱动装置

步进电机的控制和驱动方法很多，按照使用的控制装置来分可以分为：普通集成电路控制、单片机控制、工业控制机控制、可编程序控制器控制等几种。按照控制结构可分为：硬脉冲生成器硬脉冲分配结构（硬-硬结构）、软脉冲生成器软脉冲分配器结构（软-软结构）、软脉冲生成器硬脉冲分配器结构（软-硬结构）。

步进电动机由驱动装置（驱动器）供电，驱动器和电动机是一个有机的整体，步进电动机的运行性能是电动机及其驱动器二者配合所反映的综合效果。

一般来说，每一台步进电机大都有其对应的驱动器，例如，Kinco 三相步进电机 3S57Q-04056 与之配套的驱动器是 Kinco 3M458 三相步进电机驱动器，图 3-7 所示分别是它的外形和典型接线图。图中，驱动器可采用直流 24 ~ 40 V 电源供电。该电源由输送单元专用的开关稳压电源（DC24V 8A）供给。输出电流和输入信号规格为：

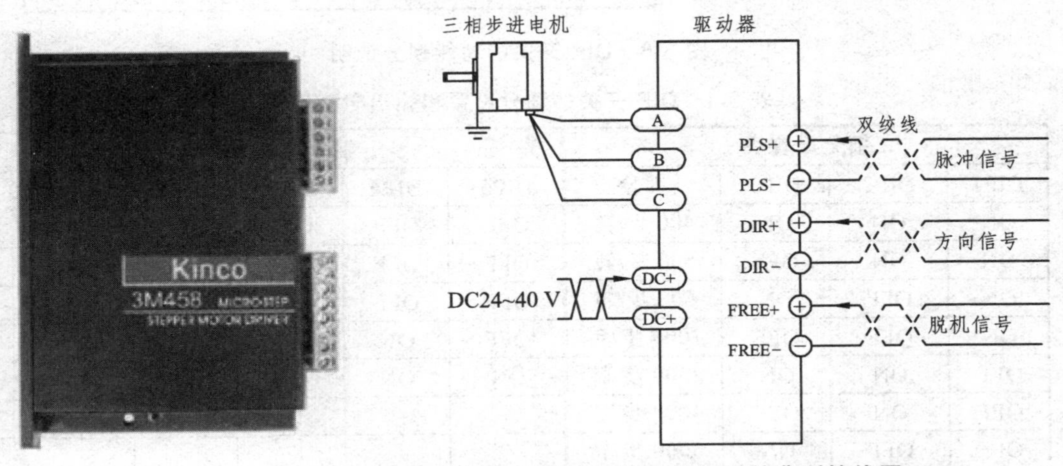

图 3-7　Kinco 3M458 三相步进电动机驱动器的外形及其典型接线图

① 输出相电流为 3.0 ~ 5.8 A，输出相电流通过拨动开关设定；驱动器采用自然风冷的冷却方式。

② 控制信号输入电流为 6 ~ 20 mA，控制信号的输入电路采用光耦隔离。输送单元 PLC 的输出公共端 VCC 使用的是 DC24V 电压，所使用的限流电阻 R1 为 2 kΩ。

由图 3-7 可见，步进电机驱动器的功能是接收来自控制器（PLC）的一定数量和频率的脉冲信号以及电机旋转方向的信号，为步进电动机输出三相功率脉冲信号。

步进电机驱动器的组成包括脉冲分配器和脉冲放大器两部分，主要解决向步进电机的各相绕组分配输出脉冲和功率放大两个问题。

脉冲分配器一个数字逻辑单元，它接收来自控制器的脉冲信号和转向信号，把脉冲信号按一定的逻辑关系分配到每一相脉冲放大器上，使步进电机按选定的运行方式工作。由于步进电机各相绕组是按一定的通电顺序并不断循环来实现步进功能的，因此脉冲分配器也称为环形分配器。实现这种分配功能的方法有多种，例如，可以由双稳态触发器和门电路组成，也可由可编程逻辑器件组成。

脉冲放大器进行脉冲功率放大。因为从脉冲分配器能够输出的电流很小（毫安级），而步进电机工作时需要的电流较大，因此需要进行功率放大。此外，输出的脉冲波形、幅度、波形前沿陡度等因素对步进电机运行性能有重要的影响。3M458 驱动器采取如下一些措施，大大改善了步进电机的运行性能：

① 细分驱动方式。不仅可以减小步进电机的步距角，提高分辨率，而且可以减少或消除低频振动，使电机运行更加平稳均匀。

② 在 3M458 驱动器的侧面连接端子中间有一个红色的八位 DIP 功能设定开关，可以用来设定驱动器的工作方式和工作参数，包括细分设置、静态电流设置和运行电流设置。图 3-8 是该 DIP 开关的功能划分说明，表 3-1 所示分别为其细分设置和输出电流设置。

DIP 开关的正视图

开关序号	ON 功能	OFF 功能
DIP1 ~ DIP3	细分设置用	细分设置用
DIP4	静态电流全流	静态电流半半流
DIP5 ~ DIP8	电流设置用	电流设置用

图 3-8 DIP 开关的功能划分说明

表 3-1 DIP 开关的细分设置和输出电流设置

细分设置表				输出电流设置				
DIP1	DIP2	DIP3	细分	DIP5	DIP6	DIP7	DIP8	输出电流
ON	ON	ON	400 步/转	OFF	OFF	OFF	OFF	3.0 A
ON	ON	OFF	500 步/转	OFF	OFF	OFF	ON	4.0 A
ON	OFF	ON	600 步/转	OFF	OFF	ON	ON	4.6 A
ON	OFF	OFF	1000 步/转	OFF	ON	ON	ON	5.2 A
OFF	ON	ON	2000 步/转	ON	ON	ON	ON	5.8 A
OFF	ON	OFF	4000 步/转					
OFF	OFF	ON	5000 步/转					
OFF	OFF	OFF	10000 步/转					

步进电机传动组件的基本技术数据如下：

① 3S57Q-04056 步进电机步距角为 1.8°，即在无细分的条件下 200 个脉冲电机转一圈（通过驱动器设置细分精度最高可以达到 10000 个脉冲电机转一圈）。

② 输送站传动采用同步轮和同步带，同步轮齿距为 4.67 mm，共 12 个齿，即旋转一周搬运机械手位移 56 mm。

③ YL-335B 系统在出厂时，驱动器细分设置为 10 000 步/转，即每步机械手位移 0.005 6 mm；电机驱动电流设为 5.2 A；静态锁定方式为静态电流半流。

1.4　使用步进电机应注意的问题

控制步进电动机运行时，应注意考虑在防止步进电机运行中失步的问题。

步进电动机失步包括丢步和越步。丢步时，转子前进的步数小于脉冲数；越步时，转子前进的步数多于脉冲数。丢步严重时，将使转子停留在一个位置上或围绕一个位置振动；越步严重时，设备将发生过冲。

使机械手返回原点的操作常常会出现越步情况。当机械手装置回到原点时，原点开关动作，使指令输入 OFF。但如果到达原点前速度过高，惯性转矩将大于步进电机的保持转矩而使步进电机越步。因此，回原点的操作应确保足够低速为宜。当步进电机驱动机械手装置高速运行时紧急停止，出现越步情况不可避免，因此，急停复位后应采取先低速返回原点重新校准，再恢复原有操作的方法。（注：所谓保持扭矩是指电机各相绕组通过额定电流，且处于静态锁定状态时，电机所能输出的最大转矩，它是步进电机最主要的参数之一）

由于电机绕组本身是感性负载，输入频率越高，励磁电流就越小。频率高，磁通量变化加剧，涡流损失加大。因此，输入频率增高，输出力矩降低。最高工作频率的输出力矩只能达到低频转矩的 40%～50%。进行高速定位控制时，如果指定频率过高，会出现丢步现象。

此外，如果机械部件调整不当，会使机械负载增大。步进电机不能过负载运行，哪怕是瞬间，都会造成失步，严重时会造成停转或不规则原地反复振动。

【任务实施】

1. 步进电机定时控制方案分析

本任务要实现步进电机的速度控制，包括整部运行、快/慢速运行和细分运行，方向控制以及定位控制。针对步进电机的工作原理，可通过改变 PLC 输出脉冲频率和个数的控制，来实现步进电机的速度控制要求和定位控制。至于方向控制，则可用 PLC 输出信号作为驱动器方向电平的输入信号。通过以上分析，本任务采用定时器控制。定时器是 PLC 中常见的元器件之一。定时器编程时要预置定时器，在运行过程中当定时器的输入条件满足时，当前值从 0 开始按一定的单位增加；当定时器的当前值到达设定值时，定时器发生动作，从而满足各种定时逻辑控制的需要。这里主要是采用矩形波来改变步进电机的脉冲，从而实现步进电机的位置。

根据任务设计要求，采用矩形波发生电路（参见图 3-2）作为步进电机的脉冲输入。正常运行时，PT 值设为 10；慢速运行时，PT 值设为 5；快速运行时 PT 值设为 20，从而控制步进电机的运行速度。

定位控制：采用定时器来设定步进电机的精确定位，当步进电机的运行步数达到设定值时即运行 5 圈，步进电机自动停止运行。

运行步数：400 步/转 × 5 = 2 000

方向控制：按下正/反按钮 SB5，电机正/反转运行。

2. 硬件配置

PLC、步进驱动器和电机接线如图 3-9 所示。

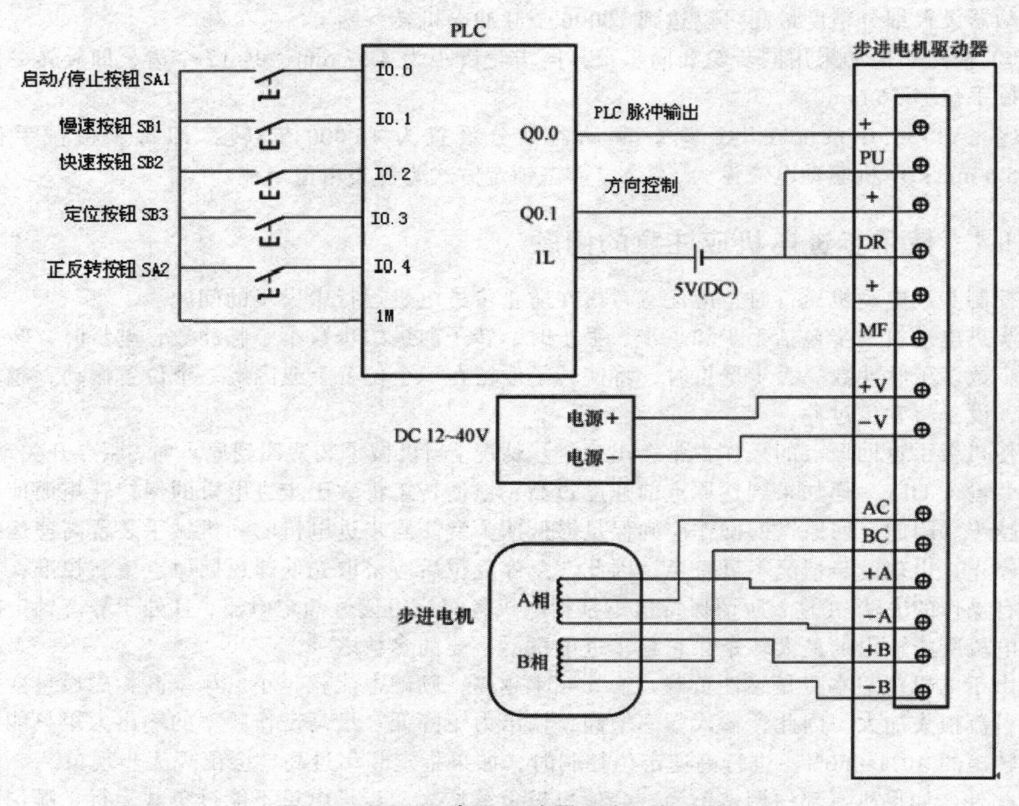

图 3-9 PLC、步进驱动器和电机接线图

3. 步进电机参数定义及 I/O 口地址分配表

(1)步进电机的参数定义

DIP1	DIP2	DIP3	细分
ON	ON	ON	400 步/转

步进电机的步距角为 0.9°。

(2)I/O 口地址分配表

输 入 信 号		输 出 信 号	
信号元件及作用	PLC 输入口地址	信号元件及作用	PLC 输出口地址
启动/停止按钮 SA1	I0.0	PLC 脉冲输出	Q0.0
慢速按钮 SB1	I0.1	方向控制	Q0.1
快速按钮 SB2	I0.2	运行灯 HL1	Q0.3
定位按钮 SB3	I0.3		
正反转按钮 SA2	I0.4		
接 0V DC	1M	接 24V DC	1L

4. 梯形图设计

（1）步进电机速度正常运行

I0.0 为正常运行的启动按钮，Q0.0 为 PLC 的脉冲输出端。Q0.3 为电机的运行指示灯。梯形图程序如图 3-10 所示。

（2）步进电机正常运行和慢速运行

I0.0 为正常运行的启动按钮，I0.1 为慢速运行的启动按钮。Q0.0 为 PLC 的脉冲输出端。Q0.3 为电机的运行指示灯。梯形图程序如图 3-11 所示。

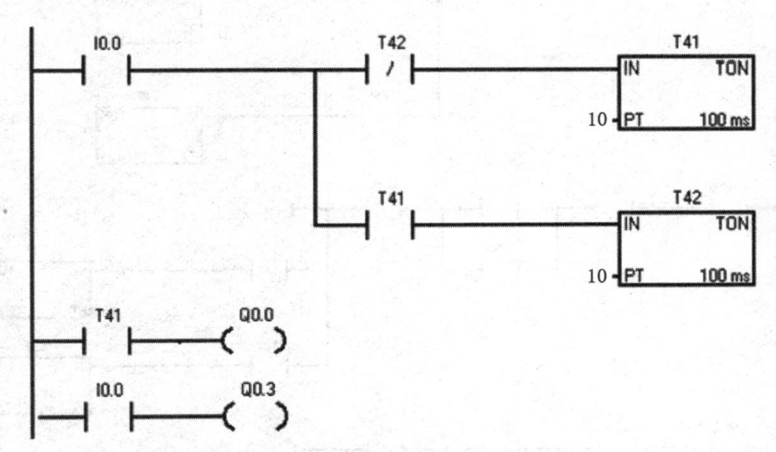

图 3-10　基于定时器的速度控制程序

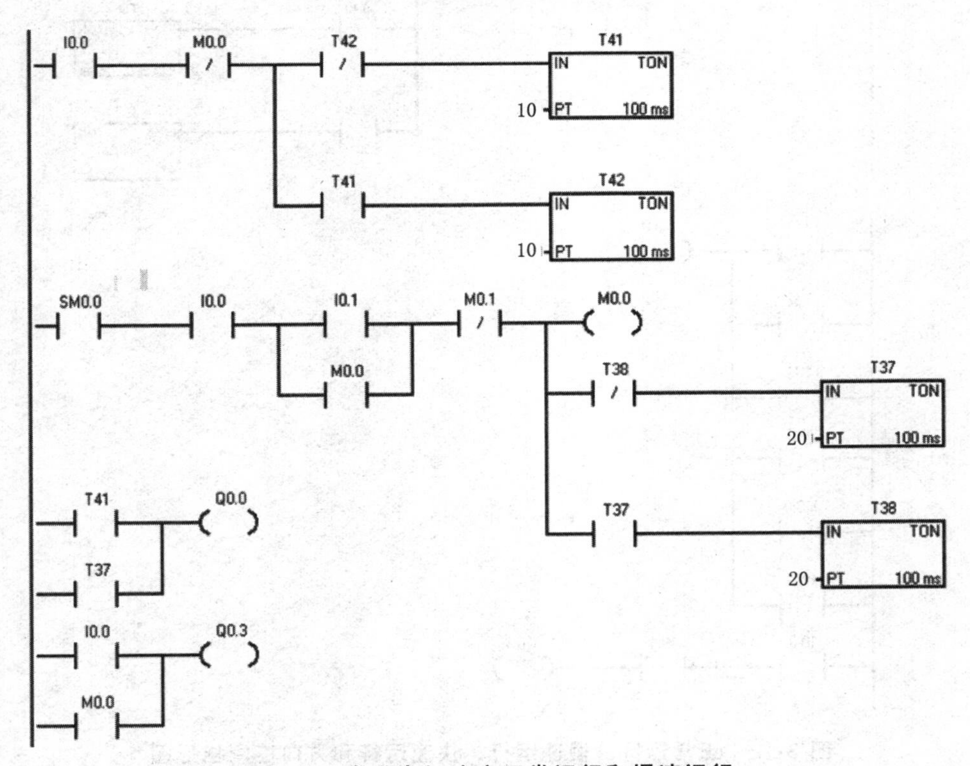

图 3-11　步进电机速度正常运行和慢速运行

（3）步进电机正常运行、慢速运行、快速运行和方向控制

I0.0 为正常运行的启动按钮，I0.1 为慢速运行的启动按钮，I0.2 为快速运行按钮，I0.4 方向控制按钮，Q0.0 为 PLC 的脉冲输出端，Q0.1 为方向控制的输出端，Q0.3 为电机的运行指示灯。

该程序包括了正常运行、慢速运行、快速运行和方向控制。采用矩形波电路作为步进电机的脉冲输入，以实现步进电机的快/慢速运行和正常运行。这里也同样采用了互锁和自锁以达到系统的正常运行。梯形图程序如图 3-12 所示。

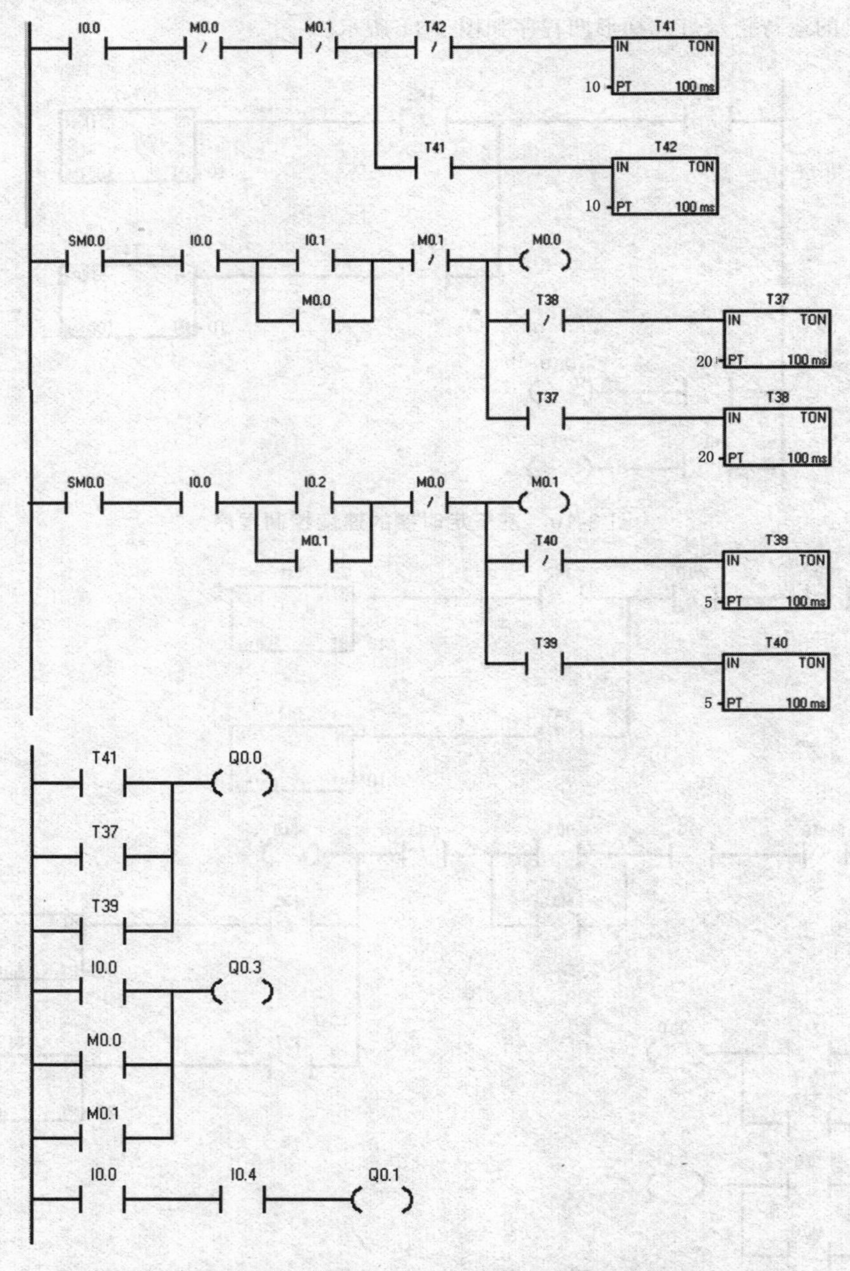

图 3-12 正常运行、慢速运行、快速运行和方向控制梯形图

（4）步进电机的定位控制

采用定时器和计数器来设定步进电机的精确定位，当步进电机的运行步数达到设定值时即运行 5 圈，步进电机自动停止运行。

运行步数：400 步/转 × 5 = 2 000 脉冲

I0.0 为正常运行的启动按钮，I0.3 为定位运行按钮，I0.4 方向控制按钮，Q0.0 为 PLC 的脉冲输出端。Q0.1 为方向控制的输出端，Q0.3 为电机的运行指示灯，C0 为步进电机的脉冲计数器。步进电机的定位控制程序如图 3-13 所示。

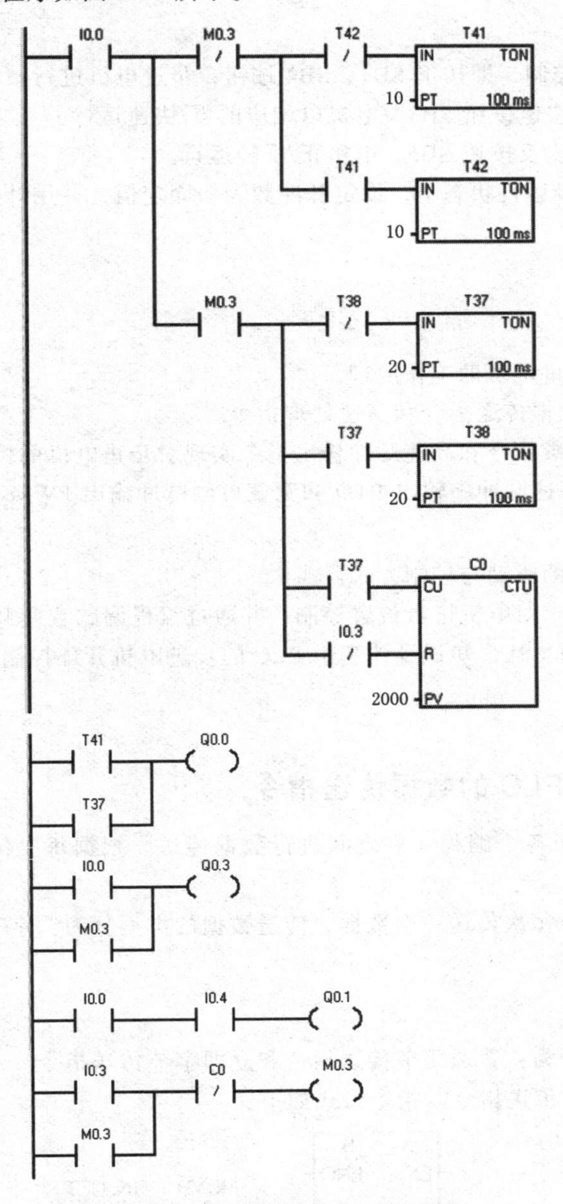

图 3-13　步进电机的定位控制程序

该程序的主要功能是实现步进电机的整步功能，主要采用了矩形波电路作为步进电机的脉冲输入，同时应用计数器来控制步进电机的步数，使步进电机在达到所设定的步数时能够自动停止。

【巩固练习】

用 PLC 实现控制程序：控制步进电动机顺时针转 2 周，停 5 s；逆时针转 1 周，停 2 s。如此循环进行，按下停止按钮，电机马上停止。

任务 2 步进电机运动的 PT0/PWM 控制

【任务要求】

速度控制：整步控制，即按下 SB1、SB4 按钮，步进电机进行整步运行；慢、快速运行，即按下慢速按钮 SB2/快速按钮 SB3，电机以相应的慢/快速运行。

方向控制：按下正/反按钮 SB5，电机正/反转运行。

定位控制：在整步运行状态下，设定脉冲数为一固定值，并用计数器进行计数，实现电机的精确定位控制。

【任务目标】

1. 知识要求

① 进一步掌握步进电机的工作原理。

② 熟悉 PLC 的数据传送指令和高速处理指令。

③ 能利用高速计数指令和高速脉冲输出指令实现对步进电机的位置控制。

④ 掌握 PLC 的高速脉冲串输出 PTO 和宽度可调脉冲输出 PWM 两种控制方式。

2. 能力要求

① 掌握步进电机的驱动与控制方式。

② 能按照工艺要求对电机进行位置控制，并通过编程调试掌握 PLC 控制系统的设计方法。

③ 综合应用所学的 PLC 知识设计基于 PLC 的步进电机开环控制系统。

【相关知识】

2.1 S7-200 PLC 的数据传送指令

数据传送指令用于各个编程元件之间进行数据传送。根据每次传送数据的数量多少可分为：单个传送和块。

单个数据传送指令每次传送一个数据，传送数据的类型分为：字节传送、字传送、双字传送和实数传送。

（1）字节传送指令

字节传送指令又分为：普通字节传送指令和立即字节传送指令。

MOVB：普通字节传送指令。指令格式如下：

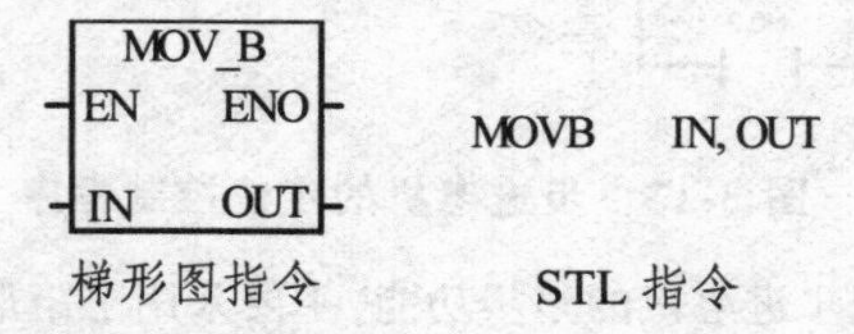

梯形图指令 STL 指令

BIR：立即读字节传送指令。指令格式如下：

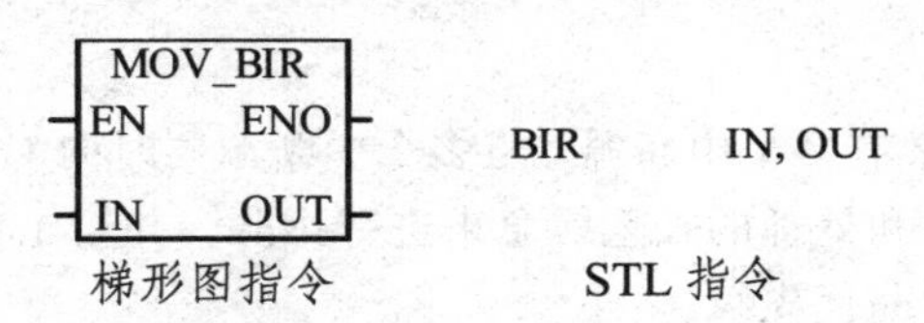

梯形图指令　　STL 指令

BIW：立即写字节传送指令。指令格式如下：

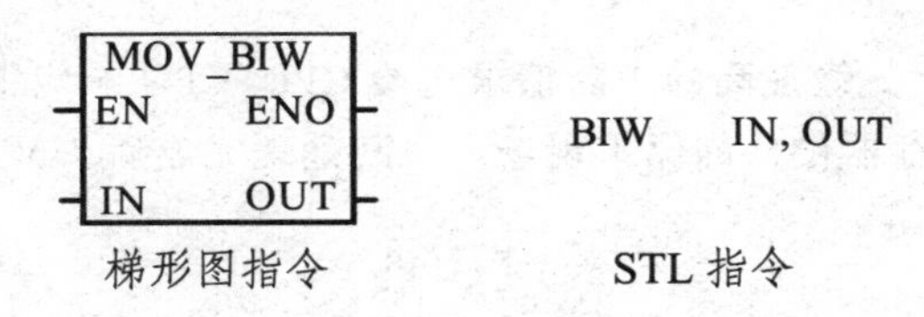

梯形图指令　　STL 指令

（2）字传送指令

MOVW：字传送指令。指令格式如下：

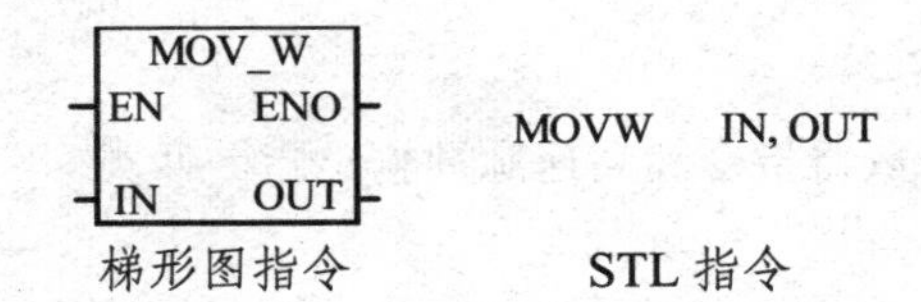

梯形图指令　　STL 指令

（3）双字传送指令

MOVD：双字传送指令。指令格式如下：

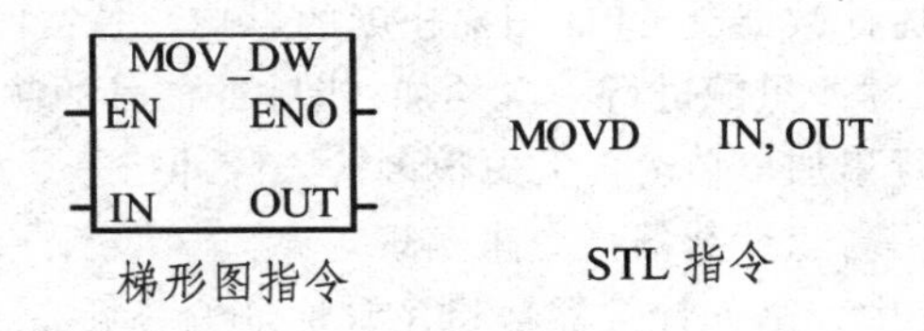

梯形图指令　　STL 指令

（4）实数传送指令

MOVR：实数传送指令。指令格式如下：

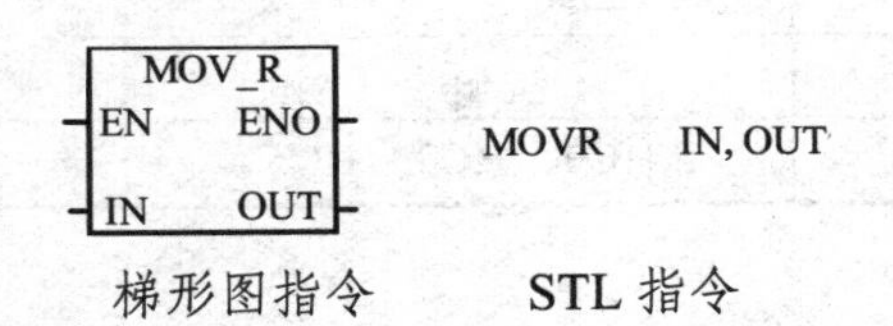

梯形图指令　　STL 指令

2.2　S7-200 PLC 的中断指令

所谓中断，是当控制系统执行正常程序时，系统中出现了某些急需处理的异常情况或特殊请求，这时系统暂时中断现行程序，转去对随机发生的更紧迫事件进行处理（执行中断服务程序），当该事件处理完毕后，系统自动回到原来被中断的程序继续执行。

（1）中断源

中断源是中断事件向 PLC 发出中断请求的来源。

S7-200 CPU 最多可以有 34 个中断源，每个中断源都分配一个编号用于识别，称为中断事件号。这些中断源大致分为三大类：通信中断、输入/输出中断和时基中断。

（2）中断优先级

在 PLC 应用系统中通常有多个中断源。当多个中断源同时向 CPU 申请中断时，要求 CPU 能将全部中断源按中断性质和处理的轻重缓急来进行排队，并给予优先权。给中断源指定处理的次序就是给中断源确定中断优先级。

（3）中断控制

经过中断判优后，将优先级最高的中断请求送给 CPU，CPU 响应中断后自动保存逻辑堆栈、累加器和某些特殊标志寄存器位，即保护现场。中断处理完成后，又自动恢复这些单元保存起来的数据，即恢复现场。

（4）中断程序

中断程序亦称中断服务程序，是用户为处理中断事件而事先编制的程序。

2.3 高速处理指令

高速处理指令有高速计数器指令和高速脉冲输出指令两类。

2.3.1 高速计数器

高速计数器 HSC（High Speed Counter）在现代自动控制的精确定位控制领域中有重要的应用价值。高速计数器用来累计比 PLC 扫描频率高得多的脉冲输入（30 kHz），利用产生的中断事件完成预定的操作。普通计数器受 CPU 扫描速度的影响，是按照顺序扫描的方式进行工作。在每个扫描周期中，对计数脉冲只能进行一次累加；当脉冲信号的频率比 PLC 的扫描频率高时，如果仍采用普通计数器进行累加，必然会丢失很多输入脉冲信号。在 PLC 中，对比扫描频率高的输入信号的计数可也使用高速计数器指令来实现。

在 S7-200 的 CPU22X 中，高速计数器数量及其地址编号见表 3-2。

表 3-2 高速计数器数量及其地址编号

CPU 类型	CPU221	CPU222	CPU224	CPU226
高速计数器数量	4		6	
高速计数器编号	HC0，HC3 ~ HC5		HC0 ~ HC5	

（1）高速计数器的指令

高速计数器的指令包括：定义高速计数器指令 HDEF 和执行高速计数指令 HSC，如下所示：

a. 定义高速计数器指令 HDEF

HDEF 指令功能是为某个要使用的高速计数器选定一种工作模式。每个高速计数器在使用前，都要用 HDEF 指令来定义工作模式，并且只能用一次。它有两个输入端：HSC 为要使用的高速计数器编号，数据类型为字节型，数据范围为 0 ~ 5 的常数，分别对应 HC0 ~ HC5；MODE

为高速计数器的工作模式，数据类型为字节型，数据范围为0～11的常数，分别对应12种工作模式。当准许输入使能EN有效时，为指定的高速计数器HSC定义工作模式MODE。

b. 执行高速计数指令HSC

HSC指令功能功能是根据与高速计数器相关的特殊继电器确定在控制方式和工作状态，使高速计数器的设置生效，按照指令的工作模式的工作模式执行计数操作。它有一个数据输入端N：N为高速计数器的编号，数据类型的字型，数据范围为0～5的常数，分别对应高速计数器HC0～HC5。当准许输入EN使能有效时，启动N号高速计数器工作。

（2）高速计数器的输入端

高速计数器的输入端不像普通输入端那样由用户定义，而是由系统指定的输入点输入信号，每个高速计数器对它所支持的脉冲输入端、方向控制、复位和启动都有专用的输入点，通过比较或中断完成预定的操作。每个高速计数器专用的输入点见表3-3。

表3-3　高速计数器的输入点

高速计数器标号	输入点	高速计数器标号	输入点
HC0	I0.0，I0.1，I0.2	HC3	I0.1
HC1	I0.6，I0.7，I1.0，I1.1	HC4	I0.3，I0.4，I0.5
HC2	I1.2，I1.3，I1.4，I1.5	HC5	I0.4

（3）高速计数器的状态字节

系统为每个高速计数器在特殊寄存器区SMB都提供了一个状态字节，这是为了监视高速计数器的工作状态，执行由高速计数器引用的中断事件，其格式见表3-4。

表3-4　高速计数器的状态字节

HC0	HC1	HC2	HC3	HC4	HC5	描　述
SM36.0	SM46.0	SM56.0	SM36.0	SM146.0	SM156.0	不用
SM36.1	SM46.1	SM56.1	SM36.1	SM146.1	SM156.1	
SM36.2	SM46.2	SM56.2	SM36.2	SM146.2	SM156.2	
SM36.3	SM46.3	SM56.3	SM36.3	SM146.3	SM156.3	
SM36.4	SM46.4	SM56.4	SM36.4	SM146.4	SM156.4	
SM36.5	SM46.5	SM56.5	SM36.5	SM146.5	SM156.5	当前计数的状态位：0＝减计数，1＝增计数
SM36.6	SM46.6	SM56.6	SM36.6	SM146.6	SM156.6	当前值等于设定值的状态位：0＝不等于，1＝等于
SM36.7	SM46.7	SM56.7	SM36.7	SM146.7	SM156.7	当前值大于设定值的状态位：0＝小于等于，1＝大于

只有执行高速计数器的中断程序时，状态字节的状态位才有效。

（4）高速计数器的工作模式

高速计数器有12种不同的工作模式（0～11），分为4类。每个高速计数器都有多种工作模式，可以通过编程的方法，使用定义高速计数器指令HDEF来选定工作模式。

各个高速计数器的工作模式如下：

① 高速计数器HC0是一个通用的增减计数器，工有8种模式，可也通过编程来选择不同的工作模式，HC0的工作模式见表3-5。

表 3-5　HC0 的工作模式

模式	描述		控制位	I0.0	I0.1	I0.2
0	内部方向控制的单向增/减计数器		SM37.3 = 0，减	脉冲		
1			SM37.3 = 1，增			复位
3	外部方向控制的单向增/减计数器		I0.1 = 0，减	脉冲	方向	
4			I0.1 = 1，增			复位
6	增/减计数脉冲输入控制的双向计数器		外部输入控制	增计数脉冲	减计数脉冲	
7						复位
9	A/B 相正交计数器	A 超前 B 增计数	外部输入控制	A 相脉冲	B 相脉冲	
10		B 超前 A 减计数				复位

② 高速计数器 HC1 共有 12 种工作模式，见表 3-6。

表 3-6　HCI 的工作模式

模式	描述	控制位	I0.6	I0.7	I1.0	I1.1
0	内部方向控制的单向增/减计数器	SM47.3 = 0，减 SM47.3 = 1，增	脉冲			
1					复位	
2						启动
3	外部方向控制的单向增/减计数器	I0.7 = 0，减 I0.7 = 1，增	脉冲	方向		
4					复位	
5						启动
6	增/减计数脉冲输入控制的双向计数器	外部输入控制	增计数脉冲	减计数脉冲		
7					复位	
8						启动
9	A/B 相正交计数器 A 超前 B，增计数 B 超前 A，减计数	外部输入控制	A 相脉冲	B 相 Mc		
10					复位	
11						启动

③ 高速计数器 HC2 共有 12 种工作模式，见表 3-7。

表 3-7　HC2 的工作模式

模式	描　述	控制位	I1.2	I1.3	I1.4	I1.5
0	内部方向控制的单向增/减计数器	SM573 = 0，减 SM57.3 = 1，增	脉冲			
1					复位	
2						启动
3	外部方向控制的单向增/减计数器	I1.3 = 0，减 I1.3 = 1，增	脉冲	方向		
4					复位	
5						启动
6	增/减计数脉冲输入控制的双向计数器	外部输入控制	增计数脉冲	减计数脉冲		
7					复位	
8						启动
9	A/B 相正交计数器 A 超前 B，增计数 B 超前 A，减计数	外部输入控制	A 相脉冲	B 相 Mc		
10					复位	
11						启动

④ 高速计数器 HC3 只有 1 种工作模式，见表 3-8。

表 3-8　HC3 的工作模式

模式	描　述	控制位	I0.1
0	内部方向控制的单向增/减计数器	SM137.0 = 0，减；SM137.3 = 1，增	脉冲

⑤　高速计数器 HC4 有 8 种工作模式，见表 3-9。

表 3-9　HC4 的工作模式

<table>
<tr><th>模式</th><th colspan="2">描　述</th><th>控制位</th><th>I0.3</th><th>I0.4</th><th>I0.5</th></tr>
<tr><td>0</td><td colspan="2" rowspan="2">内部方向控制的单向增/减计数器</td><td>SM147.3 = 0，减</td><td rowspan="2">脉冲</td><td rowspan="2"></td><td></td></tr>
<tr><td>1</td><td>SM147.3 = 1，增</td><td>复位</td></tr>
<tr><td>3</td><td colspan="2" rowspan="2">外部方向控制的单向增/减计数器</td><td>I0.1 = 0，减</td><td rowspan="2">脉冲</td><td rowspan="2">方向</td><td></td></tr>
<tr><td>4</td><td>I0.1 = 1，增</td><td>复位</td></tr>
<tr><td>6</td><td colspan="2" rowspan="2">增/减计数脉冲输入控制的双向计数器</td><td rowspan="2">外部输入控制</td><td rowspan="2">增计数脉冲</td><td rowspan="2">减计数脉冲</td><td></td></tr>
<tr><td>7</td><td>复位</td></tr>
<tr><td>9</td><td rowspan="2">A/B 相正交计数器</td><td>A 超前 B，增计数</td><td rowspan="2">外部输入控制</td><td rowspan="2">A 相脉冲</td><td rowspan="2">B 相脉冲</td><td></td></tr>
<tr><td>10</td><td>B 超前 A，减计数</td><td>复位</td></tr>
</table>

⑥ 高速计数器 HC5 只有 1 种工作模式，见表 3-10。

表 3-10　HC5 的工作模式

模式	描　述	控制位	I0.4
0	内部方向控制的单向增/减计数器	SM157.3 = 0，减；SM157.3 = 1，增	脉冲

（5）高速计数器的控制字节

系统为每个高速计数器都安排了一个特殊寄存器 SMB 作为控制字，可也通过对控制字节指定位的设置，确定高速计数器的工作模式。S7-200 在执行 HSC 指令前，首先要检查与每个高速计数器相关的控制字节，在控制字节中设置了启动输入信号和复位输入信号的有效电平、正交计数器的计数倍率（计数方向采用内部控制的有效电平）、是否允许改变计数方向、是否允许更新设定值、是否允许更新当前值以及是否允许执行高速计数指令。高数计数器的控制字节见表 3-11。

表 3-11　高数计数器的控制字节

HCO	HC1	HC2	HC3	HC4	HC5	描　述
SM37.0	SM47.0	SM57.0		SM147.0		复位输入控制电平有效值： 0 = 高电平有效，1 = 低电平有效
	SM47.1	SM57.1				启动输入控制电平有效值： 0 = 高电平有效，1 = 低电平有效
SM37.2	SM47.2	SM57.2		SM147.2		倍率选择：0 = 4 倍率，1 = 1 倍率
SM37.3	SM47.3	SM57.3	SM137.3	SM147.3	SM157.3	计数方向控制：0 为减，1 为增
SM37.4	SM47.4	SM57.4	SM137.4	SM147.4	SM157.4	改变计数方向控制： 0 = 不改变，　1 = 允许改变
SM37.5	SM47.5	SM57.5	SM137.5	SM147.5	SM157.5	改变设定值控制： 0 = 不改变，　1 = 允许改变
SM37.6	SM47.6	SM57.6	SM137.6	SM147.6	SM157.6	改变当前值控制： 0 = 不改变，　1 = 允许改变
SM37.7	SM47.7	SM57.7	SM137.7	SM147.7	SM157.7	高速计数控制： 0 = 禁止计数，　1 = 允许计数

说明：

① 在高速计数器的12种工作模式中，模式0、模式3、模式6和模式9是既无启动输入又无复位输入的计数器，在模式1、模式4、模式7和模式10中，是只有复位输入而没有启动输入的计数器；在模式2、模式5、模式8和模式11中，是既有启动输入又有复位输入的计数器。

② 当启动输入有效时，允许计数器计数；当启动输入无效时，计数器的当前值保持不变；当复位输入有效时，将计数器的当前值寄存器清零；当启动输入无效而复位输入有效时，则忽略复位的影响，计数器的当前值保持不变；当复位输入保持有效、启动输入变为有效时，则将计数器的当前值寄存器清零。

③ 在S7-200中，系统默认的复位输入和启动输入均为高电平有效，正交计数器为4倍频，如果想改变系统的默认设置，需要设置如表3-11中的特殊继电器的第0、1、2位。

各个高速计数器的计数方向的控制、设定值和当前值的控制和执行高速计数的控制，是由表3-11中各个相关控制字节的第3位至第7位决定的。

（6）高速计数器的当前值寄存器和设定值寄存器

每个高速计数器都有1个32位的经过值寄存器HC0～HC5，同时每个高速计数器还有1个32位的当前值寄存器和1个32位的设定值寄存器，当前值和设定值都是有符号的整数，见表3-12。为了向高速计数器装入新的当前值和设定值，必须利用数据线送指令，先将当前值和设定值以双字的数据类型装入如表3-12所列的特殊寄存器中。然后执行HSC指令，才能将新的值传送给高速计数器。

表3-12 高速计数器的当前值和设定值

HC0	HC1	HC2	HC3	HC4	HC5	说明
SMD38	SMD48	SMD58	SMD138	SMD148	SMD158	新当前值
SMD42	SMD52	SMD62	SMD142	SMD152	SMD162	新设定值

（7）高速计数器的初始化

由于高速计数器的HDEF指令在进入RUN模式后只能执行1次，为了减少程序运行时间，优化程序结构，一般以子程序的形式进行初始化。下面以HC2为例，介绍高速计数器的各个工作模式的初始化步骤：

① 利用SM0.1来调用一个初始化子程序。

② 在初始化子程序中，根据需要向SMB47装入控制字。例如，SMB47 = 16#F8，其意义是：允许写入新的当前值，允许写入新的设定值，计数方向为正计数，启动和复位信号为高电平有效。

③ 执行HDEF指令，其输入参数为：HSC端为2（选择2号高速计数器），MODE端为0/1/2（对应工作模式0、模式1、模式2）。

④ 将希望的当前计数值装入SMD58（装入0可进行计数器的清零操作）。

⑤ 将希望的设定值装入SMD62。

⑥ 如果希望捕获当前值等于设定值的中断事件，编写与中断事件号16相关联的中断服务程序。

⑦ 如果希望捕获外部复位中断事件，编写与中断事件号18相关联的中断服务程序。

⑧ 执行ENI指令。

⑨ 执行HSC指令。

⑩ 退出初始化子程序。

（8）高速计数器的应用举例

某产品包装生产线用高速计数器对产品进行累计和包装，每检测 1 000 个产品时，自动启动包装机进行包装，计数方向可由外部信号控制。

a. 设计步骤

① 选择高速计数器，确定工作模式。在本例中，选择的高速计数器为 HC0，由于要求计数方向可由外部信号控制，而且不要复位信号输入，确定工作模式为模式 3，采用当前值等于设定值的中断事件，中断事件号为 12，启动包装机工作子程序，高速计数器的初始化采用子程序。

② 用 SM0.1 调用高速计数器初始化子程序，子程序号为 SBR_0。

③ 向 SMB37 写入控制字 SMB37 = 16#F8。

④ 执行 HDEF 指令，输入参数：HSC 为 0，MODE 为 3。

⑤ 向 SMD38 写入当前值，SMD38 = 0。

⑥ 向 SMD42 写入设定值，SMD42 = 1000。

⑦ 执行建立中断连接指令 ATCH。输入参数：INT 为 INT-0，EVNT 为 12。

⑧ 编写中断服务程序 INT0。在本例中，为调用包装机控制子程序，子程序号为 SBR-1。

⑨ 执行全局开中断指令 ENI。

⑩ 执行 HSC 指令，对高速计数器编程并投入运行。梯形图程序如下：

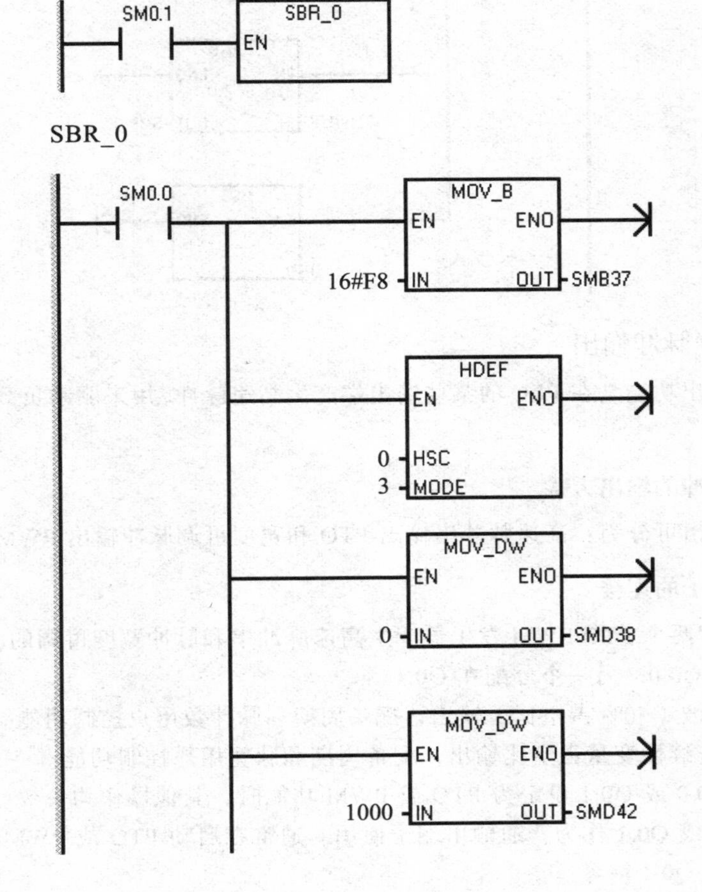

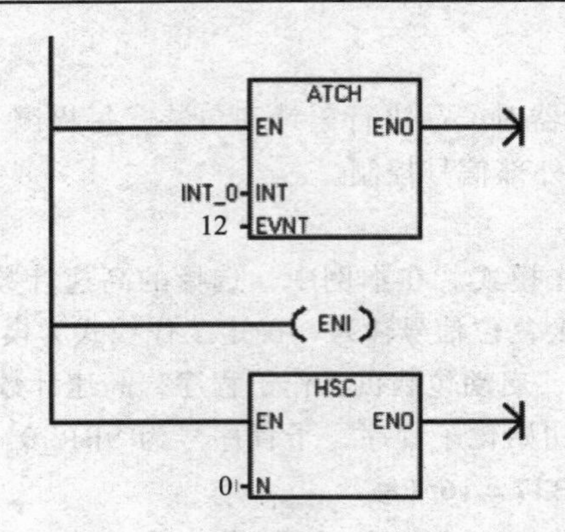

子程序 SBR_1（略）

INT_0（中断程序）

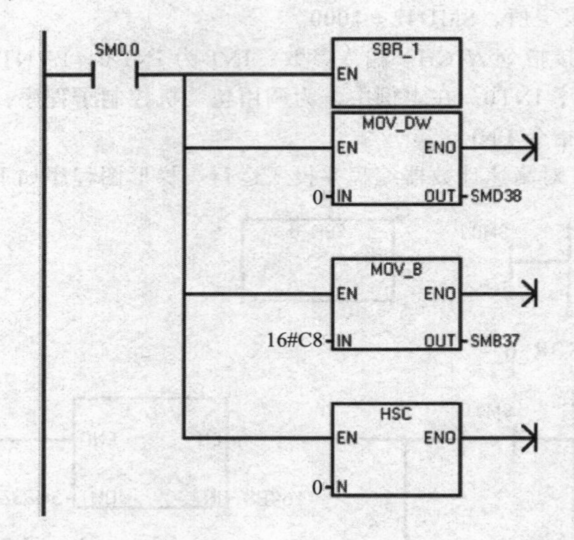

2.3.2 高速脉冲输出

高速脉冲输出功能是在 PLC 的某些输出端产生高速脉冲，用来驱动负载实现高速输出和精确控制。

（1）高速脉冲的输出方式

高速脉冲输出可分为：高速脉冲串输出 PTO 和宽度可调脉冲输出 PWM 两种方式。

（2）输出端子的连接

每个 CPU 有两个 PTO/PWM 发生器产生高速脉冲串和脉冲宽度可调的波形，一个发生器分配在数字输出段 Q0.0，另一个分配在 Q0.1。

PTO 提供方波（50% 占空比）输出，配备周期和脉冲数用户控制功能。

PWM 提供连续性变量占空比输出，配备周期和脉宽用户控制功能。

注意：当 Q0.0 或 Q0.1 设定为 PTO 或 PWM 功能时，其他操作均失效。不使用 PTO/PWM 发生器时，Q0.0 或 Q0.1 作为普通输出端子使用。通常在启动 PTO 或 PWM 操作之前，用复位 R 指令将 Q0.0 或 Q0.1 清零。

（3）相关的特殊功能寄存器

每个 PTO/PWM 发生器都有 1 个控制字节、16 位无符号的周期时间值和脉宽值各 1 个、32 位无符号的脉冲计数值 1 个。这些字都占有一个指定的特殊功能寄存器，一旦这些特殊功能寄存器的值被设成所需操作，可通过执行脉冲指令 PLS 来执行这些功能。

Q0.0 和 Q0.1 输出端子的高速输出功能通过对 PTO/PWM 寄存器的不同设置来实现。PTO/PWM 寄存器由 SM66 ~ SM85 特殊存储器组成，它们的作用是监视和控制脉冲输出（PTO）和脉宽调制（PWM）功能。各寄存器的字节值和位值的意义见表 3-13。

表 3-13　PTO/PWM 寄存器各字节值和位值的意义

Q0.0	Q0.1	说　明	寄存器名
SM66.4	SM76.4	PTO 包络由于增量计算错误异常终止　0：无错；1：异常终止	脉冲串输出状态寄存器
SM66.5	SM76.5	PTO 包络由于用户命令异常终止　0：无错；1：异常终止	
SM66.6	SM76.6	PTO 流水线溢出　0：无溢出；1：溢出	
SM66.7	SM76.7	PTO 空闲　0：运行中；1：PTO 空闲	
SM67.0	SM77.0	PTO/PWM 刷新周期值　0：不刷新；　1：刷新	PTO/PWM 输出控制寄存器
SM67.1	SM77.1	PWM 刷新脉冲宽度值　0：不刷新　1：刷新	
SM67.2	SM77.2	PTO 刷新脉冲计数值　0：不刷新　1：刷新	
SM67.3	SM77.3	PTO/PWM 时基选择　0：1 μs；　1：1 ms	
SM67.4	SM77.4	PWM 更新方法　0：异步更新；1：同步更新	
SM67.5	SM77.5	PTO 操作　0：单段操作；1：多段操作	
SM67.6	SM77.6	PTO/PWM 模式选择　0：选择 PTO；1：选择 PWM	
SM67.7	SM77.7	PTO/PWM 允许　0：禁止；　1：允许	
SMW68	SMW78	PTO/PWM 周期时间值　（范围：2 ~ 65535）	周期值设定寄存器
SMW70	SMW80	PWM 脉冲宽度值　（范围：0 ~ 65535）	脉宽值设定寄存器
SMD72	SMD82	PTO 脉冲计数值　（范围：1 ~ 4 294 967 295）	脉冲计数值设定寄存器
SMB166	SMB176	段号（仅用于多段 PTO 操作），即多段流水线 PTO 运行中的段的编号	多段 PTO 操作寄存器
SMW168	SMW178	包络表起始位置，用距离 V0 的字节偏移量表示（仅用于多段 PTO 操作）	

（4）脉冲输出指令

脉冲输出指令可以输出两种类型的方波信号，在精确位置控制中有很重要的应用。脉冲输出指令格式及功能如下：

PLS
EN
Q0. X

功能：当使能端输入有效时，PLC 首先检测为脉冲输出位（X）设置的特殊存储器位，然后激活由特殊存储器位定义的脉冲操作。

说明：

① 高速脉冲串输出 PTO 和宽度可调脉冲输出 PWM 都由 PLC 指令来

激活输出。

② 操作数 Q 为字型常数 0 或 1，0 为 Q0.0 输出，1 为 Q0.1 输出。

③ 高速脉冲串输出 PTO 可采用中断方式进行控制，而宽度可调脉冲输出 PWM 只能由指令 PLS 来激活。

（5）PTO 指令编程举例

如图 3-14～图 3-16 所示。通过 I0.0 上升沿调用子程序 SBR-0 设置 PTO 操作，通过脉冲串输出完成中断程序 0 来改变脉冲周期，通过 I0.1 上升沿禁止中断，完成脉冲串输出的停止。

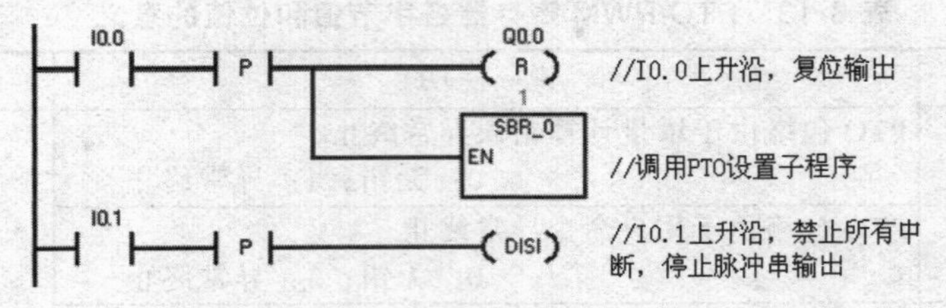

图 3-14 PTO 脉冲串输出主程序

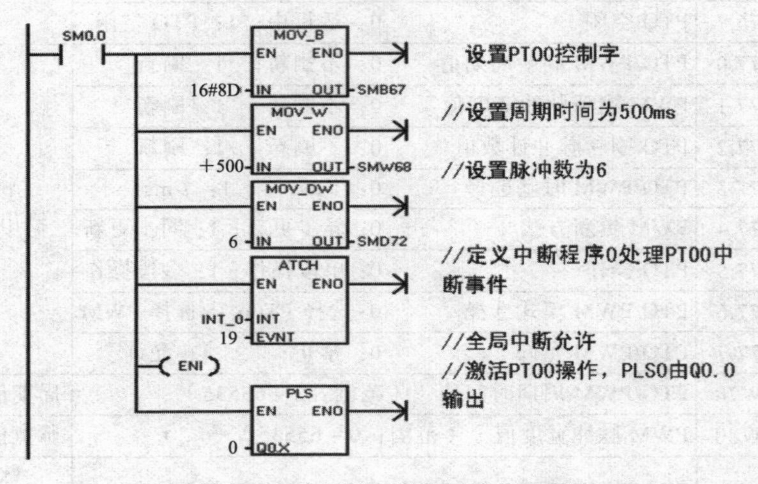

图 3-15 PTO 脉冲输出初始化子程序

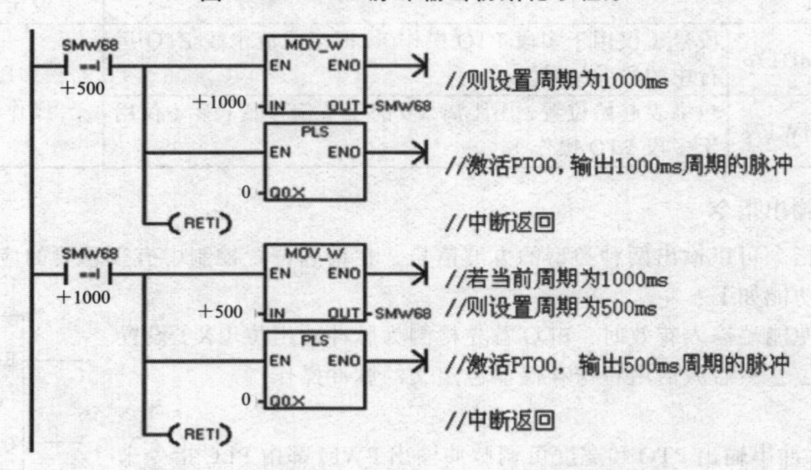

图 3-16 改变 PTO 输出脉冲周期的中断程序

【任务实施】

1. 步进电机位置控制方案分析

前面讲了利用定时器来实现步进电机的速度控制，包括整部运行、快/慢速运行和细分运行、方向控制以及定位控制。而定时器则只是单纯地运用定时器的基本性质来实现控制步进电机的目的，具有很大的局限性。采用西门子 CPU 本身有的 PTO/PWM 发生器来产生高速脉冲串和脉冲宽度可调的波形，其方法主要是控制脉冲输出指令来设定不同的脉冲输出信号的频率。也就是说，PTO 具有很大的灵活性和通用性。

根据任务要求，本任务运用控制字节 SMB67。参照表 3-13，应向 SMB67 写入 2#10001101，即 16#8D。则对 Q0.0 的功能设置为 1：允许 PTO 脉冲输出，时基位 ms，允许更新周期脉冲。

速度控制：本次设计采用控制字节 SMW68（详见表 3-13），分别输入 2000、1000 和 3000，作为正常运行、快速运行和慢速运行的输入脉冲，从而控制步进电机的运行速度。

定位控制：采用输入/输出中断（详见表 3-13），同时采用 SMD72 来设定步进电机的精确定位，当步进电机的运行步数达到设定值时，通过中断子程序使步进电机停止运行。

2. 硬件配置

PLC、步进驱动器和电机接线参见图 3-9 所示。

3. 步进电机参数定义及 I/O 口地址分配表

（1）步进电机的参数定义

DIP1	DIP2	DIP3	细分
ON	ON	ON	400 步/转

步进电机的步距角为 0.9°。

（2）I/O 口地址分配表

输 入 信 号		输 出 信 号	
信号元件及作用	PLC 输入口地址	信号元件及作用	PLC 输出口地址
启动/停止按钮 SA1	I0.0	PLC 脉冲输出	Q0.0
慢速按钮 SB1	I0.1	方向控制	Q0.1
快速按钮 SB2	I0.2	运行灯 HL1	Q0.3
定位按钮 SB3	I0.3		
正反转按钮 SA2	I0.4		
接 0V DC	1M	接 24V DC	1L

4. 梯形图设计

（1）步进电机速度正常运行

根据任务要求，采用运用控制字节 SMB67。应向 SMB67 写入 2#10001101，即 16#8D。则对 Q0.0 的功能设置为：允许 PTO 脉冲输出，时基位 ms，允许更新周期脉冲和周期脉冲。

速度控制：采用控制字节 SMW68，输入 1000，作为正常运行，从而控制步进电机的运行速度。

I0.0 为正常运行的启动按钮，调用 SBR_0 子程序使步进电机能够 2 s 整步一次，实现电机的正常运行的功能；I0.4 为方向正常选择按钮；Q0.1 为 PLC 的方向控制输出端；Q0.3 为电机的运行指示灯。主程序梯形图见图 3-17。

SBR_0 子程序见图 3-18。

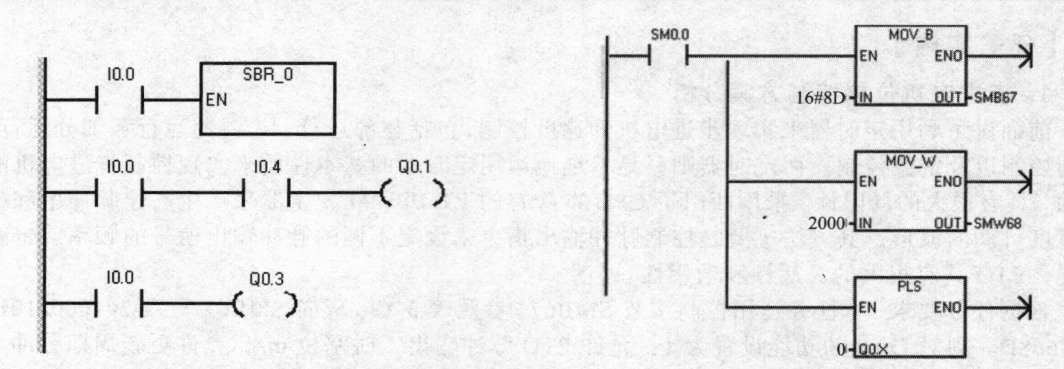

图 3-17　基于 PTO 的速度控制程序的主程序　　图 3-18　基于 PTO 的速度控制程序的正常运行的子程序

（2）步进电机正常运行和慢速运行

I0.0 为正常运行的启动按钮，I0.1 为慢速运行的启动按钮，Q0.0 为 PLC 的脉冲输出端，Q0.3 为电机的运行指示灯。

速度控制：改变控制字节 SMW68，输入 3000，作为慢速运行的输入脉冲，从而控制步进电机的运行速度。主程序梯形图见图 3-19。

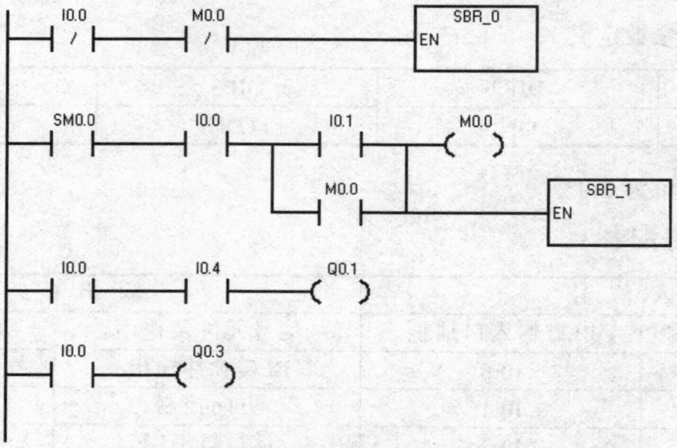

图 3-19　基于 PTO 的速度控制程序的主程序

SBR_0 子程序见图 3-20。SBR_1 子程序见图 3-21。

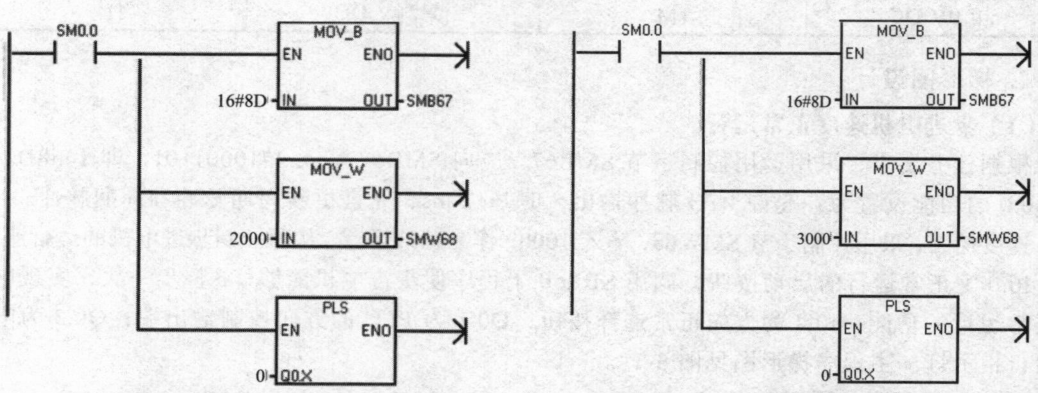

图 3-20　基于 PTO 的速度控制程序的正常运行的子程序

图 3-21　基于 PTO 的速度控制程序的慢速运行的子程序

（3）步进电机正常运行、慢速运行、快速运行和方向控制

I0.0 为正常运行的启动按钮，I0.1 为慢速运行的启动按钮，I0.2 为快速运行按钮，I0.4 方向控制按钮，Q0.0 为 PLC 的脉冲输出端，Q0.1 为方向控制的输出端，Q0.3 为电机的运行指示灯。主程序梯形图见图 3-22。图中包括了自锁和互锁。自锁是保证程序能够自动保持持续通电；互锁保证系统安全运行，使不同的网络不能同时通电。

速度控制：改变控制字节 SMW68，分别输入 2000、3000、1000，作为正常运行、慢速运行、快速运行的输入脉冲，从而控制步进电机的运行速度。分别为子程序 SBR_0、1SBR_1 SBR_2。

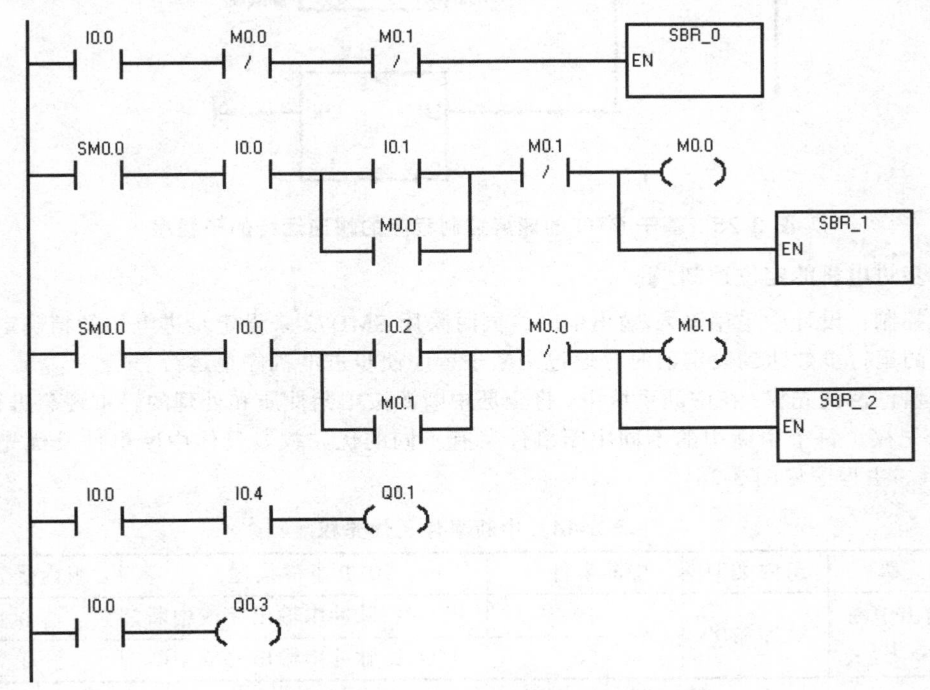

图 3-22 基于 PTO 的速度控制程序的主程序

SBR_0 子程序见图 3-23。SBR_1 子程序见图 3-24，SBR_2 子程序见图 3-25。

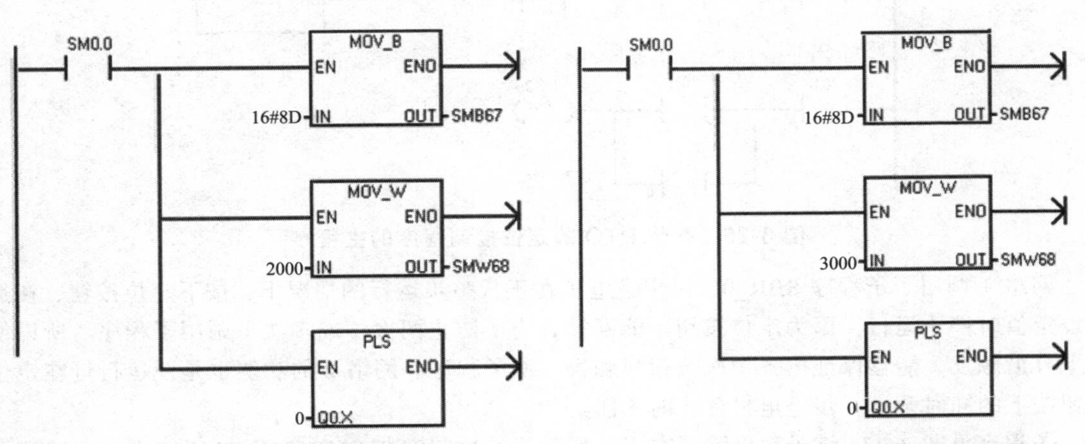

图 3-23　基于 PTO 的速度控制程序的正常运行的子程序

图 3-24　基于 PTO 的速度控制程序的慢速运行的子程序

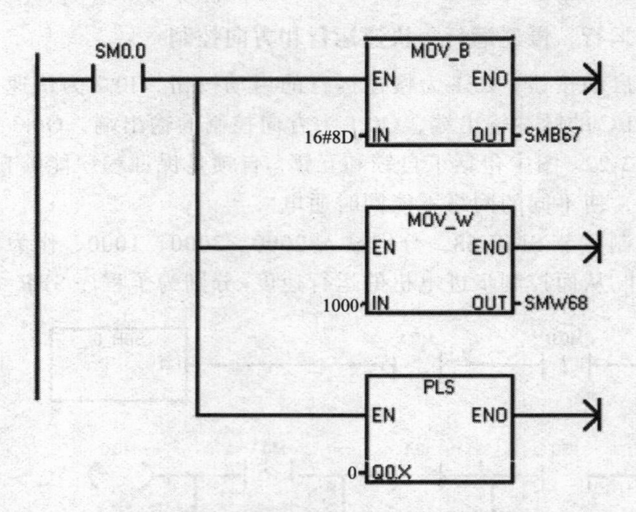

图 3-25 基于 PTO 的速度控制程序的快速运行的子程序

（4）步进电机的定位控制

定位控制：设计中采用输入/输出中断，同时采用 SMD72 来设定步进电机的精确定位，当步进电机的运行步数达到设定值时，通过中断子程序使步进电机停止运行。

中断事件及优先权：在中断系统中，将全部中断源按中断性质和处理的轻重缓急进行分级，并给以优先权。每个中断中的不同中断事件又有不同的优先权。具体中断事件及优先级如表 3-14 所示。主程序见图 3-26。

表 3-14 中断事件及优先权

组优先级	组内类型	中断事件号	中断事件描述	组内优先权
输入/输出中断（中等）	脉冲输出	19	PTO0：脉冲串输出完成中断	0
		20	PTO1：脉冲串输出完成中断	1

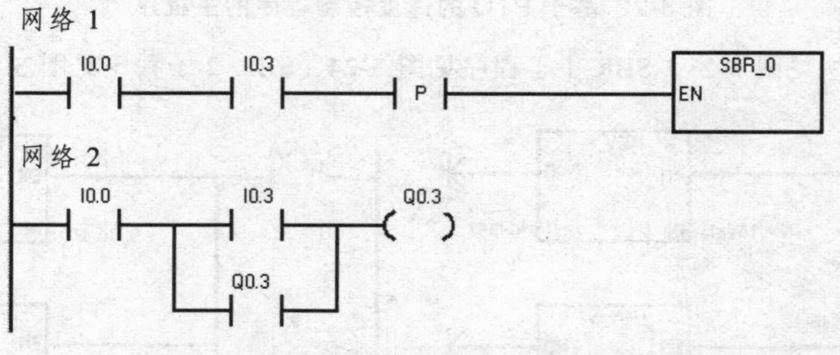

图 3-26 基于 PTO 的定位控制程序的主程序

网络 1 调用了子程序 SBR_0，使步进电机在正常整步运行的情况下，按下定位按钮，在达到设定值时停止运行。因为定位按钮不能互锁，为了防止两次（或多次）调用子程序。所以使用上升沿触发，能够保证按下一次按钮只触发一次子程序。网络 2 的功能也是使运行灯在定位按钮按下的同时开启，步进电机停止时关闭。

子程序见图 3-27。该子程序除了在正常运行下的控制字节 SMB67 和 SMB68 外，还采用了控制字节 SMW72 来设定步进电机在定时运行下的整步步数，同时还应用了中断子程序，使步进电机在达到设定步数时停止运行。本程序的中断子程序见图 3-28。

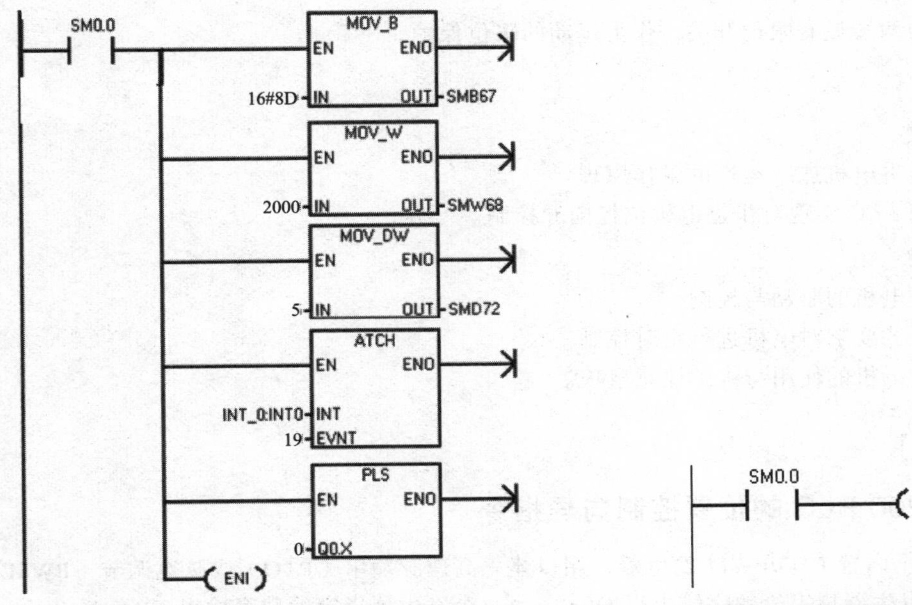

图 3-27　基于 PTO 的定位控制程序的子程序　　**图 3-28　基于 PTO 定位控制程序的中断子程序**

该中断子程序的功能是使步进电机停止的同时，指示灯也能够熄灭。

任务 3　步进电机运动的位向导控制

【任务要求】

本任务要求使用 SGSTEP7 V4.0 软件的位控向导功能自动处理 PTO 脉冲的单段管线和多段管线、脉宽调制、SM 位置配置和创建包络表。

① 在 YL-335B 上实现简单工作任务，使用位控向导编程的方法，完成表 3-15 中的运动参数，实现步进电机运行所需的运动包络。

表 3-15　步进电机运行的运动数据

运动包络	站点	脉冲量	移动方向
1	供料站→加工站　470 mm	85600	
2	加工站→装配站　286 mm	52000	
3	装配站→分解站　235 mm	42700	
4	分拣站→高速回零前　925 mm	168000	DIR
5	低速回零	单速返回	DIR

② 在 YL-335B 上设有启动、停止按钮，作为电机的启动和停止控制按钮；并设有原位开关，作为运动的起点。

控制要求：如运行开始没在原点，按下启动按钮，不能工作；只有按下复位按钮，返回原点后，再按下启动按钮，才能工作。

③ 在动行的两端设有限位开关，作为运动的限位保护。

【任务目标】

1. 知识要求

① 能掌握步进电机连续运行的工作原理。

② 能够利用 PLC 实现对步进电机位控向导控制。

2. 能力要求

① 掌握步进电机的驱动与控制。

② 能按照工艺要求对电机进行定时控制。

③ 掌握步进电机的使用与维护注意事项。

【相关知识】

3.1 S7-200 PLC 的位置控制向导指令

S7-200 有两个内置 PTO/PWM 发生器，用以建立高速脉冲串（PTO）或脉宽调节（PWM）信号波形。一个发生器指定给数字输出点 Q0.0，另一个发生器指定给数字输出点 Q0.1。

当组态一个输出为 PTO 操作时，生成一个 50% 占空比脉冲串用于步进电机的速度和位置的开环控制。内置 PTO 功能提供了脉冲串输出，脉冲周期和数量可由用户控制。但应用程序必须通过 PLC 内置 I/O 提供方向和限位控制。

为了简化用户应用程序中位控功能的使用，提供的位控向导可以帮助用户在很短的时间内全部完成 PWM、PTO 或位控模块的组态。向导可以生成位置指令，用户可以用这些指令在其应用程序中为速度和位置提供动态控制。

在 STEP7--Micro/WIN 菜单的“工具”栏中选择下拉菜单“位置控制向导”，如图 3-29 所示。

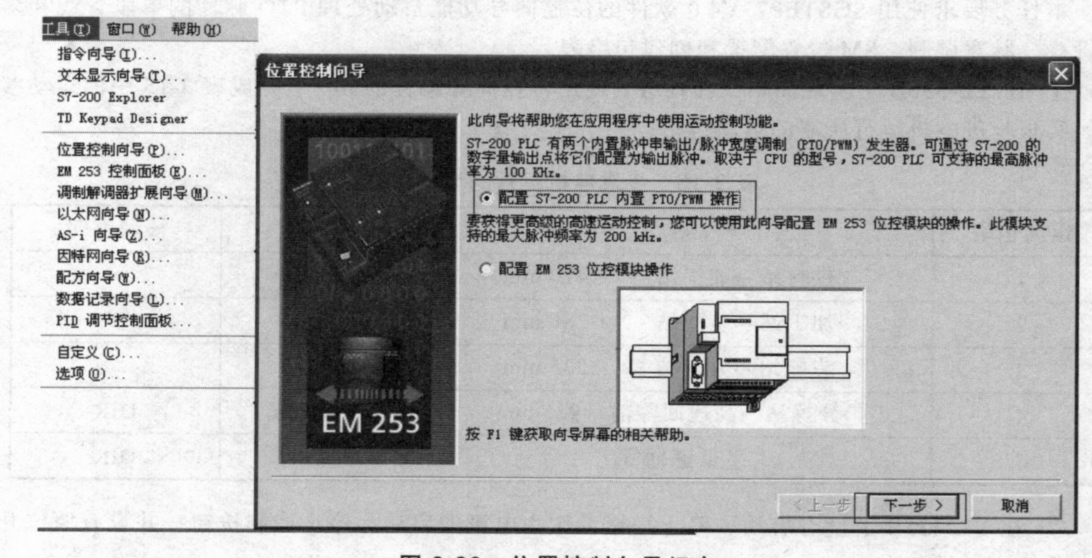

图 3-29 位置控制向导组态

S7-200 有两个高速脉冲发生器。一个发生器指定给数字输出点 Q0.0，另一个发生器指定给数字输出点 Q0.1，可以根据需要自行选择。如图 3-30 所示。

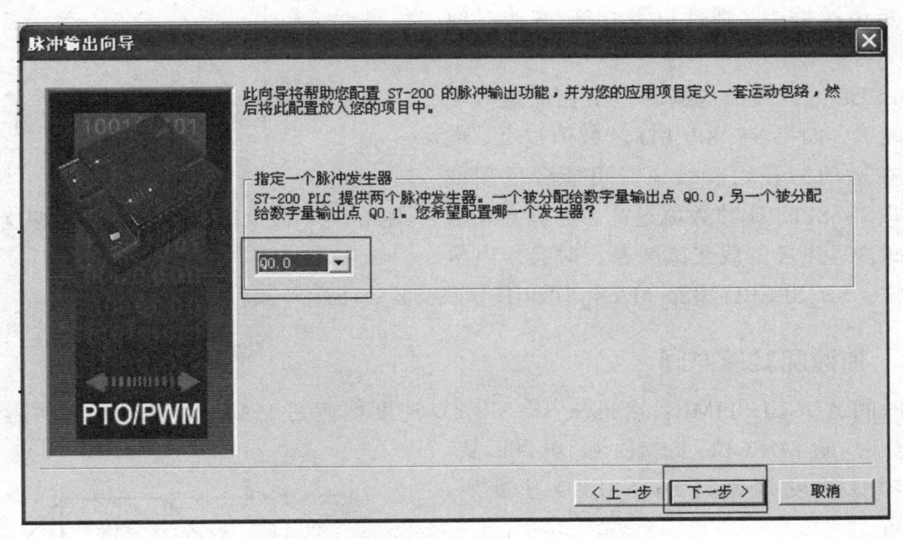

图 3-30　脉冲输出向导组态（一）

高速脉冲输出有高速脉冲输出 PTO（Pulse Train Output）和宽度可调脉冲输出 PWM（Pulse Width Modulation）两种方式。高速脉冲列（PTO）功能提供的周期与脉冲数目可以由用户控制的占空比为 50% 的方波脉冲输出。脉冲宽度调制（PWM）功能提供连续的、周期与脉冲宽度可以由用户控制的输出。

用户可以选择高速脉冲串（PTO）或脉宽调节（PWM）信号波形作为输出，如图 3-31 所示。

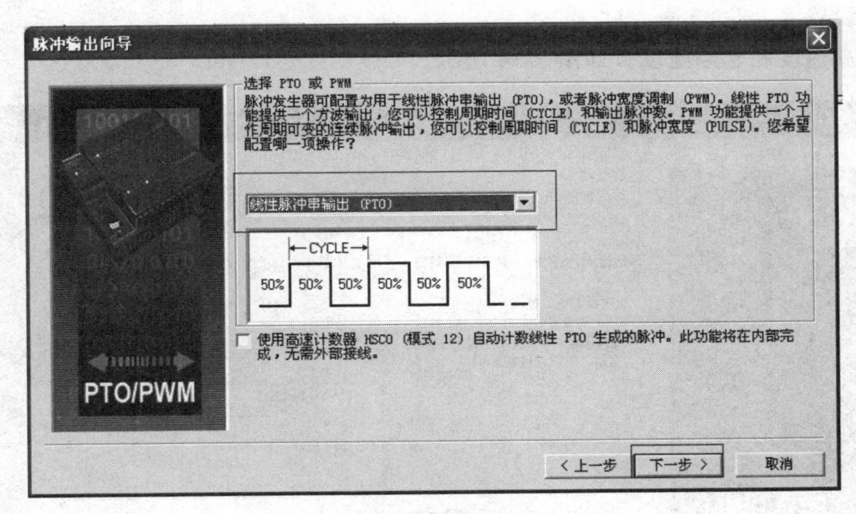

图 3-31　脉冲输出向导组态（二）

位控向导组态 PTO 输出时，用户提供以下一些速度基本信息。

3.1.1　最大（MAX_SPEED）和启动/停止速度（SS_SPEED）

最大速度和启动/停止速度示意图如图 3-32 所示。

MAX_SPEED 是允许的操作速度的最大值，它应在电机力矩能力的范围内。驱动负载所需的力矩由摩擦力、惯性以及加速/减速时间决定。

SS_SPEED：该数值应满足电机在低速时驱动负载的能力，如果 SS_SPEED 的数值过低，电机和负载在运动的开始和结束时可能会摇摆或颤动。如果 SS_SPEED 的数值过高，电机会在启动时丢失脉冲，并且负载在试图停止时会使电机超速。通常，SS_SPEED 值是 MAX_SPEED 值的 5%～15%。

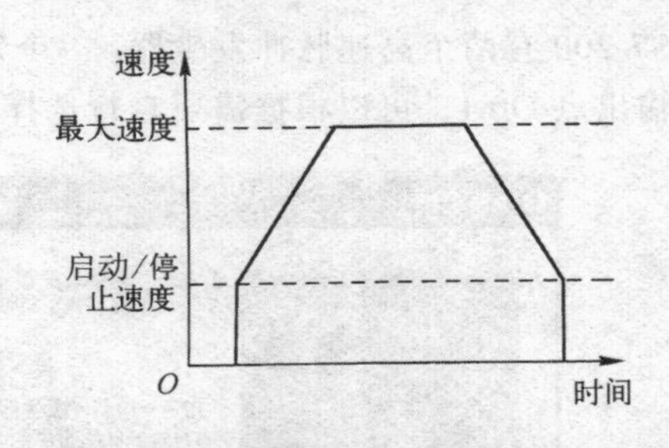

图 3-32 最大速度和启动/停止速度示意图

3.1.2 加速和减速时间

加速时间 ACCEL_TIME：电机从 SS_SPEED 速度加速到 MAX_SPEED 速度所需的时间。

减速时间 DECEL_TIME：电机从 MAX_SPEED 速度减速到 SS_SPEED 速度所需要的时间。

加速时间和减速时间的缺省设置都是 1 000 ms。通常，电机可在小于 1 000 ms 的时间内工作，参见图 3-33。这 2 个值设定时要以毫秒（ms）为单位。

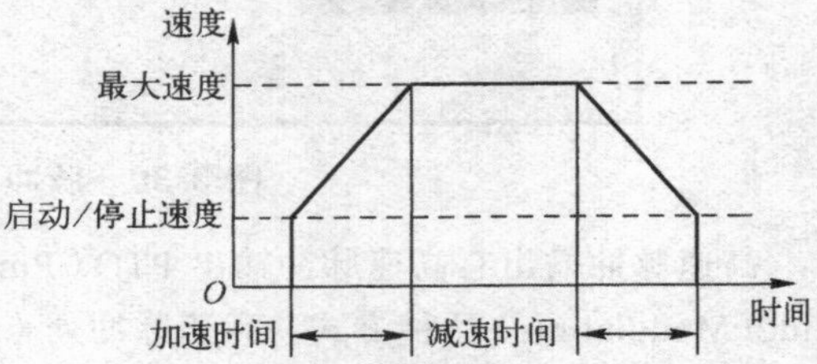

图 3-33 加速和减速时间

注意：电机的加速和失速时间要经过测试来确定。开始时，应输入一个较大的值。逐渐减少这个时间值直至电机开始失速，从而优化应用中的这些设置。

设置最高速度和起始速度，如图 3-34 所示。

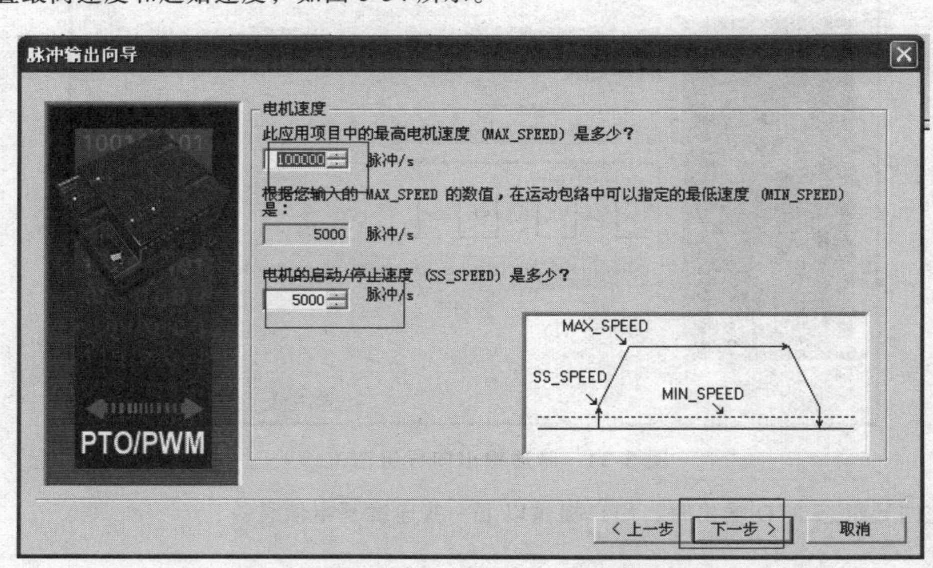

图 3-34 设置最高速度和起始速度

设置加、减速时间，如图 3-35 所示。

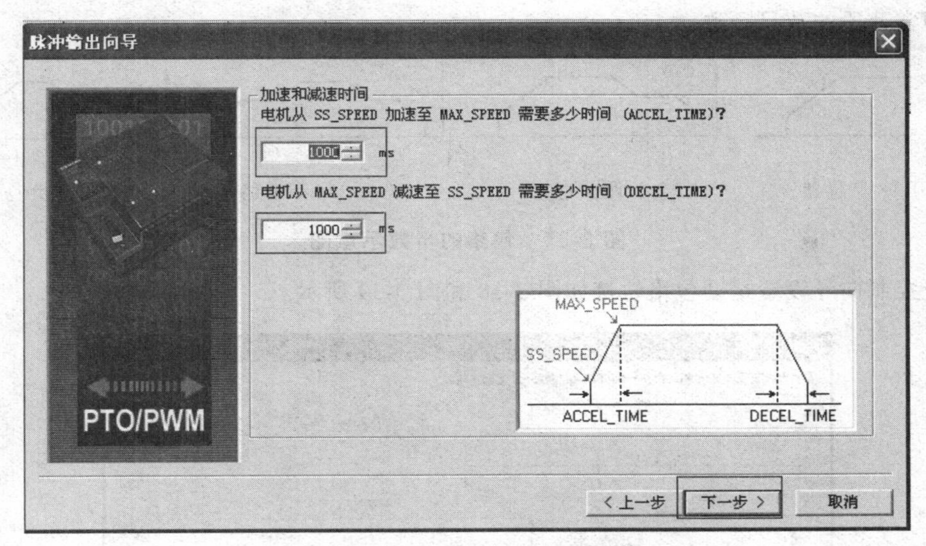

图 3-35　设置加减速时间

3.2　移动包络设置

一个包络是一个预先定义的移动描述，它包括一个或多个速度，影响着从起点到终点的移动。一个包络由多段组成，每段包含一个达到目标速度的加速/减速过程和以目标速度匀速运行的一串固定数量的脉冲。

位控向导提供移动包络定义界面，应用程序所需的每一个移动包络均可在这里定义。PTO 支持最大 100 个包络。

定义一个包络，包括如下步骤：① 选择操作模式；② 为包络的各步定义指标；③ 为包络定义一个符号名。

3.2.1　选择包络的操作模式

PTO 支持相对位置和单一速度的连续转动，如图 3-36 所示，相对位置模式指的是运动的终点位置是从起点侧开始计算的脉冲数量。单速连续转动则不需要提供终点位置，PTO 一直持续输出脉冲，直至有其他命令发出（例如，到达原点要求停发脉冲）。

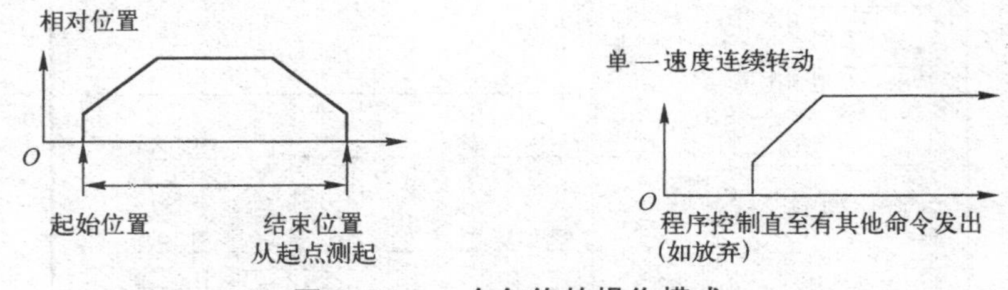

图 3-36　一个包络的操作模式

3.2.2　包络中的步

一个步是工件运动的一个固定距离，包括加速和减速时间内的距离。PTO 每一包络最大允许 29 个步。每一步包括目标速度和结束位置或脉冲数目等几个指标。图 3-37 所示为一步、两步、三步和四步包络。注意：一步包络只有一个常速段，两步包络有两个常速段，依次类推。步的数目与包络中常速段的数目一致。

（a）一步包络　（b）两步包络　（c）三步包络　（d）四步包络

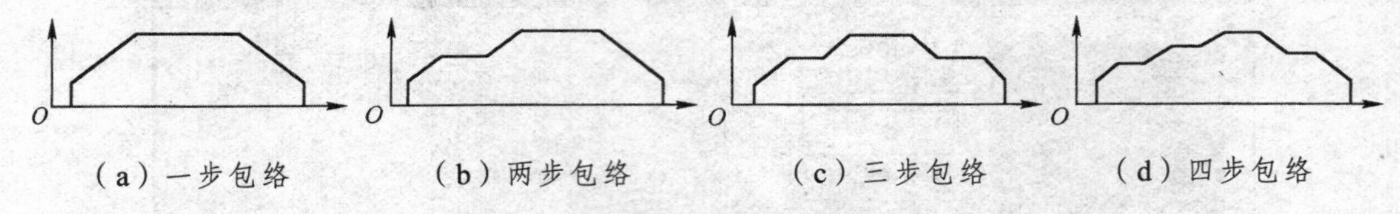

图 3-37　包络的步数示意图

位置控制向导设置运动包络轨迹如图 3-38 和图 3-39 所示。

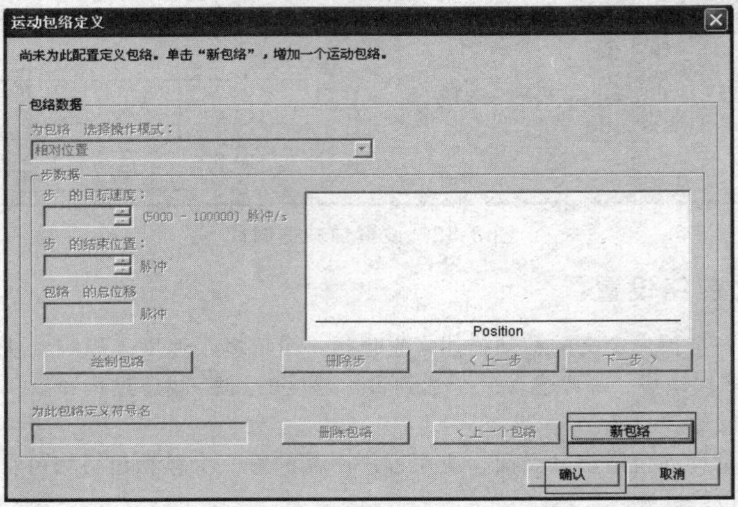

图 3-38　运动包络的定义

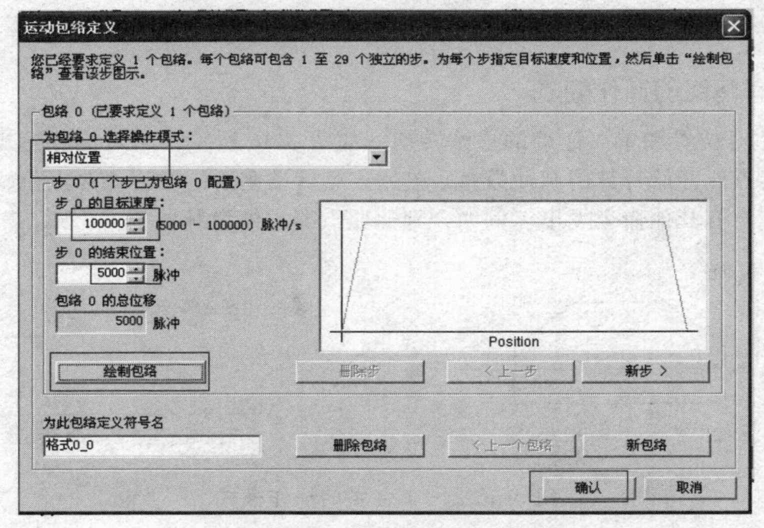

图 3-39　运动包络轨迹

运动包络编写完成单击“确认”，向导会要求为运动包络指定 V 存储区地址（建议地址为 VB75 ~ VB300），可默认这一建议，也可自行键入一个合适的地址。指定 V 存储区的首地址，向导会自动计算地址的范围。分配存储器的地址如图 3-40 所示。

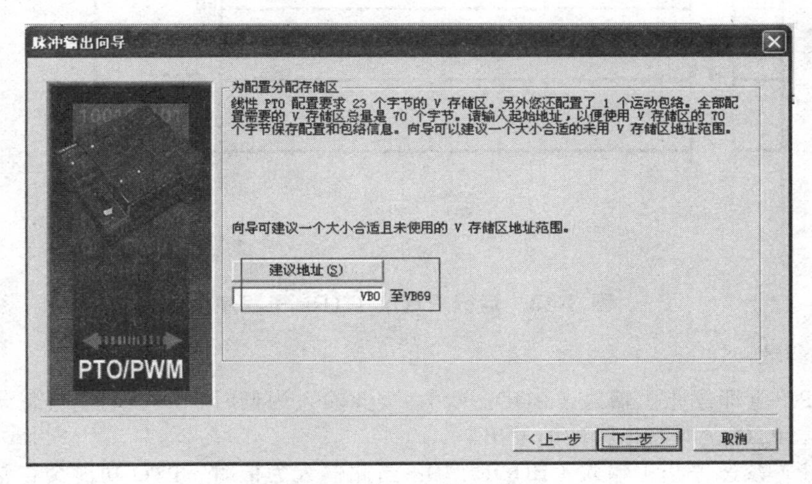

图 3-40　分配存储器的地址

单击“下一步”出现如图 3-41 所示界面，单击“完成”，即完成向导设置。

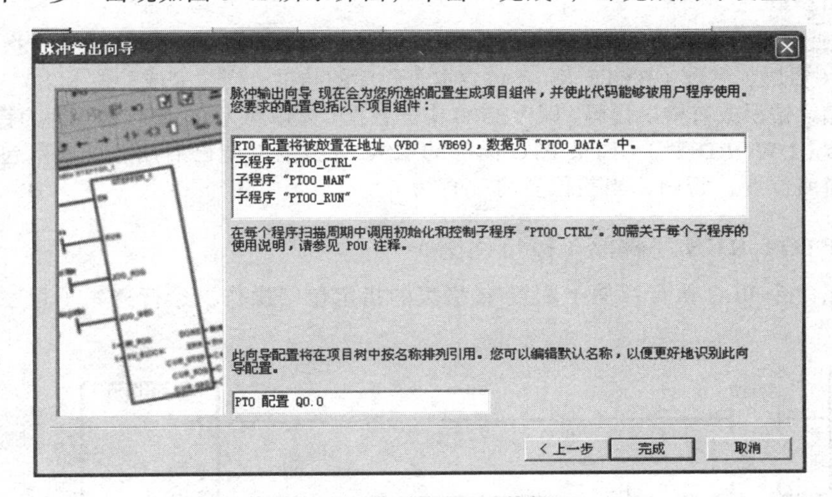

图 3-41　生成项目组件提示

3.3　使用位控向导生成的项目组件

运动包络组态完成后，向导会为所选的配置生成 4 个项目组件（子程序），分别是：PTOx_CTRL 子程序（控制）、PTOx_RUN 子程序（运行包络），PTOx_LDPOS（装载）和 PTOx_MAN 子程序（手动模式）子程序。

一个由向导产生的子程序就可以在程序中调用，如图 3-42 所示。

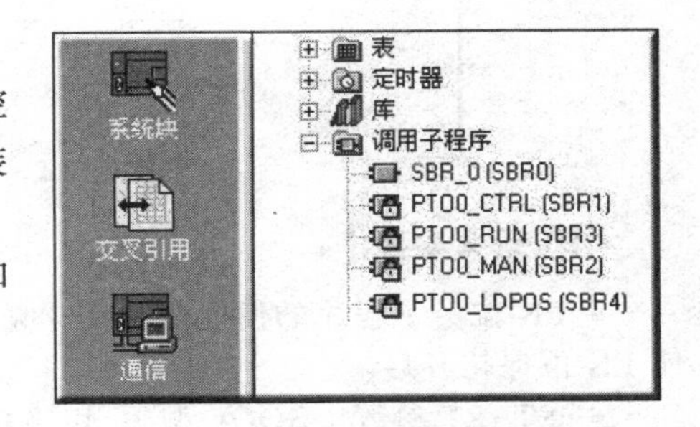

图 3-42　四个项目组件

3.3.1　PTOx_CTRL 子程序

该子程序（控制）启用和初始化 PTO 输出。在用户程序中只使用一次，并且确定在每次扫描时得到执行，即始终使用 SM0.0 作为 EN 的输入，如图 3-43 所示。

图 3-43 运行 PTOx_CTRL 子程序

（1）输入参数

• I_STOP（立即停止）输入（BOOL 型）：当此输入为低时，PTO 功能会正常工作；当此输入变为高时，PTO 立即终止脉冲的发出。

• D_STOP（减速停止）输入（BOOL 型）：当此输入为低时，PTO 功能会正常工作；当此输入变为高时，PTO 会产生将电机减速至停止的脉冲串。

（2）输出参数

• Done（“完成”）输出（BOOL 型）：当“完成”位被设置为高时，它表明上一个指令也已执行。

• Error（错误）参数（BYTE 型）：包含本子程序的结果。当“完成”位 M2.0 为高时，错误（字节）会存储无错误或有错误代码，即 VB500 中的数据（无错误为 0，如有错误即为错误的代码）。

• C_Pos（DWORD 型）：如果 PTO 向导的 HSC 计数器功能已启用，此参数包含以脉冲数表示的模块当前位置；否则，当前位置将一直为 0。

3.3.2 PTOx_RUN 子程序（运行包络）

该子程序命令 PLC 执行存储于配置/包络表的指定包络操作。运行这一子程序的梯形图如图 3-44 所示。

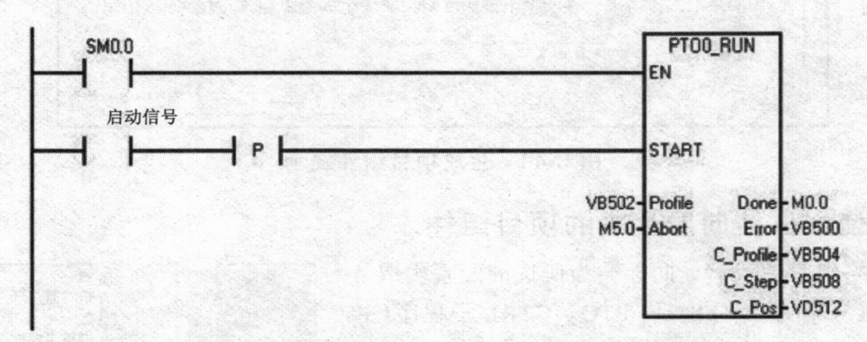

图 3-44 运行 PTOx_RUN 子程序

（1）输入参数

• EN 位：子程序的使能位。在“完成”（Done）位发出子程序执行已经完成的信号前，应使 EN 位保持开启。

• START 参数（BOOL 型）：包络执行的启动信号。对于在 START 参数已开启，且 PTO 当前不活动时的每次扫描，此子程序会激活 PTO。为了确保仅发送一个命令，一般用上升沿以脉冲方式开启 START 参数。

- Abort（终止）命令（BOOL 型）：命令为 ON 时，位控模块停止当前包络，并减速至电机停止。
- Profile（包络）（BYTE 型）：输入为此运动包络指定的编号或符号名。

（2）输出参数

- Done（完成）（BOOL 型）：本子程序执行完成时，输出 ON。
- Error（错误）（BYTE 型）：输出本子程序执行的结果错误的信息。无错误时输出 0。
- C_Profile（BYTE 型）：输出位控模块当前执行的包络。
- C_Step（BYTE 型）：输出目前正在执行的包络步骤。
- C_Pos（DINT 型）：如果 PTO 向导的 HSC 计数器功能已启用，则此参数包含以脉冲数作为模块的当前位置；否则，当前位置将一直为 0。

3.3.3　PTOx_LDPOS 指令（装载位置）

该子程序改变 PTO 脉冲计数器的当前位置值为一个新值。可用该指令为任何一个运动命令建立一个新的零位置。图 3-45 所示是一个使用 PTO0_LDPOS 指令实现返回原点完成后清零功能的梯形图。

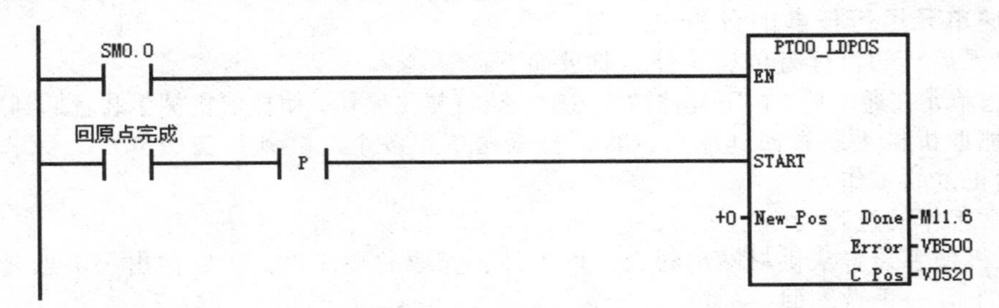

图 3-45　用 PTO0_LDPOS 指令实现返回原点后清零

（1）输入参数

- EN 位：子程序的使能位。在“完成”（Done）位发出子程序执行已经完成的信号前，应使 EN 位保持开启。
- START（BOOL 型）：装载启动。接通此参数，以装载一个新的位置值到 PTO 脉冲计数器。在每一循环周期，只要 START 参数接通且 PTO 当前不忙，该指令装载一个新的位置给 PTO 脉冲计数器。若要保证该命令只发一次，使用边沿检测指令即可。
- New_Pos 参数（DINT 型）：输入一个新的值替代 C_Pos 报告的当前位置值。位置值用脉冲数表示。

（2）输出参数

- Done（完成）（BOOL 型）：模块完成该指令时，参数 Done ON。
- Error（错误）（BYTE 型）：输出本子程序执行的结果错误的信息。无错误时输出 0。
- C_Pos（DINT 型）：此参数包含以脉冲数作为模块的当前位置。

3.3.4　PTOx_MAN 子程序（手动模式）

将 PTO 输出置于手动模式。执行这一子程序允许电机启动、停止和按不同的速度运行。但当 PTOx_MAN 子程序已启用时，除 PTOX-CTRL 外，任何其他 PTO 子程序都无法执行。

运行这一子程序的梯形图如图 3-46 所示。

- RUN（运行/停止）参数：命令 PTO 加速至指定速度（Speed（速度）参数）。从而允许在电机运行中更改 Speed 参数的数值。停用 RUN 参数命令，PTO 减速至电机停止。

当 RUN 已启用时，Speed 参数确定着速度。速度是一个用每秒脉冲数计算的 DINT（双整数）值。可以在电机运行中更改此参数。

图 3-46　运行 PTOx_MAN 子程序

• Error（错误）参数：输出本子程序的执行结果错误的信息，无错误时输出 0。

如果 PTO 向导的 HSC 计数器功能已启用，C_Pos 参数包含用脉冲数目表示的模块；否则此数值始终为 0。

由上述四个子程序的梯形图可以看出，为了调用这些子程序。编程时应预置一个数据存储区，用于存储子程序执行时间参数，存储区所存储的信息可根据程序的需要调用。

【任务实施】

1. 输送单元运行任务的分析

输送单元运行的目标是传送工件。要求如下：

① 输送单元在通电后，按下复位按钮 SB1，执行复位操作，使抓取机械手装置回到原点位置。

② 当抓取机械手装置回到原点位置，且输送单元各个气缸满足初始位置的要求，则复位完成，开始正常的工作。

③ 正常工作的过程为：

• 抓取机械手装置从供料站出料台抓取工件，抓取的顺序是：手臂伸出→手爪夹紧抓取工件→提升台上升→手臂缩回。

• 抓取动作完成后，伺服电机驱动机械手装置向加工站移动，移动速度不小于 300 mm/s。

• 机械手装置移动到加工站物料台的正前方后，即把工件放到加工站物料台上。抓取机械手装置在加工站放下工件的顺序是：手臂伸出→提升台下降→手爪松开放下工件→手臂缩回。

• 放下工件动作完成 2 s 后，抓取机械手装置执行抓取加工站工件的操作。抓取的顺序与供料站抓取工件的顺序相同。

• 抓取动作完成后，伺服电机驱动机械手装置移动到装配站物料台的正前方，然后把工件放到装配站物料台上。其动作顺序与加工站放下工件的顺序相同。

• 放下工件动作完成 2 s 后，抓取机械手装置执行抓取装配站工件的操作。抓取的顺序与供料站抓取工件的顺序相同。

• 机械手臂缩回后，摆台逆时针旋转 90°，伺服电机驱动机械手装置从装配站向分拣站运送工件，到达分拣站传送带上方入料口后把工件放下，动作顺序与加工站放下工件的顺序相同。

• 放下工件动作完成后，机械手臂缩回，然后执行返回原点的操作。伺服电机驱动机械手装置以 400 mm/s 的速度返回，返回 900 mm 后，摆台顺时针旋转 90°，然后以 100 mm/s 的速度低速返回原点停止。

当抓取机械手装置返回原点后，一个测试周期结束。当供料单元的出料台上放置了工件时，再按一次启动按钮 SB2，开始下一轮的循环。

2. 硬件配置

伺服传动组件用于拖动抓取机械手装置做往复直线运动，完成精确定位的功能。抓取机械手装置已经安装在组件的滑动溜板上。传动组件由伺服电机、同步轮、同步带、直线导轨、滑动溜板、拖链和原点开关、左/右极限开关组成。步进电动机与 PLC 的接线图如图 3-47、图 3-48 所示。

伺服电机由伺服驱动器驱动，通过同步轮和同步带带动滑动溜板沿直线导轨做往复直线运动，从而带动固定在滑动溜板上的抓取机械手装置做往复直线运动。输送单元位置图如图 3-49 所示。

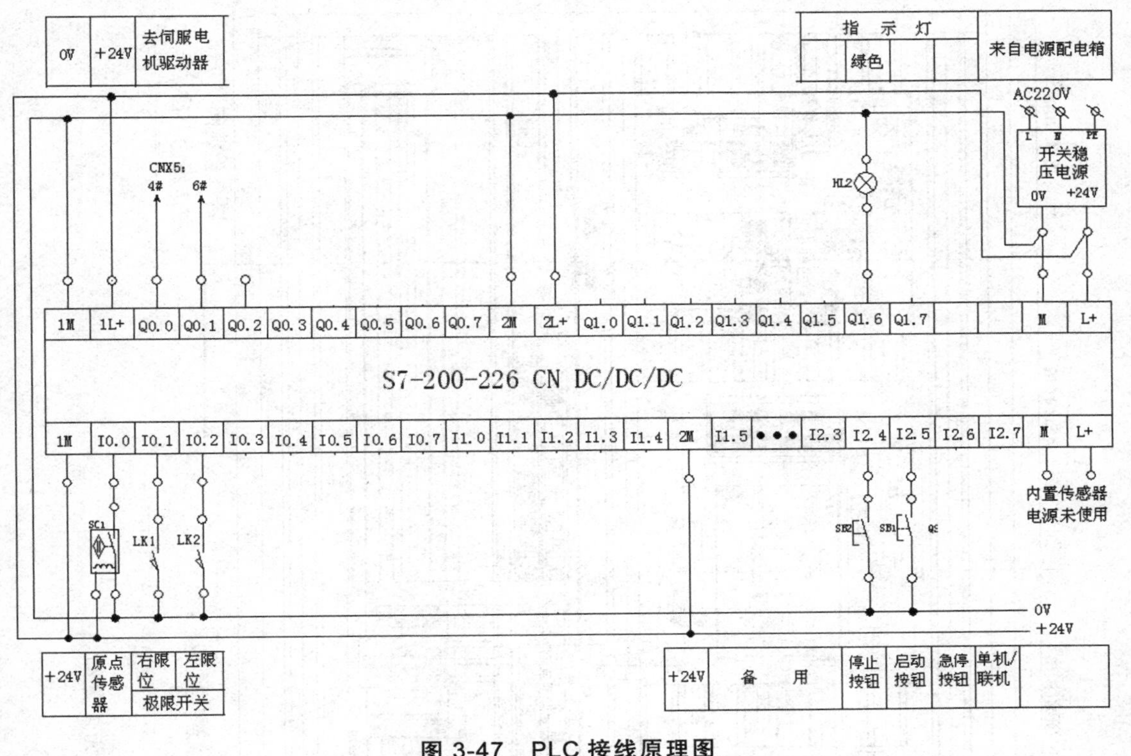

图 3-47　PLC 接线原理图

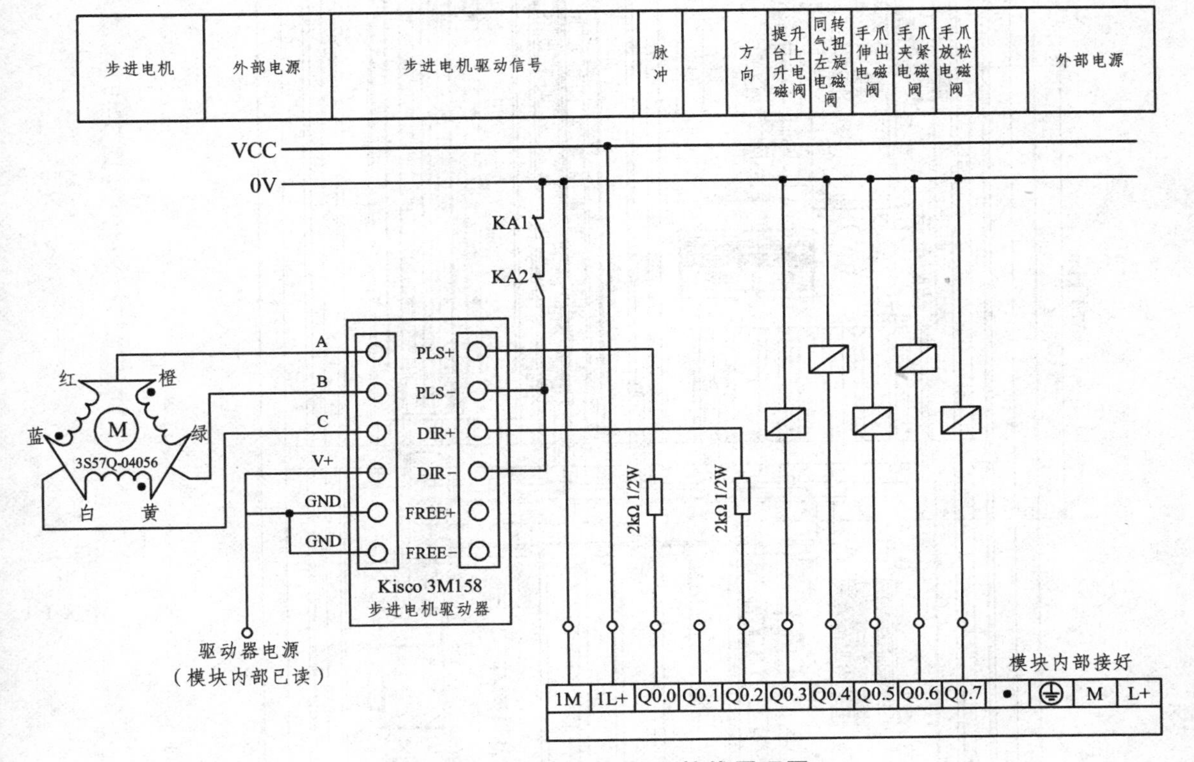

图 3-48　步进电机与 PLC 接线原理图

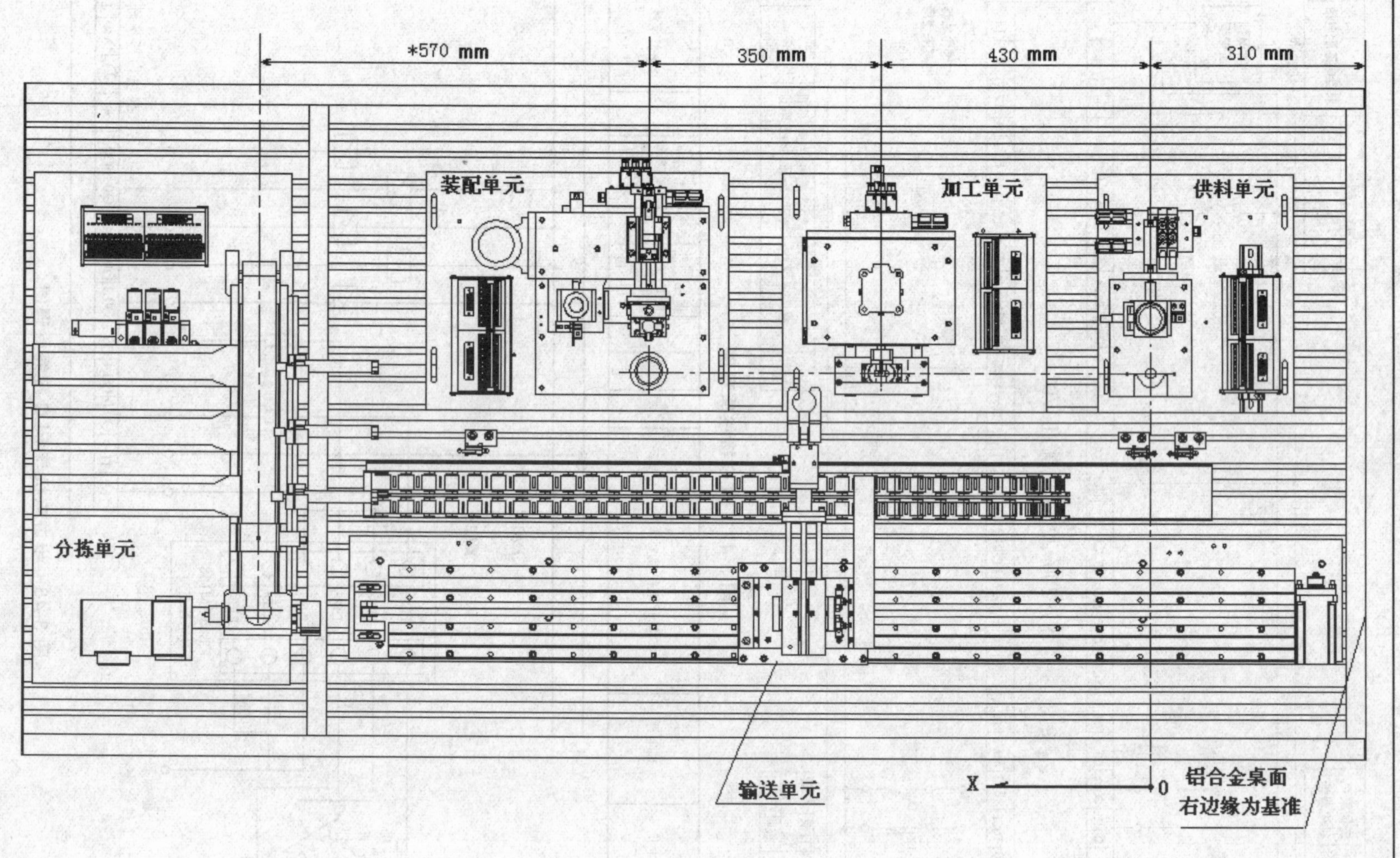

图 3-49 输送单元位置图

3. I/O 口地址分配表

输入信号			输出信号		
序号	PLC 输入点	信号名称	序号	PLC 输出点	信号名称
1	I0.0	原点传感器检测	1	Q0.0	脉冲
2	I0.1	右限位保护	2	Q0.1	方向
3	I0.2	左限位保护	3		
4	I2.4	启动按钮	4	Q1.6	绿灯运行指示
5	I2.5	复位按钮	5	Q1.7	黄灯运行指示
6	I2.6	急停按钮	6		
7			7		

4. 梯形图设计

（1）主程序编写的思路

从前面传送工件功能的任务分析可以看出，整个工作过程应包括上电后复位、正常传送功能、紧急停止处理和状态指示等部分，正常传送功能是一个步进顺序控制过程。在子程序中可采用步进指令驱动实现。

紧急停止处理过程也需要编写一个子程序来单独处理。这是因为，当抓取机械手装置正在向某一目标点移动时，按下急停按钮，PTOx_CTRL 子程序的 D_STOP 输入端变成高位，停止启用 PTO，PTOx_RUN 子程序使能位 OFF 而终止，使抓取机械手装置停止运动。急停复位后，原来运行的包络已经终止，为了使机械手继续往目标点移动，可让它首先返回原点，然后运行从原点到原目标点的包络。这样，当急停复位后，程序不能马上回到原来的顺控过程，而是要经过使机械手装置返回原点的一个过渡过程。

本任务的重点是伺服电机的定位控制，因此在编写程序时，应预先规划好各段的包络，然后借助位置控制向导组态 PTO 输出。表 3-16 所示是伺服电机运行的运动包络数据，是按工作任务的要求和图 3-50 所示的各工作单元的位置确定的。表中包络 5 和包络 6 用于急停复位、经急停处理返回原点后重新运行的运动包络。

表 3-16 伺服电机运行的运动包络

运动包络	站 点		脉冲量	移动方向
0	低速回零		单速返回	DIR
1	供料站→加工站	430 mm	43000	
2	加工站→装配站	350 mm	35000	
3	装配站→分拣站	260 mm	26000	
4	分拣站→高速回零前	900 mm	90000	DIR
5	供料站→装配站	780 mm	78000	
6	供料站→分拣站	1 040 mm	104000	

当运动包络编写完成后，位置控制向导会要求为运动包络指定 V 存储区地址，V 存储区地址的起始地址指定为 VB524。

综上所述，主程序应包括上电初始化、复位过程（子程序）、准备就绪后投入运行等阶段。主程序梯形图如图 3-50 所示。

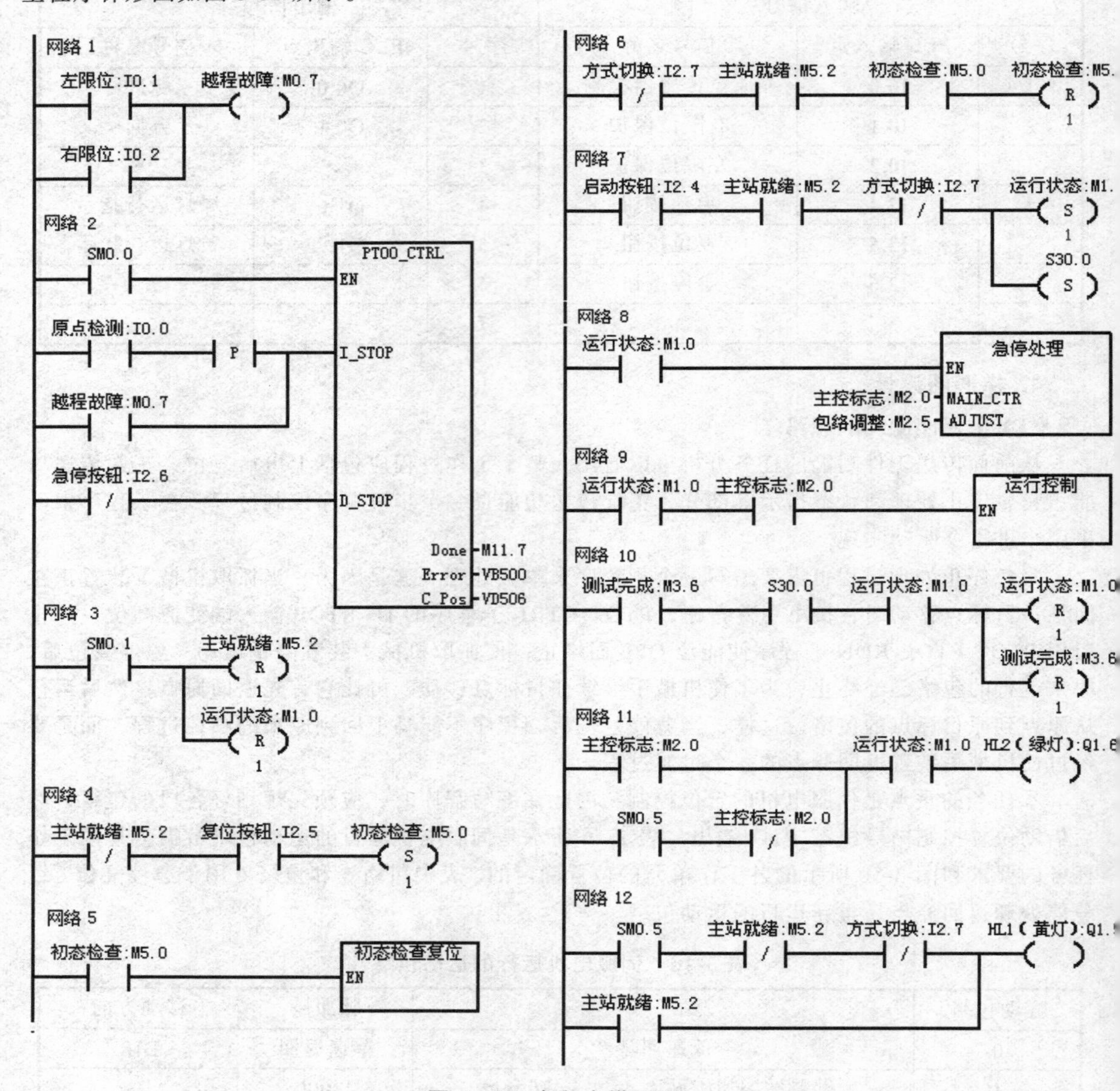

图 3-50　主程序梯形图

（2）初态检查复位子程序和回原点子程序

系统上电且按下复位按钮后，就调用初态检查复位子程序，进入初始状态检查和复位操作阶段，目标是确定系统是否准备就绪，若未准备就绪，则系统不能启动进入运行状态。

该子程序的内容是检查各气动执行元件是否处在初始位置，抓取机械手装置是否在原点位置，否则进行相应的复位操作，直至准备就绪。在这些子程序中，除调用回原点子程序外，主要是完成简单的逻辑运算，这里就不再详述了。

抓取机械手装置返回原点的操作，在输送单元的整个工作过程中，都会频繁地进行。因此，编写一个子程序供需要时调用是必要的。回原点子程序是一个带形式参数的子程序，在其局部变量表中定义了一个 BOOL 输入参数 START，当使能输入（EN）和 START 输入为 ON 时，启动子程序调用，如图 5-51（a）所示。子程序的梯形图如图 5-51（b）所示，当 START（即局部变量 L0.0）为 ON 时，置位 PLC 的方向控制输出 Q0.0，并且这一操作放在 PTO0_RUN 指令之后，这就确保了方向控制输出的下一个扫描周期才开始脉冲输出。

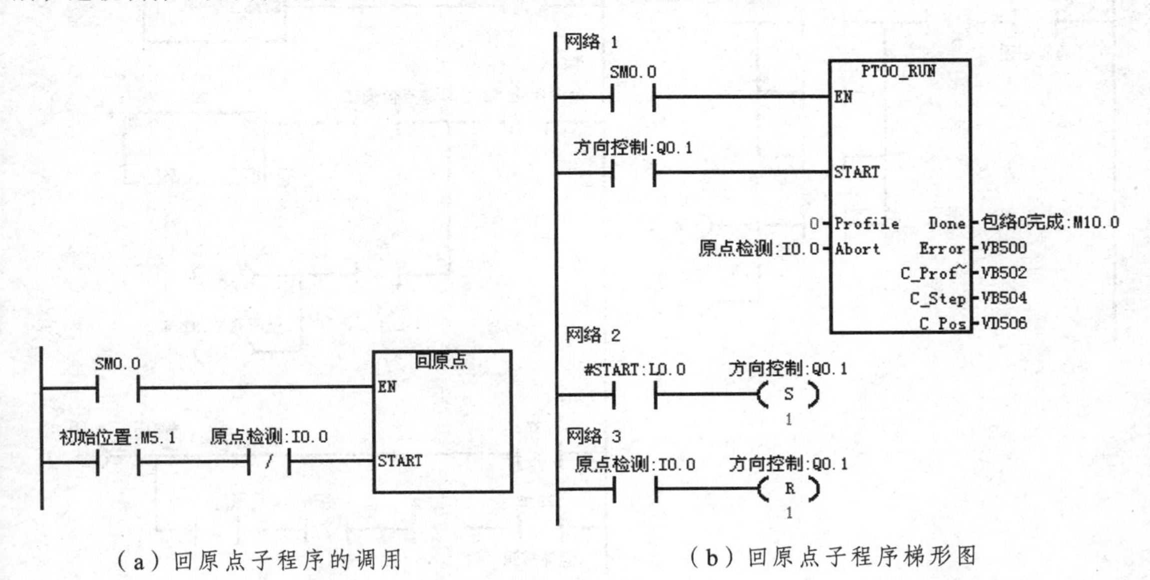

（a）回原点子程序的调用　　（b）回原点子程序梯形图

图 3-51　回原点子程序

带形式参数的子程序是西门子系列 PLC 的优异功能之一，输送单元程序中好几个子程序均使用了这种编程方法。

关于带参数调用子程序的详细介绍，请参阅有关 S7-200 可编程控制器的系统手册。

（3）急停处理子程序

当系统进入运行状态后，在每一扫描周期都会调用急停处理子程序。该子程序也带形式参数，在其局部变量表中定义了 2 个 BOOL 型的输入/输出参数 ADJUST 和 MAIN_CTR，参数 MAIN_CTR 传递给全局变量主控标志 M2.0，并由 M2.0 的当前状态维持，此变量的状态决定了系统在运行状态下能否执行正常的传送功能测试过程。参数 ADJUST 传递给全局变量包络调整标志 M2.5，并由 M2.5 的当前状态维持，此变量的状态决定了系统在移动机械手的工序中，是否需要调整运动包络号。

急停处理子程序的梯形图如图 3-52 所示，说明如下：

① 当急停按钮被按下时，MAIN_CTR 置 0，M2.0 置 0，传送功能测试过程停止。

② 若急停前抓取机械手正在前进中，（从供料往加工，或从加工往装配，或从装配往分拣），则当急停复位的上升沿到来时，需要启动使机械手低速回原点过程。到达原点后，置位 ADJUST 输出，传递给包络调整标志 M2.5，以便在传送功能测试过程重新运行后，给处于前进工步的过程调整包络用，例如，对于从加工到装配的过程，急停复位重新运行后，将执行从原点（供料单元处）到装配的包络。

③ 若急停前抓取机械手正在高速返回中，则当急停复位的上升沿到来时，使高速返回步复位，转到下一步，即摆台右转和低速返回。

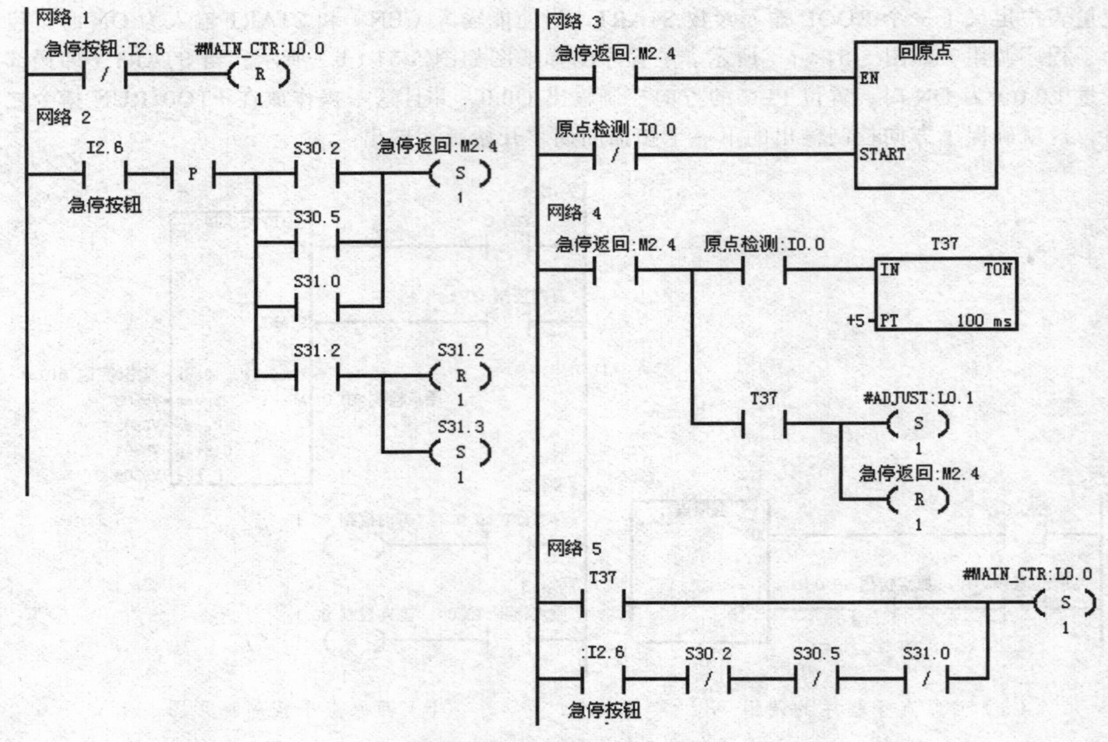

图 3-52 急停处理子程序

（4）传送功能子程序的结构

传送功能工作过程是一个单序列的步进顺序控制。在运行状态下，若主控标志 M2.0 为 ON，则调用该子程序。传递功能工作过程的流程说明如图 3-53 所示。

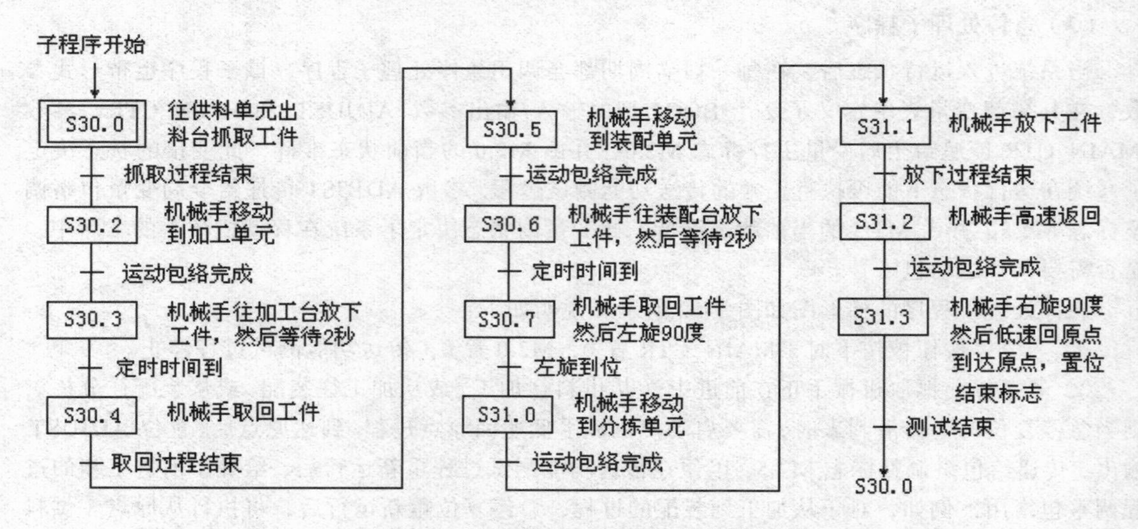

图 3-53 传送单元工作过程的流程说明

下面以机械手在加工台放下工件开始到机械手移动到装配单元为止这几步过程为例来说明编程思路。程序梯形图如图 3-54 所示。

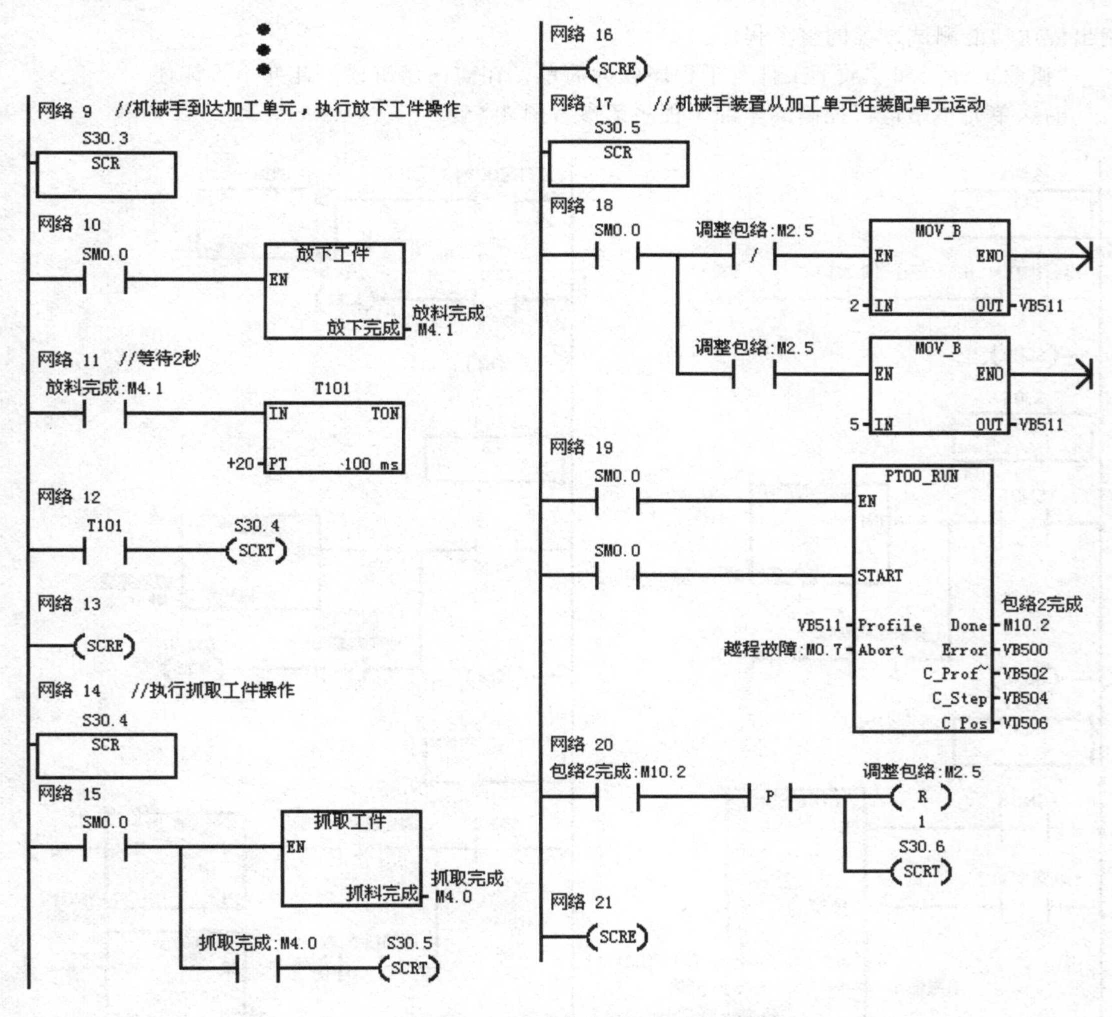

图 3-54　从加工站向装配站的程序梯形图

① 在机械手执行放下工件的工作步中，调用“放下工件”子程序；在执行抓取工件的工作步中，调用“抓取工件”子程序。这两个子程序都带有 BOOL 输出参数，当抓取或放下工作完成时，输出参数为 ON，传递给相应的“放料完成” 标志 M4.1 或“抓取完成”标志 M4.0，作为顺序控制程序中步转移的条件。

机械手在不同的阶段抓取工件或放下工件的动作顺序是相同的。抓取工件的动作顺序为：手臂伸出→手爪夹紧→提升台上升→手臂缩回。放下工件的动作顺序为：手臂伸出→提升台下降→手爪松开→手臂缩回。采用子程序调用的方法来实现抓取和放下工件的动作控制使程序编写得以简化。

② 在 S30.5 步，执行机械手装置从加工单元往装配单元运动的操作，运行的包络有两种情况：正常情况下使用包络 2，急停复位回原点后再运行的情况则使用包络 5，选择依据是“调整包络标志”M2.5 的状态。包络完成后请记住使 M2.5 复位。这一操作过程同样适用于机械手装置从供料单元往加工单元或装配单元往分拣单元运动的情况，只是从供料单元往加工单元时不需要调整包络，但包络过程完成后使 M2.5 复位仍然是必需的。

事实上，其他各工步编程中运用的思路和方法基本上与上述步骤类似。因此，读者不难编制出传送功能测试过程的整个程序。

“抓取工件”和“放下工件”子程序较为简单，在前面已讲述，此处不再详述。

输送单元单站运行控制的全部子程序请参考图 3-55。

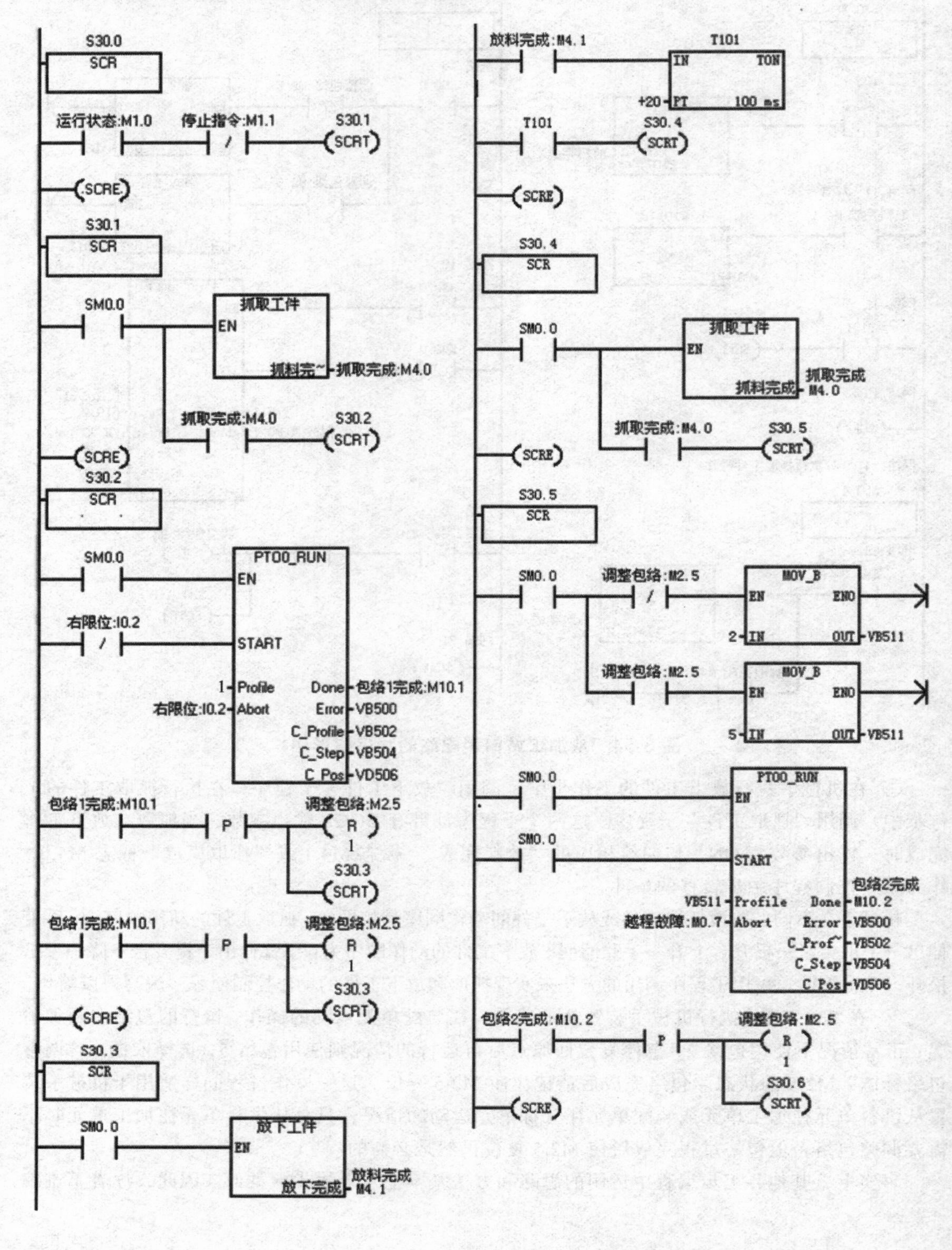

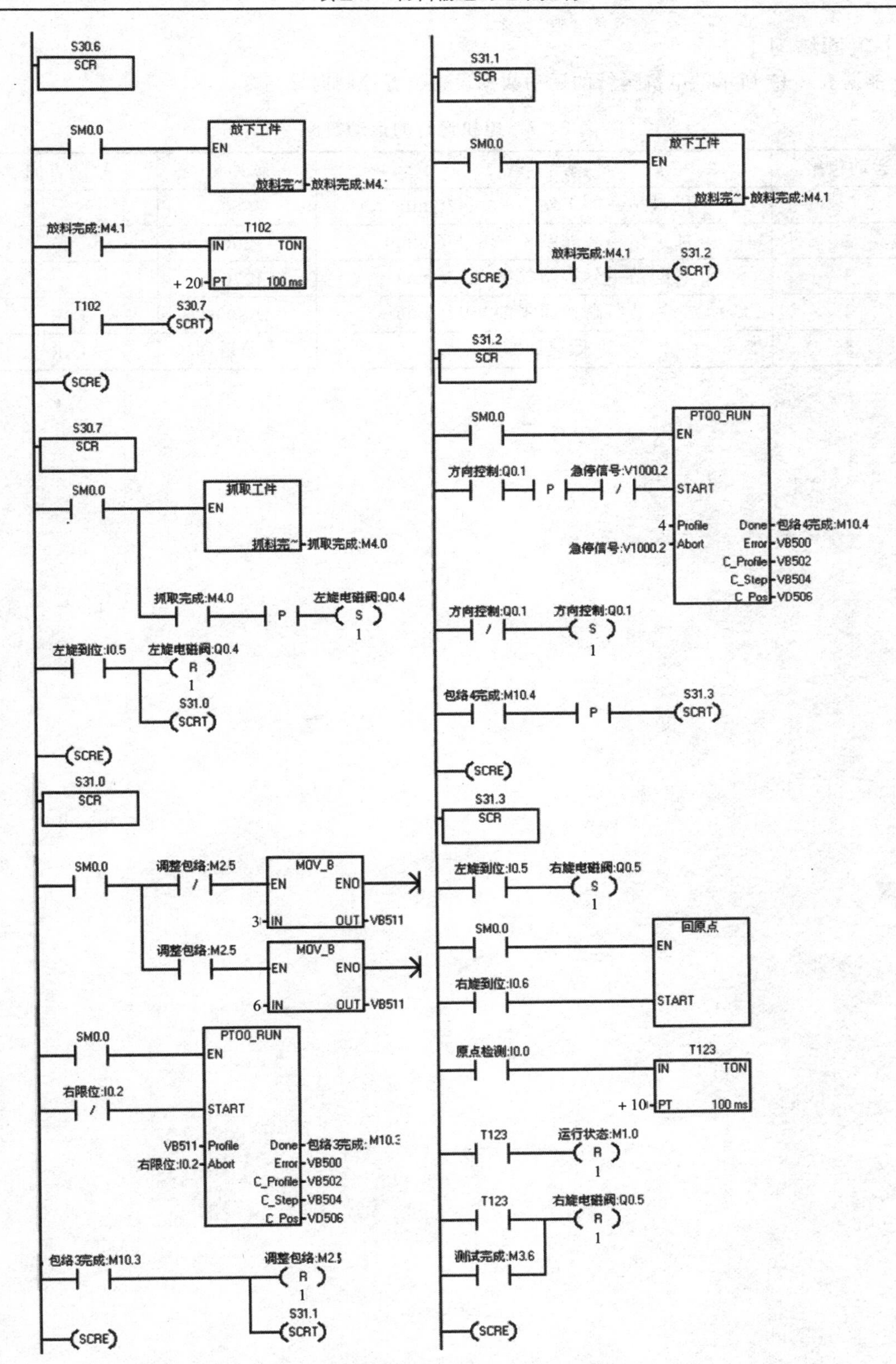

图 3-55　输送单元运行控制的全部子程序

【巩固练习】

根据表 3-17 所示的电机运行的运动数据设置位置控制向导指令。

表 3-17 电机运行的运动数据

运动包络	站 点		脉冲量	移动方向
1	供料站→加工站	470 mm	85600	
2	加工站→装配站	286 mm	52000	
3	装配站→分解站	235 mm	42700	
4	分拣站→高速回零前	925 mm	168000	DIR
5	低速回零		单速返回	DIR

项目4　变频器的PLC控制技术

☆ 项目描述

调速系统快速性、稳定性、动态性能好是工业自动化生产中的基本要求。在科学研究和生产实践的诸多领域中，调速系统占有着极为重要的地位，特别是在国防、汽车、冶金、机械、石油等工业中，调速系统具有举足轻重的作用。调速控制系统的工艺过程复杂多变，具有不确定性，因此需要更为先进的控制技术和控制理论。

可编程序控制器（PLC）是一种工业控制计算机，是集计算机技术、自动控制技术和通信技术为一体的新型自动装置。它具有抗干扰能力强、价格便宜、可靠性强、编程简朴、易学易用等特点，因此在工业控制的各个领域中被广泛地采用。

目前在工业控制领域中，虽然逐步采用了电子计算机这个先进技术工具，特别是石油化工企业普遍采用了分散控制系统（DCS）。但就其控制策略而言，占统治地位的仍旧是常规的PID控制。PID结构简朴、稳定性好、工作可靠，在使用中不必弄清系统的数学模型。PID的使用已经有60多年了，有人称赞它是控制领域的常青树。

变频调速已被公认为是最理想、最有发展前景的调速方式之一，采用变频器构成变频调速传动系统的主要目的，一是为了满足提高劳动生产率、改善产品质量、提高设备自动化程度、提高生活质量及改善生活环境等要求；二是为了节约能源、降低生产成本。用户可根据自己的实际工艺要求和运用场合选择不同类型的变频器。

☆ 项目分析

随着电力电子技术以及控制技术的发展，交流变频调速在工业电机拖动领域中得到了广泛应用；可编程序控制器PLC作为替代继电器的新型控制装置，简单可靠，操作方便、通用灵活、体积小、使用寿命长且功能强大、容易使用、可靠性高，常常被用于现场数据采集和设备的控制。PLC联机控制变频器目前在工业自动化系统中是一种较为常见的应用。

在生产实践中，电动机的正/反转是比较常见的。传统的方法是利用继电器、接触器来控制电动机的正反转，利用PLC控制变频器的交流拖动系统与传统的方法相比，在操作、控制、效率、精度等各个方面都具有无法比拟的优点，可以简单、方便地实现电动机的正/反转等多种控制要求，另外，很多生产机械在不同的阶段需要在不同的转速下运行。为了适应不同负载，大多数变频器均提供了多段速和无级调速控制功能，其转速档的切换是通过外接各种设备改变其输入端的状态组合来实现的。

☆ 项目分解

通过上述项目分析，下面以4个学习任务为载体，依据循序渐进的原则，逐步了解PLC

对变频器、电机的控制。认知 PLC、变频器与电机联系，进一步掌握西门子 S7-200 的指令系统及编程方法和变频器参数的设置。

任务 1：西门子 MM420 变频器的基本操作

任务 2：PLC、变频器控制电机正/反向运行

任务 3：变频器控制电机的多段速运行

任务 4：变频器控制电机实现无级调速

任务 1 西门子 MM420 变频器的基本操作

【任务要求】

MM420 系列变频器（MicroMaster420）是德国西门子公司广泛应用于工业场合的多功能标准变频器。它采用高性能的矢量控制技术，提供低速高转矩输出和良好的动态特性，同时具备超强的过载能力，以满足广泛的应用场合。对于变频器的应用，必须首先熟练对变频器的面板操作，以及根据实际应用，对变频器的各种功能参数进行设置。本任务就是通过对变频器的面板操作和相关参数的设置，来实现对电机正/反转、点动等运行的操作。

【任务目标】

1. 知识要求

① 熟悉变频器的面板操作方法。

② 熟练掌握变频器的功能参数设置。

③ 熟练掌握变频器的正/反转、点动、频率的调节方法。

2. 能力要求

① 掌握变频器的驱动与控制。

② 能按照要求对变频器进行各种控制设置。

③ 掌握变频器的使用与维护注意事项。

【相关知识】

1.1 变频器面板的操作

利用变频器的操作面板和相关参数设置，即可实现对变频器的某些基本操作，如正/反转、点动等运行。西门子 MM420 系列变频器面板的按键如图 4-1 所示，功能说明详见表 4-1。

图 4-1 BOP 基本操作面板上的按钮功能

表 4-1　MM420 系列 BOP 基本操作面板上的按钮说明

显示/按钮	功　能	功能的说明
r0000	状态显示	LCD 显示变频器当前的设定值。
I	启动变频器	按此键启动变频器。缺省值运行时此键是被封锁的。为了允许此键操作，应设定 P0700 = 1。
O	停止变频器	OFF1：按此键，变频器将按选定的斜坡下降速率减速停车；缺省值运行时此键被封锁；为了允许此键操作，应设定 P0700 = 1。 OFF2：按此键两次（或一次，但时间较长）电动机将在惯性作用下自由停车，此功能总是“使能”的。
	改变电动机的转动方向	按此键可以改变电动机的转动方向。电动机的反向用负号（ – ）表示或用闪烁的小数点表示；缺省值运行时此键是被封锁的；为了使此键的操作有效，应设定 P0700 = 1。
jog	电动机点动	在变频器无输出的情况下按此键，将使电动机启动，并按预设定的点动频率运行；释放此键时，变频器停车。如果变频器/电动机正在运行，按此键将不起作用。
Fn	功能	此键用于浏览辅助信息。 变频器运行过程中，在显示任何一个参数时按下此键并保持不动 2 s，将显示以下参数值（在变频器运行中，从任何一个参数开始）： • 直流回路电压（用 d 表示，单位为 V） • 输出电流（A） • 输出频率（Hz） • 输出电压（用 o 表示，单位为 V） • 由 P0005 选定的数值（如果 P0005 选择显示上述参数中的任何一个（3 4，或 5），这里将不再显示）。 连续多次按下此键，将轮流显示以上参数。 跳转功能：在显示任何一个参数（rXXXX 或 PXXXX）时短时间按下此键，将立即跳转到 r0000，如果需要的话，可以接着修改其他的参数，跳转到 r0000 后，按此键将返回原来的显示点。
P	访问参数	按此键即可访问参数。
	增加数值	按此键即可增加面板上显示的参数数值。
	减少数值	按此键即可减少面板上显示的参数数值。

1.2　在基本操作面板上修改设置参数的方法

MM420 在缺省设置时，用 BOP 控制电动机的功能是被禁止的。如果要用 BOP 进行控制，参数 P0700 应设置为 1，参数 P1000 也应设置为 1。用基本操作面板（BOP）可以修改任何一个参数。修改参数的数值时，BOP 有时会显示“busy”，表明变频器正忙于处理优先级更高的任务。下面就以设置 P1000 = 1 的过程为例，来介绍通过基本操作面板（BOP）修改设置参数的流程，见表 4-2。

表 4-2 基本操作面板（BOP）上修改设置参数的流程

操作步骤		BOP 显示结果
1	按P键，访问参数	r0000
2	按▲键，直到显示 P1000	P1000
3	按P键，直到显示 in000，即 P1000 的第 0 组值	in000
4	按P键，显示当前值 2	2
5	按▼键，达到所要求的值 1	1
6	按P键，存储当前设置	P1000
7	按Fn键，显示 r0000	r0000
8	按P键，显示频率	50.00

【任务实施】

1. 硬件配置

通过操作变频器面板实现对电动机的启动、正反转、点动、调速控制。

训练工具、材料和设备：西门子 MM420 变频器、小型三相异步电动机、电气控制柜、电工工具（1 套）、连接导线若干等。

系统接线如图 4-2 所示。

2. 参数设置

① 设定 P0010 = 30 和 P0970 = 1，按下 P 键，开始复位，复位过程大约 3 min，这样就可保证变频器的参数回复到工厂默认值。

② 设置电动机参数，为了使电动机与变频器相匹配，需要设置电动机参数。电动机参数设置见表 4-3。电动机参数设定完成后，设 P0010 = 0，变频器当前处于准备状态，可正常运行。

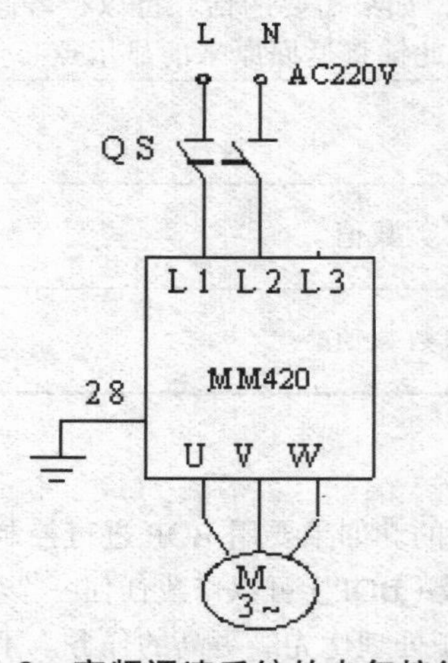

图 4-2 变频调速系统的电气接线图

表 4-3 电动机参数设置

参数号	出厂值	设置值	说 明
P0003	1	1	设定用户访问级为标准级
P0010	0	1	快速调试
P0100	0	0	功率以 kW 表示，频率为 50 Hz
P0304	230	380	电动机额定电压（V）
P0305	3.25	1.05	电动机额定电流（A）
P0307	0.75	0.37	电动机额定功率（kW）
P0310	50	50	电动机额定频率（Hz）
P0311	0	1400	电动机额定转速（r/min）

③ 设置面板操作控制参数，见表 4-4。

表 4-4　面板基本操作控制参数

参数号	出厂值	设置值	说　明
P0003	1	1	设用户访问级为标准级
P0010	0	0	正确地进行运行命令的初始化
P0004	0	7	命令和数字 I/O
P0700	2	1	由键盘输入设定值（选择命令源）
P0003	1	1	设用户访问级为标准级
P0004	0	10	设定值通道和斜坡函数发生器
P1000	2	1	由键盘（电动电位计）输入设定值
P1080	0	0	电动机运行的最低频率（Hz）
P1082	50	50	电动机运行的最高频率（Hz）
P0003	1	2	设用户访问级为扩展级
P0004	0	10	设定值通道和斜坡函数发生器
P1040	5	20	设定键盘控制的频率值（Hz）
P1058	5	10	正向点动频率（Hz）
P1059	5	10	反向点动频率（Hz）
P1060	10	5	点动斜坡上升时间（s）
P1061	10	5	点动斜坡下降时间（s）

3. 变频器的运行操作

① 变频器启动：在变频器的前操作面板上按运行键，变频器将驱动电动机升速，并运行在由 P1040 所设定的 20 Hz 频率对应的 560 r/min 的转速上。

② 正/反转及加/减速运行：电动机的转速（运行频率）及旋转方向可直接通过按前操作面板上的键（▲/▼）来改变。

③ 点动运行：按下变频器前操作面板上的点动键，则变频器驱动电动机升速，并运行在由 P1058 所设置的正向点动 10Hz 频率值上。当松开变频器前操作面板上的点动键，则变频器将驱动电动机降速至零。这时，如果按一下变频器前操作面板上的换向键，再重复上述的点动运行操作，电动机可在变频器的驱动下反向点动运行。

④ 电动机停车：在变频器的前操作面板上按停止键，则变频器将驱动电动机降速至零。

【巩固练习】

1. 怎样利用变频器操作面板对电动机进行预定时间的启动和停止？
2. 怎样设置变频器的最大和最小运行频率？

任务 2　PLC、变频器控制电机正/反向运行

【任务要求】

变频器在实际使用中，电动机经常要根据各类机械的某种状态而进行正转、反转、点动等运行，变频器的给定频率信号、电动机的启动信号等都是通过变频器控制端子给出，即变频器

的外部运行操作，这样大大提高了生产过程的自动化程度。本任务学习如何用PLC来控制变频器的外部运行。

控制要求：按下按钮SB1，电机正转；按下按钮SB2，电机反转，按下按钮SB3，电机停止。

【任务目标】

1. 知识要求

① 熟悉MM420变频器基本参数的输入方法和变频器的功能参数设置。

② 熟练掌握MM420变频器的运行操作过程。

③ 熟练掌握变频器的正/反转、点动、频率调节的方法。

2. 能力要求

① 能连接PLC输出与MM420变频器输入端子的连线。

② 能按照要求对变频器进行各种控制设置。

③ 会编写PLC控制变频器的正/反向运行的程序。

【相关知识】

MM420变频器有3个数字输入端口（DIN1～DIN3），即端口“5”、“6”、“7”，如图4-3所示。每个数字输入端口的功能很多，用户可根据需要进行设置。参数号P0701～P0703对应端口数字输入1功能至数字输入3功能，每个数字输入功能设置参数值范围均为0～99，出厂默认值均为1。以下列出其中几个常用的参数值，各数值的具体含义见表4-5。

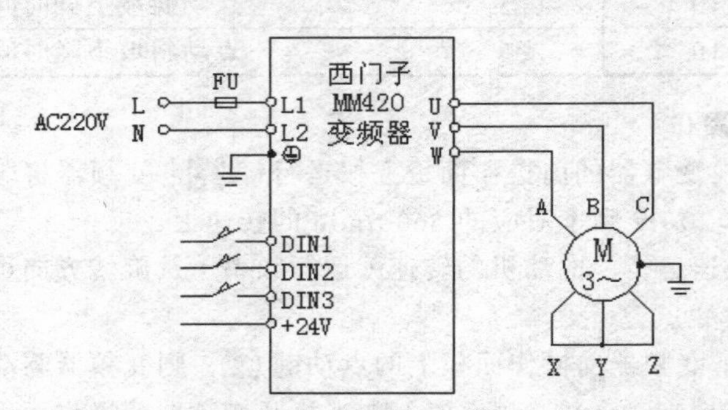

图4-3 MM420变频器的数字输入端口

表4-5 MM420数字输入端口的功能设置表

参数值	功能说明	参数值	功能说明
0	禁止数字输入	12	反转
1	ON/OFF1（接通正转、停车命令1）	13	MOP（电动电位计）升速（增加频率）
2	ON/OFF1（接通反转、停车命令1）	14	MOP降速（减少频率）
3	OFF2（停车命令2），按惯性自由停车	15	固定频率设定值（直接选择）
4	OFF3（停车命令3），按斜坡函数曲线快速降速	16	固定频率设定值（直接选择+ON命令）
9	故障确认	17	固定频率设定值（二进制编码选择+ON命令）
10	正向点动	25	直流注入制动
11	反向点动		

【任务实施】

1. 任务分析

通过操作变频器输入端子实现对电动机的启动、正/反转。

用按钮 SB1 和 SB2 控制 PLC，PLC 的输出控制 MM420 变频器的运行，实现电动机正转和反转控制。其中端口 "5"（DIN1）设为正转控制，端口 "6"（DIN1）设为反转控制。对应的功能分别由 P0701 和 P0702 的参数值设置。

2. 硬件配置

训练工具、材料和设备：西门子 PLC 和 MM420 变频器各 1 台、三相异步电动机 1 台、断路器 1 个、熔断器 3 个、按钮 2 个、导线若干、通用电工工具 1 套等。

PLC 与变频器的连接电路如图 4-4 所示。

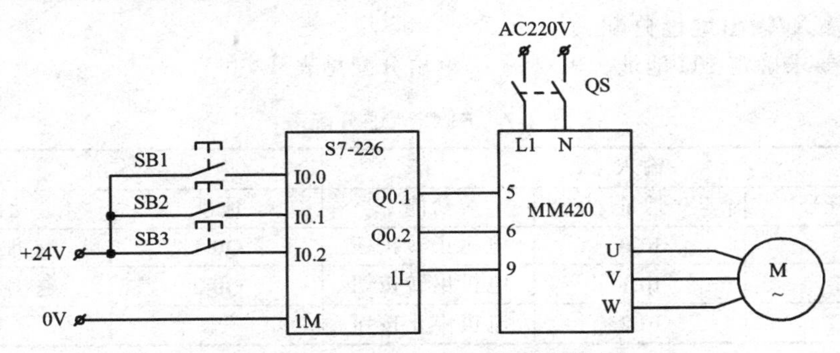

图 4-4　电机正/反运行操作接线图

3. 参数设置

接通断路器 QS，在变频器通电的情况下，完成相关参数设置，具体设置见表 4-6。

表 4-6　变频器参数的设置

参数号	出厂值	设置值	说　明
P0003	1	1	设用户访问级为标准级
P0004	0	7	命令和数字 I/O
P0700	2	2	命令源选择"由端子排输入"
P0003	1	2	设用户访问级为扩展级
P0004	0	7	命令和数字 I/O
*P0701	1	1	ON 接通正转，OFF 停止
*P0702	1	2	ON 接通反转，OFF 停止
*P0703	9	10	正向点动
P0003	1	1	设用户访问级为标准级
P0004	0	10	设定值通道和斜坡函数发生器
P1000	2	1	由键盘（电动电位计）输入设定值
*P1080	0	0	电动机运行的最低频率（Hz）
*P1082	50	50	电动机运行的最高频率（Hz）
*P1120	10	5	斜坡上升时间（s）

续表 4-6

参数号	出厂值	设置值	说　明
*P1121	10	5	斜坡下降时间（s）
P0003	1	2	设用户访问级为扩展级
P0004	0	10	设定值通道和斜坡函数发生器
*P1040	5	20	设定键盘控制的频率值
*P1058	5	10	正向点动频率（Hz）
*P1059	5	10	反向点动频率（Hz）
*P1060	10	5	点动斜坡上升时间（s）
*P1061	10	5	点动斜坡下降时间（s）

4. PLC 输入/输出地址分配

根据控制要求确定 I/O 地址，PLC 输入/输出分配见表 4-7。

表 4-7　PLC 地址分配表

输入			输出	
电路符号	地址	功能	地址	功能
SB1	I0.0	电机正转按钮	Q0.1	电机正转
SB2	I0.1	电机反转按钮	Q0.2	电机反转
SB3	I0.2	电机停止按钮		

5. 梯形图设计

在 STEP7-Micro/WIN 编程软件中进行控制程序设计，并用 1 根 PC/PPI 编程电缆将程序下载到 S7-226 PLC 中。PLC 的参考程序如图 4-5 所示。

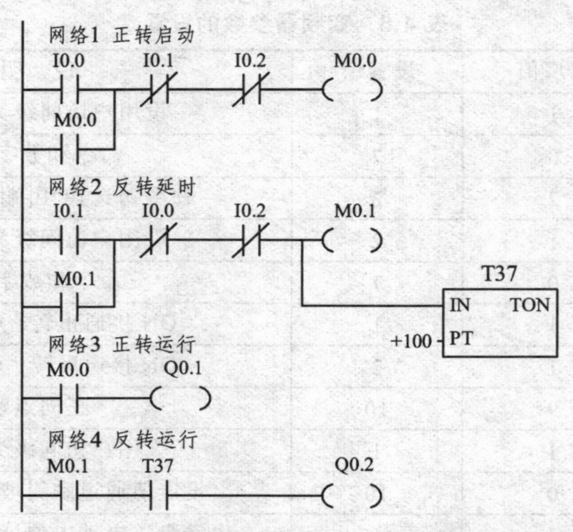

图 4-5　正/反转控制的 PLC 梯形图参考程序

6. 操作调试

① 正向运行：当按下带锁按钮 SB1 时，S7-226 型 PLC 输入继电器 I0.0 得电，辅助继电器 M0.0 得电，M0.0 常开点闭合自锁，输出继电器 Q0.1 得电，变频器数字端口“5”为 ON，电动

机按 P1120 所设置的 5 s 斜坡上升时间正向启动运行，经 5 s 后稳定运行在 560 r/min 的转速上，此转速为 P1040 所设置的 20 Hz 的对应转速。

② 反向运行：当按下带锁按钮 SB2 时，PLC 输入继电器 I0.1 得电，其常开触点闭合，位辅助继电器 M0.1 得电，M0.1 常开触点闭合自锁，同时接通定时器 T37 延时。当时间达到 10 s，定时器 T37 位触点闭合，输出继电器 Q0.2 得电，变频器数字端口"6"为 ON，电动机按 P1120 所设置的 5 s 斜坡上升时间正向启动运行，经 5 s 后稳定运行在 560 r/min 的转速上，此转速为 P1040 所设置的 20 Hz 频率对应的转速。

为了保证运行安全，在 PLC 程序设计时，利用辅助继电器 M0.0 和 M0.1 的常闭触点实现互锁。

③ 电动机停止。无论电动机当前处于正转还是反转状态，当按下停止按钮 TB1 后，输入继电器 I0.2 得电，其常闭触点断开，使辅助继电器 M0.0（或 M0.1）线圈失电，其常开触点断开，取消自锁，同时输出继电器线圈 Q0.1（或 Q0.2）失电，变频器 MM420 端口"6"（或"7"）为"OFF"状态，电动机按 P1121 所设置的 5 s 斜坡下降时间正向（或反向）停车，经 5 s 后电动机运行停止。

④ 电动机的速度调节：分别更改 P1040 的值，按上述操作过程，就可以改变电动机的运行速度。

【巩固练习】

1. 电动机正转运行控制，要求稳定运行频率为 40 Hz，DIN3 端口设为正转控制。画出变频器接线图，并进行参数设置、操作调试。

2. 利用变频器外部端子实现电动机正转、反转和点动的功能，电动机加减速时间为 4 s，点动频率为 10 Hz。DIN5 端口设为正转控制，DIN6 端口设为反转控制，进行参数设置、操作调试。

任务 3　变频器控制电机的多段速运行

【任务要求】

由于工艺上的要求，很多生产机械在不同的阶段需要在不同的转速下运行。为了方便这种负载，大多数变频器均提供了多段速控制功能，其转速档的切换是通过外接开关器件改变其输入端的状态组合来实现的。本任务通过具体的应用来介绍用 PLC 的开关量直接对变频器实现多段速调速的方法。

控制要求：按下按钮 SB1，实现电机三种速度的变化；按下按钮 SB2，电机停止。

【任务目标】

1. 知识要求

① 熟悉 MM420 变频器多段速的功能参数设置。

② 熟练掌握 MM420 变频器多段速的运行操作过程。

2. 能力要求

① 能连接 PLC 输出与 MM420 变频器输入端子的连线。

② 能按照要求对变频器进行各种控制设置。

③ 会编写变频器多段速频率控制程序。

【相关知识】

MM420 变频器的多段速功能，也称作固定频率，就是设置参数 P1000 = 3 的条件下，用开关量端子选择固定频率的组合，实现电机多段速度运行。可通过以下三种方法实现：

① 直接选择（P0701 ~ P0703 = 15）。在这种操作方式下，一个数字输入选择一个固定频率，端子与参数设置对应见表 4-8。

表 4-8　端子与参数设置对应表

端子编号	对应参数	对应频率设置值	说　明
5	P0701	P1001	① 频率给定源 P1000 必须设置为 3。 ② 当多个选择同时激活时，选定的频率是它们的总和。
6	P0702	P1002	
7	P0703	P1003	

② 直接选择 + ON 命令（P0701 ~ P0703 = 16）。在这种操作方式下，数字量输入既选择固定频率又具备启动功能。

③ 二进制编码选择 + ON 命令（P0701 ~ P0703 = 17）。在这种操作方式下，MM420 变频器的 3 个数字输入端口（DIN1 ~ DIN3），通过 P0701 ~ P0703 设置实现多频段控制。每一频段的频率分别由 P1001 ~ P1007 参数设置，最多可实现 7 频段控制，各个固定频率的数值选择见表 4-9。在多频段控制中，电动机的转速方向是由 P1001 ~ P1007 参数所设置的频率正负决定的。3 个数字输入端口，哪一个作为电动机运行、停止控制，哪些作为多段频率控制，是可以由用户任意确定的，一旦确定了某一数字输入端口的控制功能，其内部的参数设置值必须与端口的控制功能相对应。

表 4-9　固定频率选择对应表

频率设定	DIN3	DIN2	DIN1
P1001	0	0	1
P1002	0	1	0
P1003	0	1	1
P1004	1	0	0
P1005	1	0	1
P1006	1	1	0
P1007	1	1	1

【任务实施】

1. 任务分析

使用 S7-226 PLC 和 M420 变频器联机，实现电动机三段速频率运转控制。要求按下按钮 SB1，电动机启动并运行在第一段，频率为 15 Hz；延时 18 s 后电动机反向运行在第二段，频率为 30 Hz；再延时 20 s 后电动机正向运行在第三段，频率为 50 Hz。当按下停止按钮 SB2，电动机停止运行。

2. 硬件配置

训练工具、材料和设备：S7-226 PLC、MM440 变频器各 1 台，三相异步电动机 1 台、断路器 1 个，控制按钮及 BVR-1.5 mm 导线若干，万用表、兆欧表各 1 台，通用电工工具 1 套等。

PLC 与变频器的连接电路如图 4-6 所示。检查线路正确后，合上变频器电源空气开关 QS。

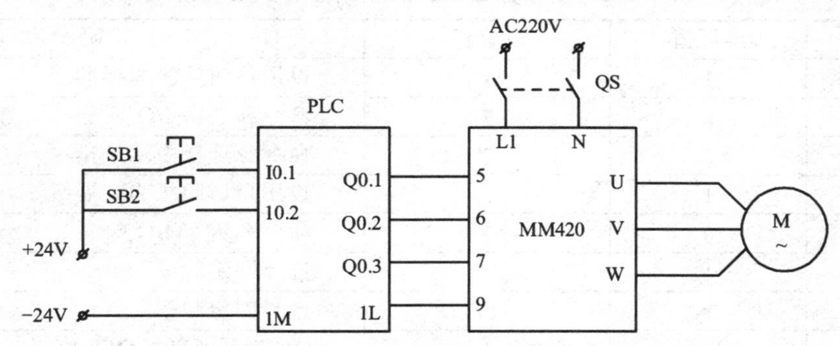

图 4-6　三段固定频率控制接线图

3. PLC 输入/输出地址分配

PLC 输入/输出地址分配见表 4-10。

表 4-10　PLC 地址分配表

输　入			输　出	
电路符号	地址	功能	地址	功能
SB1	I0.0	电机运行按钮	Q0.1	电机速转 1
SB2	I0.1	电机停止按钮	Q0.2	电机速转 2
			Q0.3	电机速转 3

4. 参数设置

变频器 MM420 数字输入端口 DIN1、DIN2 通过 P0701、P0702 参数设为三段固定频率控制端，每一段的频率可分别由 P1001、P1002 和 P1003 参数设置。变频器数字输入端口 DIN3 设为电动机运行、停止控制端，可由 P0703 参数设置。

① 恢复变频器工厂缺省值，设定 P0010 = 30，P0970 = 1。按下“P”键，变频器开始复位到工厂缺省值。

② 设置电动机参数，见表 4-11。电动机参数设置完成后，设 P0010 = 0，变频器当前处于准备状态，可正常运行。

表 4-11　电动机参数设置

参数号	出厂值	设置值	说　明
P0003	1	1	设用户访问级为标准级
P0010	0	1	快速调试
P0100	0	0	工作地区：功率以 kW 表示，频率为 50 Hz
P0304	230	230	电动机额定电压（V）
P0305	3.25	0.9	电动机额定电流（A）
P0307	0.75	0.4	电动机额定功率（kW）
P0308	0	0.8	电动机额定功率（cosφ）
P0310	50	50	电动机额定频率（Hz）
P03111	0	1400	电动机额定转速（r/min）

③ 设置变频器三段固定频率控制参数，见表 4-12。

表 4-12 变频器三段固定频率控制参数设置

参数号	出厂值	设置值	说 明
P0003	1	1	设用户访问级为标准级
P0004	0	7	命令和数字 I/O
P0700	2	2	命令源选择由端子排输入
P0003	1	2	设用户访问级为拓展级
P0004	0	7	命令和数字 I/O
P0701	1	17	选择固定频率
P0702	1	17	选择固定频率
P0703	1	1	ON 接通正转，OFF 停止
P0003	1	1	设用户访问级为标准级
P0004	2	10	设定值通道和斜坡函数发生器
P1000	2	3	选择固定频率设定值
P0003	1	2	设用户访问级为拓展级
P0004	0	10	设定值通道和斜坡函数发生器
P1001	0	20	选择固定频率 1（Hz）
P1002	5	30	选择固定频率 2（Hz）
P1003	10	50	选择固定频率 3（Hz）

5. 梯形图设计

PLC 参考程序梯形图如图 4-7 所示。

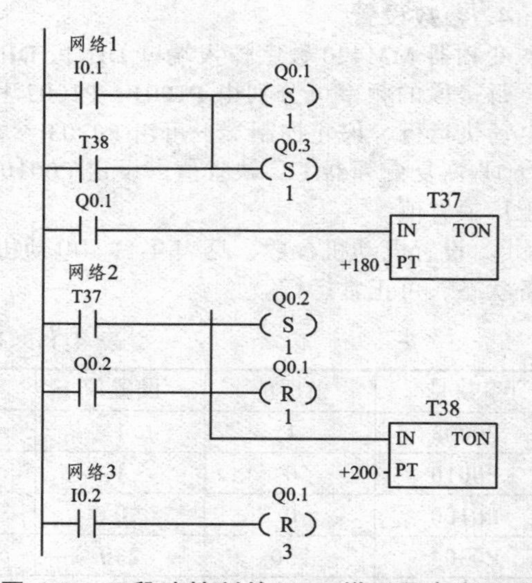

图 4-7 三段速控制的 PLC 梯形图参考程序

6. 变频器的运行操作

当按下按钮 SB1 时，数字输入端口“7”为“ON”，允许电动机运行。

① 第 1 频段控制。当 SB1 按钮开关接通、SB2 按钮开关断开时，变频器数字输入端口“5”为“ON”，端口“6”为“OFF”，变频器工作在由 P1001 参数所设定的频率为 20 Hz 的第 1 频段上。

② 第 2 频段控制。当 SB1 按钮开关断开、SB2 按钮开关接通时，变频器数字输入端口“5”为“OFF”，端口“6”为“ON”，变频器工作在由 P1002 参数所设定的频率为 30 Hz 的第 2 频段上。

③ 第 3 频段控制。当按钮 SB1、SB2 都接通时，变频器数字输入端口“5”、“6”均为“ON”，变频器工作在由 P1003 参数所设定的频率为 50 Hz 的第 3 频段上。

④ 电动机停车。当按钮开关 SB1、SB2 都断开时，变频器数字输入端口“5”、“6”均为“OFF”，电动机停止运行；或在电动机正常运行的任何频段，将 SB3 断开使数字输入端口“7”为“OFF”，电动机也能停止运行。

注意：3 个频段的频率值可根据用户要求，通过 P1001、P1002 和 P1003 参数来修改。当电动机需要反向运行时，只要将向对应频段的频率值设定为负值就可以实现。

【巩固练习】

用自锁按钮控制变频器实现电动机 12 段速频率运转。12 段速设置分别为：第 1 段输出频率为 5 Hz；第 2 段输出频率为 10 Hz；第 3 段输出频率为 15 Hz；第 4 段输出频率为 –15 Hz；第 5 段输出频率为 –5 Hz；第 6 段输出频率为 –20 Hz；第 7 段输出频率为 25 Hz；第 8 段输出频率为 40 Hz；第 9 段输出频率为 50 Hz；第 10 段输出频率为 30 Hz；第 11 段输出频率为 –30 Hz；第 12 段输出频率为 60 Hz。画出变频器外部接线图，并写出参数设置。

任务 4 变频器控制电机实现无级调速

【任务要求】

为满足温度、速度、流量等工艺变量的控制要求，常常要对这些模拟量进行控制，PLC 模拟量控制模块的使用也日益广泛。通常情况下，变频器的速度调节可采用键盘调节或电位器调节等方式。但是，在速度要求根据工艺而变化时，仅利用上述两种方式不能满足生产控制要求，而利用 PLC 灵活编程及控制的功能，实现速度因工艺而变化，可以较容易地满足生产的要求。

MM420 变频器可以通过 3 个数字输入端口对电动机进行正/反转运行、正/反转点动运行方向控制。可通过在基本操作板上按频率调节按键来增加和减少输出频率，从而设置正/反向转速的大小；也可以由模拟输入端控制电动机转速的大小。本任务的目的就是通过模拟输入端的模拟量控制电动机转速的大小。

控制要求：通过调节电位器实现电机无级调速。

【任务目标】

1. 知识要求

① 熟悉 MM420 变频器实现无级调速的参数设置。
② 熟练掌握 MM420 变频器的运行操作过程
③ 熟练掌握 MM420 变频器的运行操作过程。

2. 能力要求

① 能连接 PLC、MM420 变频器无级调速的连线。
② 能按照要求对变频器进行各种控制设置。
③ 会编写 PLC 控制变频器的无级调速运行的程序。

【相关知识】

在变频器中，通过操作面板、通信接口或输入端子调节频率大小的指令信号，称为给定信号。所谓外接频率给定是指变频器通过信号输入端从外部得到频率的给定信号。

4.1 频率给定信号的方式

4.1.1 数字量给定方式

频率给定信号为数字量，这种给定方式的频率精度很高，可达到给定频率的 0.01% 以内。具体的给定方式有以下两种：

① 面板给定，即通过面板上的“升键”和“降键”（西门子 MM440 变频器，频率增加调节用▲键，频率下降调节用▼键）来设置频率的数值。

② 通信接口给定。由上位机或 PLC 通过接口进行给定。现在多数变频器都带有 RS-485 接口或 RS-232 接口，方便与上位机（如 PLC、单片机、PC 等）的通信，上位机可将设置的频率数值传送给变频器。

4.1.2 模拟量给定方式

即给定信号为模拟量，主要有电压信号、电流信号。当进行模拟量给定时，变频器输出的精度略低，约在最大频率的 ± 0.2% 以内。

常见的给定方法有：

① 电位器给定。利用电位器的连接提供给定信号，该信号为电压信号。例如，西门子 MM440 变频器端子 1 和 2 为用户提供 10 V 直流电压，端子 3 为给定电压信号的输入端（采用模拟电压信号输入方式输入给定频率时，为了提高变频调速的控制精度，必须配备一个高精度的直流电源）。

② 直接电压（或电流）给定。由外部仪器设备直接向变频器的给定端输出电压或电流信号。需要注意的是，当信号源与变频器距离较远时，应采用电流信号给定，以消除因线路压降引起的误差，通常取 4 ~ 20 mA，以利于区别零信号和无信号（零信号：信号线路正常，信号值为零。无信号：信号线路因断路或未工作而没有信号）。在西门子 MM440 变频器接线端子中有两路模拟量输入：AIN1（0～10 V，0 ~ 20 mA，- 10 ~ 10 V）和 AIN2（0 ~ 10 V，0 ~ 20 mA）。

MM420 变频器的“1”、“2”输出端为用户的给定单元提供了一个高精度的 + 10 V 直流稳压电源。可利用转速调节电位器串联在电路中，调节电位器来改变输入端口 AIN1 + 给定的模拟输入电压，变频器的输入量将紧紧跟踪给定量的变化，从而平滑无极地调节电动机转速的大小。变频器模拟信号控制接线如图 4-8 所示。

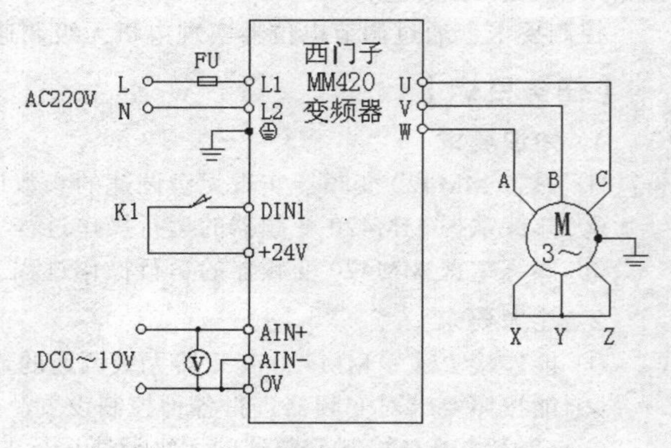

图 4-8 MM420 变频器模拟信号控制接线图

MM420 变频器为用户提供了模拟输入端口，即端口“3”、“4”，通过设置 P0701 的参数值，使数字输入端口“5”具有正转控制功能；通过设置 P0702 的参数值，使数字输入端口“6”具有反转控制功能；模拟输入端口“3”、“4”外接电位器，通过端口“3”输入大小可调的模拟电压信号，控制电动机转速的大小。即由数字输入端控制电动机转速的方向，由模拟输入端控制转速的大小。

4.2 模拟量输入/输出扩展模块（EM235）接线图及输入范围配置

4.2.1 EM235 的接线图

EM235 是最常用的模拟量扩展模块，它实现了 4 路模拟量输入和 1 路模拟量输出功能。EM235 的接线方法如图 4-9 所示。

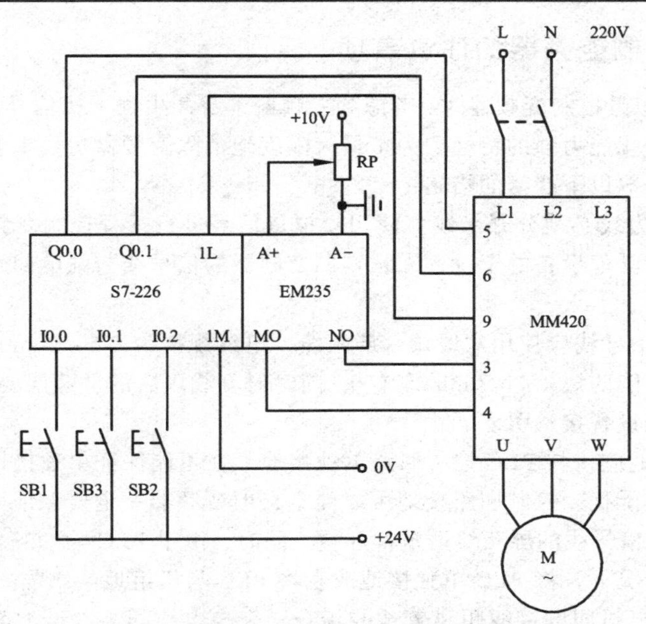

图 4-9　PLC 的模拟量模块和变频器联机控制电路

4.2.2　EM235 的配置

使用 EM235 模块，须将输入端同时设置为一种量程和格式，即相同的输入量程和分辨率。DIP 开关设置 EM235 扩展模块的对应关系见表 4-13。表中 6 个 DIP 开关决定了所有的输入设置，也就是说，开关的设置应用于整个模块，开关设置也只有在重新上电后才能生效。

表 4-13　EM235 配置开关表

单极性						满量程输入	分辨率
SW1	SW2	SW3	SW4	SW5	SW6		
ON	OFF	OFF	ON	OFF	ON	0 ~ 50 mV	12.5 μV
OFF	ON	OFF	ON	OFF	ON	0 ~ 100 mV	25 μV
ON	OFF	OFF	OFF	ON	ON	0 ~ 500 mV	125 μA
OFF	ON	OFF	OFF	ON	ON	0 ~ 1 V	250 μV
ON	OFF	OFF	OFF	OFF	ON	0 ~ 5 V	1.25 mV
ON	OFF	OFF	OFF	OFF	ON	0 ~ 20 mA	5 μA
OFF	ON	OFF	OFF	OFF	ON	0 ~ 10 V	2.5 mV
双极性						满量程输入	分辨率
SW1	SW2	SW3	SW4	SW5	SW6		
ON	OFF	OFF	ON	OFF	OFF	± 25 mV	12.5 μV
OFF	ON	OFF	ON	OFF	OFF	± 50 mV	25 μV
OFF	OFF	ON	ON	OFF	OFF	± 100 mV	50 μV
ON	OFF	OFF	OFF	ON	OFF	± 250 mV	125 μV
OFF	ON	OFF	OFF	ON	OFF	± 500 mV	250 μV
OFF	OFF	ON	OFF	ON	OFF	± 1 V	500 μV
ON	OFF	OFF	OFF	OFF	OFF	± 2.5 V	1.25 mV
OFF	ON	OFF	OFF	OFF	OFF	± 5 V	2.5 mV
OFF	OFF	ON	OFF	OFF	OFF	± 10 V	5 mV

4.3 PLC 控制变频器的注意事项

使用 PLC 的模拟量控制变频器时，考虑到变频器本身产生强干扰信号，而模拟量抗干扰能力较差、数字量抗干扰能力强的特性，为了最大限度地消除变频器对模拟量的干扰，在布线和接地等方面就需要采取以下严密的措施：

① 信号线与动力线必须分开走线。使用模拟量信号进行远程控制变频器时，为了减少模拟量受来自变频器和其他设备的干扰，须将控制变频器的信号线与强电回路（主回路及顺控回路）分开走线。

② 模拟量控制信号线应使用双股绞合屏蔽线，电线规格为 0.5 ~ 2 mm^2 在接线时一定要注意，电缆剥线要尽可能的短（5 ~ 7 mm 左右），同时对剥线以后的屏蔽层要用绝缘胶布包起来，以防止屏蔽线与其他设备接触引入干扰。

③ 变频器的接地应该与 PLC 控制回路单独接地。在不能保证单独接地的情况下，为了减少变频器对控制器的干扰，控制回路接地可以浮空，但变频器一定要保证可靠接地。在控制系统中，建议将模拟量信号线的屏蔽线两端都浮空，同时，由于 PLC 与变频器共用一个大地，因此，建议在可能的情况下，将 PLC 单独接地或者将 PLC 与机组地绝缘隔离。

④ 在变频器与电机间的接线距离较长的场合，来自电缆的高次谐波漏电流会对变频器和周边设备产生不利影响。因此，为了减少变频器的干扰，需要对变频器的载波频率进行调整。

【任务实施】

1. 任务分析

用自锁按钮 SB1 控制实现电动机起停功能，由模拟输入端（电位器）控制电动机转速的大小，从而实现电机无级调速。

2. 硬件配置

训练工具、材料和设备：S7-226 PLC、西门子 MM420 变频器各 1 台，三相异步电动机、电位器各 1 个，断路器 1 个、熔断器 3 个、自锁按钮 2 个、通用电工工具 1 套、导线若干。

PLC、变频器实现电机无级调速的控制接线图如图 4-9 所示。检查电路正确无误后，合上主电源开关 QS。

3. PLC 输入/输出地址分配表

输 入			输 出	
电路符号	地址	功能	地址	功能
SB1	I0.0	电机正转按钮	Q0.1	DIN1
SB3	I0.1	电机停止按钮	Q0.2	DIN2
SB2	I0.2	电机反转按钮		
	AIW0	模拟输入通道	AQW0	MM420 模拟输入 AIN1

4. 参数设置

① 恢复变频器工厂默认值，设定 P0010 = 30 和 P0970 = 1，按下 P 键，开始复位。

② 设置电动机参数，见表 4-11。电动机参数设置完成后，设 P0010 = 0，变频器当前处于准备状态，可正常运行。

③ 设置模拟信号操作控制参数，见表 4-14。

表 4-14　模拟信号操作控制参数

参数号	出厂值	设置值	说　明
P0003	1	1	设用户访问级为标准级
P0004	0	7	命令和数字 I/O
P0700	2	2	命令源选择由端子排输入
P0003	1	2	设用户访问级为扩展级
P0004	0	7	命令和数字 I/O
P0701	1	1	ON 接通正转，OFF 停止
P0702	1	2	ON 接通反转，OFF 停止
P0003	1	1	设用户访问级为标准级
P0004	0	10	设定值通道和斜坡函数发生器
P1000	2	2	频率设定值选择为模拟输入
P1080	0	0	电动机运行的最低频率（Hz）
P1082	50	50	电动机运行的最高频率（Hz）

5. 梯形图设计

模拟电压频率给定 PLC 控制参考程序如图 4-10 所示。

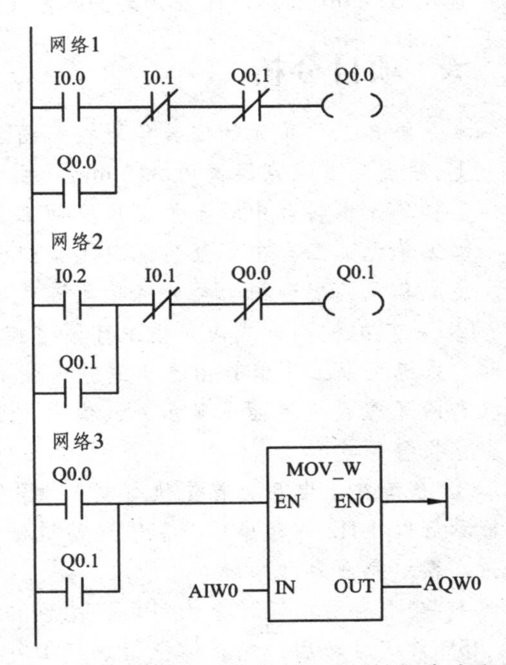

图 4-10　模拟电压频率给定 PLC 控制参考程序

6. 变频器的运行操作

（1）电动机正转与调速

按下电动机正转自锁按钮 SB1，数字输入端口 DINI 为“ON”，电动机正转运行，转速由外接电位器 RP1 来控制，模拟电压信号在 0～10 V 之间变化，对应变频器的频率在 0～50 Hz 之间变化，对应电动机的转速在 0～1 500 r/min 之间变化。当松开带锁按钮 SB1 时，电动机停止运转。

（2）电动机反转与调速

按下电动机反转自锁按钮 SB2，数字输入端口 DIN2 为“ON”，电动机反转运行，与电动机正转相同，反转转速的大小仍由外接电位器来调节。当松开带锁按钮 SB2 时，电动机停止运转。

【巩固练习】

通过模拟输入端口“10”、“11”，利用外部接入的电位器，控制电动机转速的大小。连接线路，设置端口功能参数值。

项目 5 PLC 联网实现物料传送系统

☆ 项目描述

在前面的项目中，重点介绍了各个组成单元在作为独立设备工作时用 PLC 对其实现控制的基本思路，这相当于模拟了一个简单的单体设备的控制过程。本项目将以 YL-335B 出厂例程为实例，介绍如何通过 PLC 实现由几个相对独立的单元组成的一个群体设备（生产线）的控制功能。

YL-335B 系统的控制方式采用每一工作单元由一台 PLC 承担其控制任务，各 PLC 之间通过 RS485 串行通信实现互联的分布式控制方式。组建成网络后，系统中每个工作单元也称作工作站。

PLC 网络的具体通信模式取决于所选厂家的 PLC 类型。YL-335B 的标准配置为：若 PLC 选用 S7-200 系列，通信方式则采用 PPI 协议通信。

☆ 项目分析

本系统各工作单元的安装位置按照图 3-50 所示进行配置。

① 原点到基准点距离为 310 mm，且原点位置与供料单元出料台中心沿 X 方向重合。

供料单元出料台中心至加工单元加工台中心距离为 430 mm。

加工单元加工台中心至装配单元装配台中心距离为 350 mm。

装配单元装配台中心至分拣单元进料口中心距离为 570 mm。

② 系统的控制方式应采用 PPI 网络控制。其中，输送站指定为主站，其余各工作站为从站。系统主令工作信号由连接到输送站 PLC 的触摸屏人机界面提供，整个系统的主要工作状态除了在人机界面上显示外，尚需由安装在装配单元的警示灯显示上电复位、启动、停止、报警等状态。

③ 系统在上电后，首先执行复位操作，使输送站机械手装置回到原点位置。这时，绿色警示灯以 1 Hz 的频率闪烁。输送站机械手装置回到原点位置后，复位完成，绿色警示灯常亮，表示允许启动系统。

④ 按下启动按钮，系统启动，绿色和黄色警示灯均常亮。

⑤ 系统启动后，供料站把待加工工件推到物料台上，向系统发出供料操作完成信号，并且推料气缸缩回，准备下一次推料。若供料站的料仓和料槽内没有工件或工件不足，则向系统发出报警或预警信号。物料台上的工件被输送站机械手取出后，若系统启动信号仍然为 ON，则进行下一次推出工件操作。

⑥ 在工件推到供料站物料台后，输送站抓取机械手装置应移动到供料站物料台的正前方，然后执行抓取供料站工件的操作。

⑦ 抓取动作完成后机械手手臂应缩回。步进电机驱动机械手装置移动到加工站物料台的正前方，然后按机械手手臂伸出→手臂下降→手爪松开→手臂缩回的动作顺序把工件放到加工站物料台上。

⑧ 加工站物料台的物料检测传感器检测到工件后，执行把待加工工件从物料台移送到加工区域冲压气缸的正下方，完成对工件的冲压加工，然后把加工好的工件重新送回物料台的工件加工工序，并向系统发出加工完成信号。

⑨ 系统接收到加工完成信号后，输送站机械手按手臂伸出→手爪夹紧→手臂提升→手臂缩回的动作顺序取出加工好的工件。

⑩ 步进电机驱动夹着工件的机械手装置移动到装配站物料台的正前方，然后按机械手手臂伸出→手臂下降→手爪松开→手臂缩回的动作顺序把工件放到装配站物料台上。

⑪ 装配站物料台的传感器检测到工件到来后，挡料气缸缩回，使料槽中最底层的小圆柱工件落到回转供料台上，然后旋转供料单元顺时针旋转 180°（右旋），到位后装配机械手按下降气动手爪→抓取小圆柱→手爪提升→手臂伸出→手爪下降→手爪松开的动作顺序，把小圆柱工件装入大工件中，装入动作完成后，向系统发出装配完成信号。

机械手装配单元复位的同时，回转送料单元逆时针旋转 180°（左旋）回到原位；如果装配站的料仓或料槽内没有小圆柱工件或工件不足，则向系统发出报警或预警信号。

⑫ 输送站机械手伸出并抓取该工件后，逆时针旋转 90°，步进电机驱动机械手装置从装配站向分拣站运送工件，然后按机械手臂伸出→机械手臂下降→手爪松开放下工件→手臂缩回→返回原点的顺序返回到原点→顺时针旋转 90°。

⑬ 当输送站送来工件放到传送带上并被入料口光电传感器检测到时，即启动变频器，驱动传动电动机工作，运行频率为 10 Hz。传送带把工件带入分拣区，如果工件为白色，则该工件应被推到 1 号槽里；如果工件为黑色，则该工件应被推到 2 号槽中。当分拣气缸活塞杆推出工件并返回到位后，应向系统发出分拣完成信号。

⑭ 仅当分拣站分拣工作完成，并且输送站机械手装置回到原点，系统的一个工作周期才认为结束。如果在工作周期内没有按下过停止按钮，系统在延时 1 s 后开始下一周期工作。如果在工作周期内曾经按下过停止按钮，系统工作结束，警示灯中黄色灯熄灭，绿色灯仍保持常亮。

⑮ 如果发生物料不足的预报警信号，警示灯中红色灯以 1 Hz 的频率闪烁，绿色和黄色灯保持常亮。如果发生物料没有的报警信号，警示灯中红色灯以 1 Hz 的频率闪烁，黄色灯熄灭，绿色黄色灯保持常亮。

☆ 项目分解

通过上述项目分析，下面以 2 个学习任务为载体，依据循序渐进的原则，逐步了解西门子 S7-200 联网实现系统整体运行的基本应用方法。

任务 1：两台 S7-200 实现 PPI 通信

任务 2：PLC 联网实现物料传送系统

任务1 两台S7-200实现PPI通信

【任务要求】

主要实现两台S7-200 PLC通过PORT0口相互进行PPI通信，通过本任务可以了解和掌握PPI通信的应用设计。

图5-1所示为通信系统的网络配置图。系统将完成用甲机的I0.0～I0.7控制乙机的Q0.0～Q0.7；用乙机的I0.0～I0.7控制甲机的Q0.0～Q0.7。甲机为主站，地址为2；乙机为从站，地址为3，编程用的计算机站地址为0。

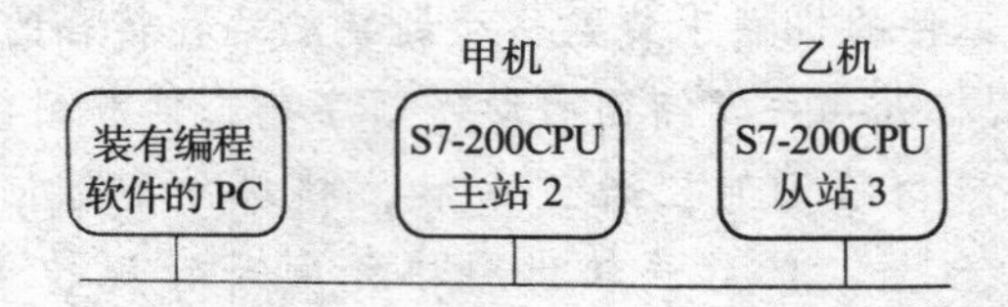

图5-1 两台S7-200PLC之间的PPI通信

【任务目标】

1. 知识要求

① 了解S7-200PLC网络通信协议，如PPI（Point to point interface）协议、MPI（Multipoint interface）协议、PROFIBUS协议、自由口通信协议。

② 掌握初级通信指令，如网络读/写指令NETR/NETW和发送/接收指令XMT/RCV。

2. 能力要求

① 重点掌握S7-200 PPT通信协议及联网方法。

② 能用PPT通信协议实现两台PLC的联网通信。

【相关知识】

将PLC与PLC、PLC与PC、PLC与人机界面（HMI）或智能现场设备之间通过通信介质连接，实现相互通信，以构成功能更强、性能更好、信息共享的控制系统，这种方式称为PLC联网。若仅仅是PLC与其他设备的点对点连接，一般称为链接。PLC完成联网后，还可通过中继器或网桥、网关等设备与其他网络互联，以组成范围更广、控制更复杂的工业控制网络与通信系统。PLC通信的根本目的在于通过链接或联网，实现与工业现场设备的数据交换，增强PLC的控制功能，全面实现被控系统的自动化、远程化、信息化及智能化。

1.1 S7-200PLC网络通信协议

S7-200 PLC网络可以支持一个或多个通信协议，包括通用协议和公司专用通信协议。专用通信协议包括Point to Point（点对点）接口协议（PPI）、Multi-Point（多点）接口协议（MPI）、PROFIBUS协议、S7协议、自由口通信协议和USS协议等，如表5-1所列。其中，PPI、MPI和PROFIBUS协议都是基于开放系统互联模型的异步通信协议，通过一个令牌环网实现，只要波特率相同，三个协议可以在一个RS-485网络中同时运行。PPI、MPI和S7协议没有公开，其他协议都是公开的。

表 5-1　S7-200 支持的专用通信协议

<table>
<tr><th>协议类型</th><th>端口位置</th><th>接口类型</th><th>传输介质</th><th>通信速率/(bit/s)</th><th>备　注</th></tr>
<tr><td rowspan="2">PPI</td><td>EM 241 模块</td><td>RJ11</td><td>模拟电话线</td><td>33.6 k</td><td></td></tr>
<tr><td rowspan="2">CPU 口 0/1</td><td rowspan="2">DB-9 针</td><td rowspan="2">RS-485</td><td>9.6 k，19.2 k，187.5 k</td><td>主、从站</td></tr>
<tr><td rowspan="2">MPI</td><td>19.2 k，187.5 k</td><td>仅作从站</td></tr>
<tr><td rowspan="2">EM277</td><td rowspan="2">DB-9 针</td><td rowspan="2">RS-485</td><td>19.2 k ~ 12 M</td><td rowspan="2">通信速率自适应仅作从站</td></tr>
<tr><td>PROFIBUS-DP</td><td>9.6 k ~ 12 M</td></tr>
<tr><td>S7</td><td>CP 243-1/CP 243-1 IT</td><td>RJ45</td><td>以太网</td><td>10 M 或 100 M</td><td>通信速率自适应</td></tr>
<tr><td>AS-i</td><td>CP 243-2</td><td>接线端子</td><td>AS-i 网络</td><td>循环周期 5/10 ms</td><td>主站</td></tr>
<tr><td>USS</td><td rowspan="2">CPU 口 0</td><td rowspan="2">DB-9 针</td><td rowspan="2">RS-485</td><td rowspan="2">1200 ~ 115.2 k</td><td>主站、自由端口库指令</td></tr>
<tr><td rowspan="2">ModBus RTU</td><td>主站/从站，自由端口库指令</td></tr>
<tr><td>EM241</td><td>RJ11</td><td>模拟电话线</td><td>33.6 k</td><td></td></tr>
<tr><td>自由端口</td><td>CPU 口 0/1</td><td>DB-9 针</td><td>RS-485</td><td>1200 ~ 115.2 k</td><td></td></tr>
</table>

专用通信协议中定义了两种类型的设备：主站和从站。主站可以对网络中的从站进行初始化请求，也可以对网络中其他主站的请求作出响应；从站智能响应来自主站的请求，本身不能发出请求，也不能访问其他从站。

专用通信协议支持一个网络上的 127 个地址（0 ~ 126），最多可以有 32 个从站，但各设备的地址不能重叠。运行 STEP7-Micro/WIN 的计算机默认地址为 0，操作面板的默认地址为 1，PLC 的默认地址为 2。

下面以 Point to Point（点对点）接口协议（PPI）、Multi-Point（多点）接口协议（MPI）、PROFIBUS 协议、自由口通信协议为例介绍各通信协议。

1.1.1　PPI（Point to point interface）协议

该协议是西门子内部协议，不公开。点对点接口，是一个主/从协议。主站向从站发送申请，从站进行响应，从站器件不发信息，不初始化信息，只是等待主站的要求并对要求作出响应。但当主站发出申请或查询时，从站对其响应。主站可以是其他 CPU 主机（如 S7-300 等）、编程器或 TD200 文本显示器。网络中的所有 S7-200 都默认为从站。S7-200 系列中一些 CPU 如果在程序中允许 PPI 主站模式，则在 RUN 模式下可以作为主站，此时可以利用相关的通信指令来读/写其他主机，同时它还可以作为从站来响应其他主站的申请或查询。

主站靠一个 PPI 协议管理的共享连接来与从站通信。PPI 并不限制与任意一个从站通信的主站数量，但是在一个网络中，主站的个数不能超过 32。如果在用户程序中使能 PPI 主站模式，S7-200 CPU 在运行模式下可以作主站。在使能 PPI 主站模式之后，可以使用网络读/写指令来读/写另外一个 S7-200。当 S7-200 作 PPI 主站时，它仍然可以作为从站响应其他主站的请求。

PPI 高级协议允许网络设备建立一个设备与设备之间的逻辑连接。对于 PPI 高级协议，每个设备的连接个数是有限制的。所有的 S7-200 CPU 都支持 PPI 和 PPI 高级协议，而 EM277 模块仅仅支持 PPI 高级协议。

PPI 协议是专门为 S7-200 开发的通信协议。S7-200 CPU 的通信口（Port0、Port1）支持 PPI

通信协议，S7-200 的一些通信模块也支持 PPI 协议。Micro/WIN 与 CPU 进行编程通信也通过 PPI 协议。S7-200 CPU 的 PPI 网络通信是建立在 RS-485 网络的硬件基础上，因此其连接属性和需要的网络硬件设备是与其他 RS-485 网络一致的。S7-200 CPU 之间的 PPI 网络通信只需要两条简单的指令，它们是网络读（NetR）和网络写（NetW）指令。在网络读/写通信中，只有主站需要调用 NetR/NetW 指令，从站只需编程处理数据缓冲区（取用或准备数据）。PPI 网络上的所有站点都应当有各自不同的网络地址，否则通信不会正常进行。

可以用两种方法编程实现 PPI 网络读/写通信：① 使用 NetR/NetW 指令编程实现；② 使用 Micro/WIN 中的 Instruction Wizard（指令向导）中的 NETR/NETW 向导。

使用 PPI 通信方式（这是 S7-200 的专用通信方式）时，使用 1 对 RS-485 中继器就可以最远达到 1200M。支持的波特率有 9.6、19.2、187.5 三种。这种方式是最容易实现的通信，只要编程设置主站通信端口的工作模式，然后就可以用网络读/写指令（NetR/NetW）读/写从站数据。

1.1.2 MPI（Multipoint interface）协议

该协议是西门子内部协议，不公开。MPI（Multipoint interface）是 SIMATIC S7 多点通信的接口，是一种适用于少数站点间通信的网络，多用于连接上位机和少量 PLC 之间近距离通信。通过 PROFIBUS 电缆和接头，将控制器 S7-300 或 S7-400 的 CPU 自带的 MPI 编程口及 S7-200CPU 自带的 PPI 通信口相互连接，以及与上位机网卡的编程口（MPI/DP 口）通过 PROFIBUS 或 MPI 电缆连接即可实现。网络中当然也可以不包括 PC 机而只包括 PLC。

MPI 允许主-主通信和主-从通信，见图 5-2。每个 S7-200CPU 通信口的连接数为 4 个。网络设备通过任意两个设备之间的连接通信（由 MPI 协议管理）。设备之间通信连接的个数受 S7-200 CPU 或者 EM277 模块所支持的连接个数的限制。

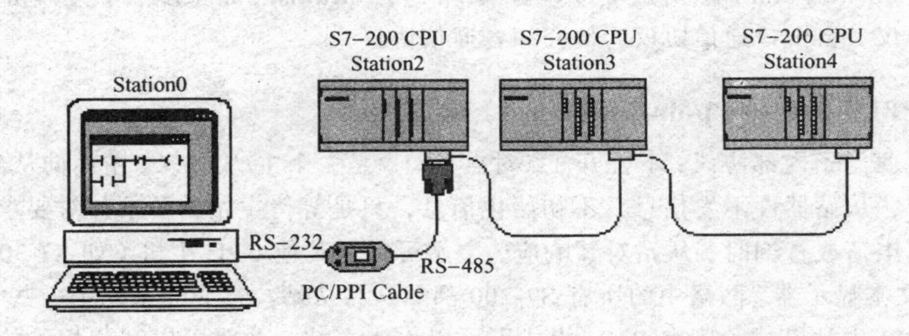

图 5-2 一个主站和多个从站的 MPI 网络

对于 MPI 协议，S7-300 和 S7-400 PLC 可以用 XGET 和 XPUT 指令来读/写 S7-200 的数据。要得到更多关于这些指令的信息，参见有关 S7-300 或者 S7-400 的编程手册。

MPI 的通信速率为 19.2 kbit/s ~ 12 Mbit/s，但直接连接 S7-200CPU 通信口的 MPI 网，其最高速率通常为 187.5 Kbit/s（受 S7-200CPU 最高通信速率的限制）。

在 MPI 网络上最多可以有 32 个站，一个网段的最长通信距离为 50 m（通信波特率为 187.5 Kbit/s 时），更长的通信距离可以通过 RS-485 中继器扩展（使用中继器则可达到 1000M，最多使用 10 个中继器达到 9100M）。速率为 19.2 kbit/s ~ 12 Mbit/s。

MPI 协议不能与一个作为 PPI 主站的 S7-200CPU 通信，即 S7-300 或 S7-400 与 S7-200 通信时必须保证这个 S7-200 CPU 不能再作 PPI 主站，Micro/WIN 也不能通过 MPI 协议访问作为 PPI 主站的 S7-200CPU。S7-200CPU 只能做 MPI 从站，即 S7-200CPU 之间不能通过 MPI 网络

互相通信，只能通过 PPI 方式互相通信。

STEP 7-Micro/WIN 可以与 S7-200CPU 建立 MPI 主-从连接。硬件使用 CP5611 卡加上 PROFIBUS 或 MPI 电缆，S7-200 CPU 通信口上要使用带编程口的网络连接器。S7-200CPU 的通信口最低通信速率可设为 19.2 kbit/s，最高 187.5 kbit/s。

1.1.3 PROFIBUS 协议

该协议是标准协议，公开。PROFIBUS 是 Process Field Bus 的简称。PROFIBUS 由相互兼容的三个部分组成，即 PROFIBUS-FMS（Fieldbus Message Specification，现场总线信息规范）、PROFIBUS-DP（Decentralized Periphery，分布式 I/O 系统）、PROFIBUS-PA（Process Automation，过程自动化）。PROFIBUS 协议的结构见表 5-2。

表 5-2 PROFIBUS 协议的结构

<table>
<tr><td rowspan="3">用户层</td><td>DP 设备行规</td><td rowspan="2">FMS 设备行规</td><td>PA 设备行规</td></tr>
<tr><td>基本功能
扩展功能</td><td>基本功能
扩展功能</td></tr>
<tr><td>用户接口
接口数据链路（DDLM）</td><td>应用层接口（ALT）</td><td>DP 用户接口
接口数据链路（DDLM）</td></tr>
<tr><td>第 7 层
（应用层）</td><td rowspan="2">未使用</td><td>应用层
现场总线报文规范（FMS）</td><td rowspan="2">未使用</td></tr>
<tr><td>第 3 ~ 6 层</td><td>未使用</td></tr>
<tr><td>第 2 层
（数据链路层）</td><td>数据链路层
现场总线数据链路（FDL）</td><td>数据链路层
现场总线数据链路（FDL）</td><td>IEC 接口</td></tr>
<tr><td>第 1 层
（物理层）</td><td>物理层
（RS-485/LWL）</td><td>物理层
（RS-485/LWL）</td><td>IEC 1158-2</td></tr>
</table>

PROFIBUS-FMS：用于车间级通用的控制及通信任务，是一个令牌环结构、实时多主网络。

PROFIBUS DP：是一种高速且优化的通信方案，主要用于实现现场级控制系统与分布式 I/O 及其他现场级设备之间的通信。

PROFIBUS-PA：专为过程自动化而设计，符合本征安全规范，适用于在防爆区的应用。

PROFIBUS 提供了三种数据传输类型：① 用于 DP 和 FMS 的 RS485 传输；② 用于 PA 的 IEC1158－2 传输；③ 光纤。

PROFIBUS 协议通常用于实现与分布式 I/O（远程 I/O）的高速通信。可以使用不同厂家的 PROFIBUS 设备。这些设备包括简单的输入或输出模块、电机控制器和 PLC。PROFIBUS 网络通常有一个主站和若干个 I/O 从站。主站器件通过配置可以知道 I/O 从站的类型和站号。主站初始化网络使网络上的从站器件与配置相匹配。主站不断地读写从站的数据。当一个 DP 主站成功配置了一个 DP 从站之后，它就拥有了这个从站器件。如果在网上有第二个主站器件，那么它对第一个主站的从站的访问将会受到限制。

S7-200 CPU 可以通过 EM277 PROFIBUS-DP 从站模块连入 PROFIBUS-DP 网，主站可以通过 EM277 对 S7-200 CPU 进行读/写数据。作为 S7-200 的扩展模块，EM277 像其他 I/O 扩展模块一样，通过出厂时就带有的 I/O 总线与 CPU 相连。因 M277 只能作为从站，所以两个 EM277 之间不能通信。但可以由一台 PC 机作为主站，访问几个联网的 EM277。通过 EM277 模块进行的 PROFIBUS-DP 通信是最可靠的通信方式。建议在与 S7-300/400 或其他系统通信时，尽量使用此种通信方式。

EM277 是智能模块，其通信速率为自适应。在 S7-200 CPU 中不用做任何关于 PROFIBUS-DP 的配置和编程工作，只需对数据进行处理。PROFIBUS-DP 的所有配置工作由主站完成，在主站中需配置从站地址及 I/O 配置。在主站中完成的与 EM277 通信的 I/O 配置共有三种数据一致性类型，即字节、字、缓冲区。所谓数据的一致性，就是在 PROFIBUS-DP 传输数据时，数据的各个部分不会割裂开来传输，是保证同时更新的，即字节一致性保证字节作为整个单元传送。缓冲区一致性保证数据的整个缓冲区作为一个独立单元一起传送。如果数据值是双字或浮点数以及当一组值都与一种计算或项目有关时，就需要采用缓冲区一致性。

EM277 作为一个特殊的 PROFIBUS-DP 从站模块，其相关参数（包括上述的数据一致性）是以 GSD（或 GSE）文件的形式保存的。在主站中配置 EM277，需要安装相关的 GSD 文件。EM277 的 GSD 文件可以在西门子的中文网站下载，或者在 ProDIS 网站条目 113652 下载，文件名是 EM277.ZIP。用 EM277 扩展模块组成 PROFIBUS 网络的例子见图 5-3。

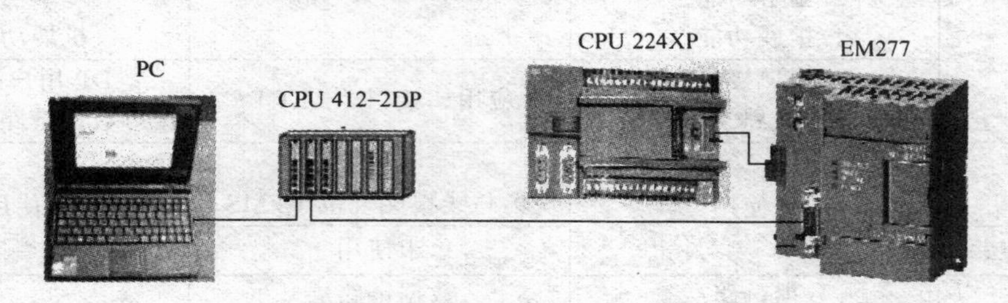

图 5-3　用 EM277 扩展模块组成 PROFIBUS 网络的例子

1.1.4　自由口通信协议

S7-200 的自由口通信方式，使用户可以通过 PLC 指令自己定义通信协议，从而与任何公开通信协议的 RS-422 或 RS-232C 接口设备进行通信，使通信范围大为增加，控制系统配制更加灵活。

可以选择自由口模式来控制 S7-200 的串行通信口。当选择了自由口模式，用户程序通过使用接收中断、发送中断、发送指令和接收指令来控制通信口的操作。当处于自由口模式时，通信协议完全由梯形图程序控制。SMB30（对于端口 0）和 SMB130（对于端口 1，如果您的 S7-200 有两个端口的话）被用于选择波特率和校验类型。

当 S7-200 处于 STOP 模式时，自由口模式被禁止，重新建立正常的通信（例如：编程设备的访问）。在最简单的情况下，可以只用发送指令（XMT）向打印机或者显示器发送信息。其他例子包括与条码阅读器、称重计和焊机的连接。在每种情况下，您都必须编写程序来支持在自由口模式下与 S7-200 通信的设备所使用的协议。

只有当 S7-200 处于 RUN 模式时，才能进行自由口通信。要使能自由口模式，应该在 SMB30（端口 0）或者 SMB130（端口 1）的协议选择区中设置 01。处于自由口通信模式时，不能与编程设备通信。

1.2　通信指令

网络的通信功能是通过通信程序来实现的。因此就需要了解 PLC 提供的通信指令。S7-200 PLC 提供的通信指令主要有网络读与网络写指令、发送与接收指令、获取与设置通信口地址智能等。下面对各指令的格式、要求和用法分别予以介绍。

1.2.1　网络读与网络写指令 NETR/NETW

网络读指令 NETR：初始化一个通信操作，通过指定端口（PORT）从远程设备上采集数据并形成表（TBL），网络读指令可以从远程站点读取最多 16 个字节的信息。

网络写指令 NETW：初始化一个通信操作，通过指定端口（PORT）将表（TBL）内数据写到远程设备上，网络写指令可以向远程站点写入最多 16 个字节的信息。

在程序中，用户可以使用任意多条网络读/写指令，但是在同一时刻，最多只能有 8 条网络读/写指令被激活。例如，在 PLC 程序中，可以有 4 条网络读指令和 4 条网络写指令，或者有 2 条网络读指令和 6 条网络写指令在同一时刻被激活。

网络读/写指令的有效操作数见表 5-3，其 TBL 参数见图 5-4。

表 5-3　网络读写指令的有效操作数

输入/输出	数据类型	操作数
TBL	BYTE	VB、MB、*VD、*LD、*AC
PORT	BYTE	常数：对于 CPU221、CPU222、CPU224：　0 对于 CPU224XP 和 CPU226：　0 或 1

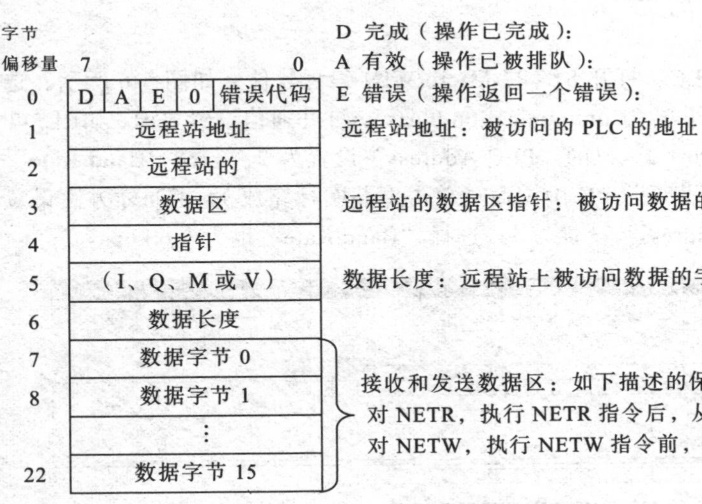

图 5-4　网络读/写指令的 TBL（表）参数

1.2.2　发送与接收指令 XMT/RCV

发送指令 XMT：用于在自由口模式下依靠通信口发送数据。

发送指令可以发送一个字节或多个字节的缓冲区，最多为 255 个。如果有一个中断服务程序连接到发送信息结束事件上，在发送完缓冲区的最后一个字符时，则会产生一个中断（对端口 0 为中断事件 9，对端口 1 为中断事件 26）。

接收指令 RCV：用于启动或终止接收信息功能，必须为接收操作指导开始和结束条件，从指定的通信口接收到的信息被存储在数据缓冲区（TBL）中，数据缓冲区的第一个数据表明了接收到的字节数。

接收指令可以发送一个字节或多个字节的缓冲区，最多为 255 个。如果有一个中断服务程序连接到接收信息结束事件上，在接收完缓冲区的最后一个字符时，则会产生一个中断（对端口 0 为中断事件 23，对端口 1 为中断事件 24）。

发送/接收缓冲区的数据格式及指令有效操作数见表 5-5。

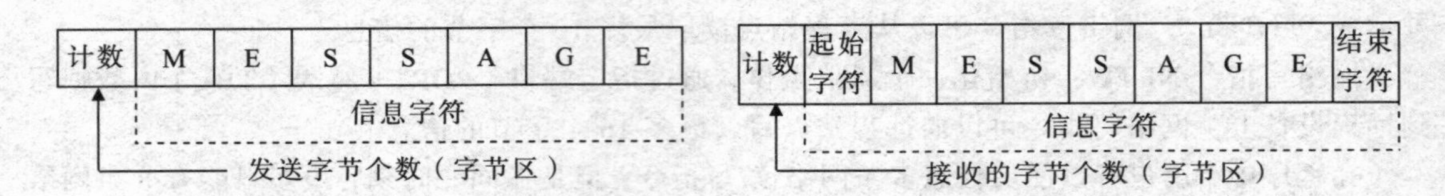

（a）发送缓冲区的数据格式　　　　（b）接收缓冲区的数据格式

输入/输出	数据类型	操作数
TBL	BYTE	IB、QB、VB、MB、SMB、SB、*VD、*LD、*AC
PORT	BYTE	常数：对于 CPU221、CPU222、CPU224：　0 对于 CPU224XP 和 CPU226：　0 或 1

（c）发送和接收指令的有效操作数

图 5-5　发送/接收缓冲区的数据格式及指令有效操作数

【任务实施】

1. 端口设置

分别用 PC/PPI 电缆连接各个 PLC。打开 SETP7-Micro/WIN 编程软件，如图 5-6 所示，选中“Communications”后打开，双击子项“Communication Ports”，打开通信设置界面，如图 5-7 所示。在对甲机进行设置时，将“Port 0”口的“PLC Address”设置为 2，选择“Baud Rate”为 9.6 kbps。然后把设置好的参数下载到 CPU 中（通过单击下载图标完成）。用同样方法设置乙机时，将“Port 0”口的“PLC Address”设置为 3，选择“Baud Rate”也为 9.6 kbps。

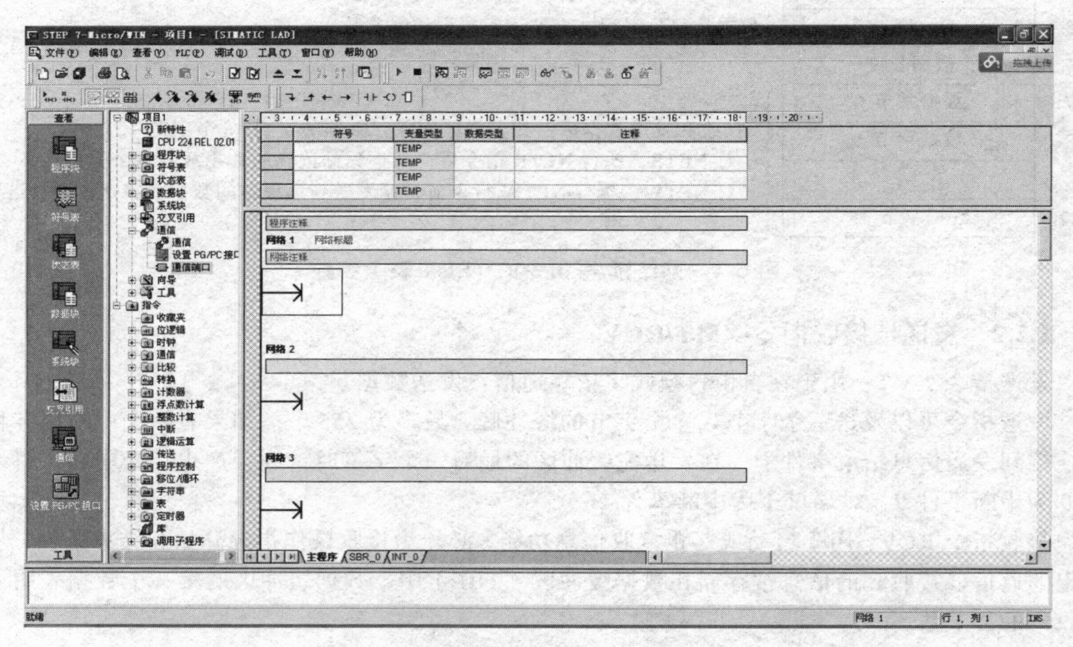

图 5-6　打开编程软件

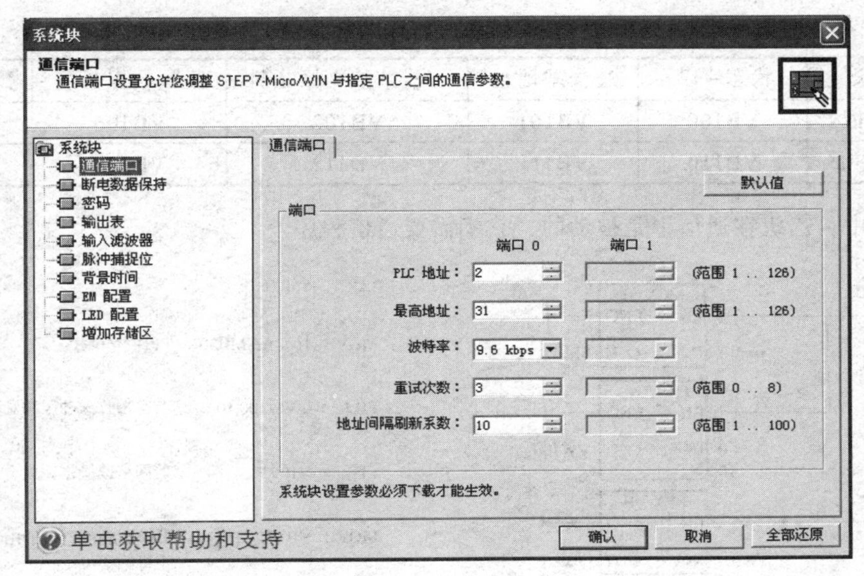

图 5-7　设置通信端口

2. 建立连接

连接好网线，双击“Communications”的子项“Communications”，打开通信连接界面。

双击通信刷新图标，编程软件将会显示网站中站号为 2 和 3 的两个子站。双击某一个子站的图标，编程软件将和该子站建立连接，可以对它进行下载、上传和监视等通信操作。

3. 输入、编译通信程序

将编译通过的通信程序下载到站号为 2 的 CPU 模块中（该 CPU 为主站），并把两台 PLC 的工作方式开关置于 RUN 位置，分别改变两台 PLC 输入信号状态，可以观察到通信结果。

通信程序是用网络读/写指令完成的。其中，SMB30 是 S7-200PLC PORT0 通信口的控制字，SMB130 是 S7-200 PLC PORT 通信口的控制字，各位表达的意义见表 5-4。甲机的网络读/写缓冲区内各字节的意义见表 5-5。实现两台 S7-200 PLC 通过 PORT0 口进行 PPI 通信的梯形图和语句表如图 5-8 所示，甲机读取乙机的 IB0 的值后，将它写入本机的 QB0，甲机同时用网络与指令将自己的 IB0 写入乙机的 QB0。

表 5-4　SMB30 和 SMB130 控制字各位的意义

bit7	Bit6	Bit5	Bit4	Bit3	Bit2	Bit1	Bit0
p	p	d	b	b	b	m	m
pp：校验选择				d：每个字符的数据位		mm：协议选择	
00 = 不校验				0 = 8 位		00 = PPI/从站模式	
01 = 偶校验				1 = 7 位		01 = 自由口模式	
10 = 不校验						10 = PPI/从站模式	
11 = 奇校验						11 = 保留（未用）	
bbb：自由口波特率（单位：bit/s）							
000							
000 = 38400				011 = 4800		110 = 115.2k	
001 = 19200				100 = 2400		111 = 57.6k	
010 = 9600				101 = 1200		注：查看 CPU 版本	

表 5-5　缓冲区各字节的定义

字节意义	状态字节	过程站地址	过程站数据区指针	读写数据长度	数据字节
NETR 缓冲区	VB100	VB101	VB102	VB106	VB107
NETW 缓冲区	VB110	VB111	VD112	VB116	VB117

在本例中，乙机在通信中是被动的，它不需要通信程序。

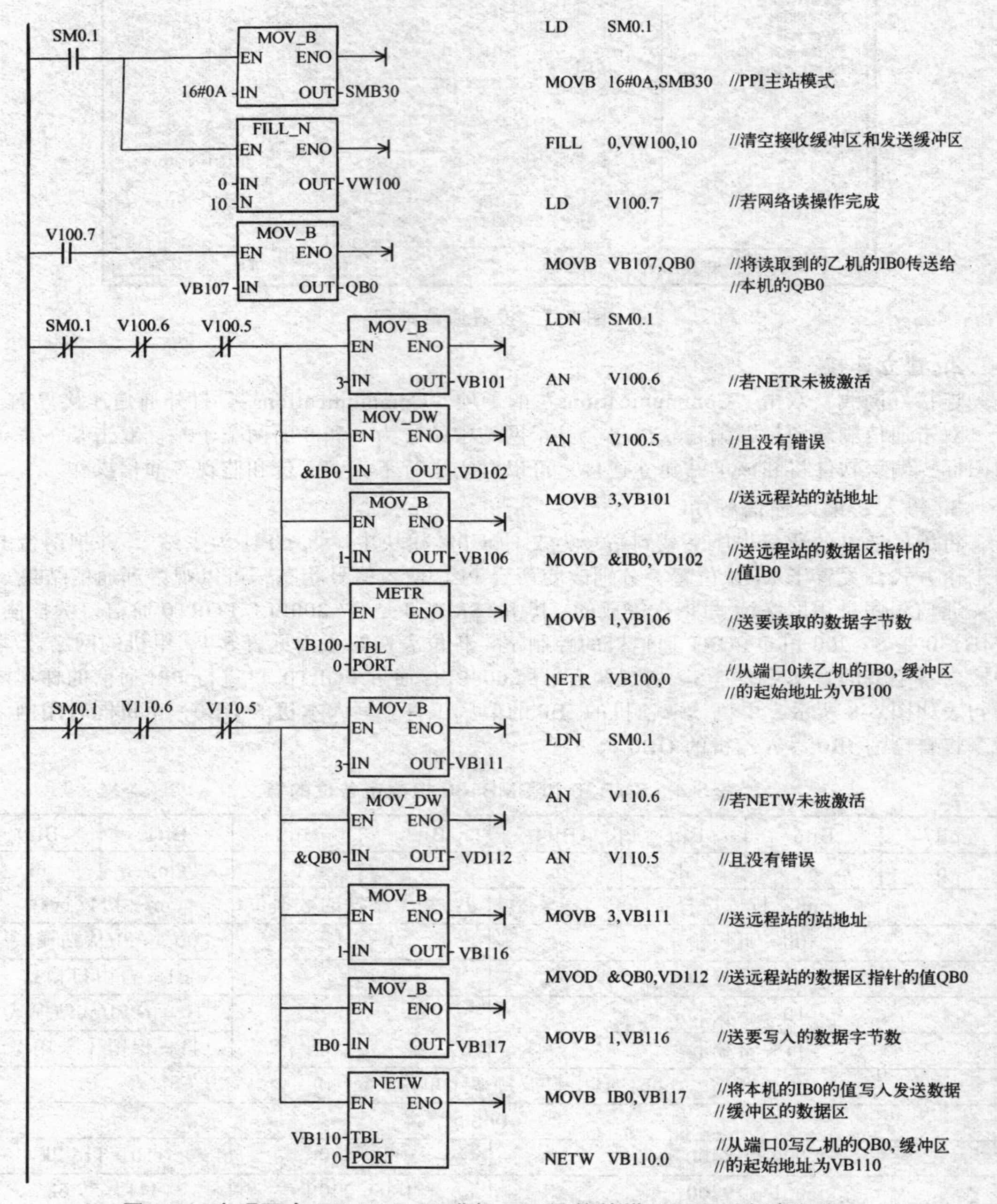

图 5-8　实现两台 S7-200PLC 进行 PPI 通信的梯形图和语句表程序

【巩固练习】

1. S7-200 PLC 的网络通信模块有哪些?

2. S7-200PLC 的通信协议有哪些？它们各有何特点?

任务 2 PLC 联网实现物料传送系统

【任务要求】

通过西门子 S7-200 PLC 联网实现物料转送系统的设置。

【任务目标】

1. 知识要求

① 掌握西门子 PPT 通信协议的高级使用方法。

② 掌握多台 PLC 通信协作的方法。

2. 能力要求

① 用 PPI 通信协议实现物料传送系统的编程。

② 加强对通信协议的理解。

【相关知识】

PPI 协议是 S7-200 CPU 最基本的通信方式，通过原来自身的端口（PORT0 或 PORT1）就可以实现通信，是 S7-200 默认的通信方式。

PPI 是一种主—从协议通信，主—从站在一个令牌环网中，主站发送要求到从站器件，从站器件响应；从站器件不发信息，只是等待主站的要求并对要求作出响应。如果在用户程序中使能 PPI 主站模式，就可以在主站程序中使用网络读/写指令来读/写从站信息。而从站程序没有必要使用网络读/写指令。

下面以 YL-335B 各工作站 PLC 实现 PPI 通信的操作步骤为例，说明使用 PPI 协议实现通信的步骤。

① 对网络上每一台 PLC，设置其系统块中的通信端口参数，对用作 PPI 通信的端口（PORT0 或 PORT1），指定其地址（站号）和波特率。设置后把系统块下载到该 PLC。具体操作如下：

运行个人电脑上的 STEP7 V4.0（SP5）程序，打开设置端口界面，如图 5-9 所示。利用 PPI/RS485 编程电缆单独在输送单元 CPU 系统块里设置端口 0 为 1 号站，波特率为 19.2 kbps，如图 5-10 所示。同样方法设置供料单元 CPU 端口 0 为 2 号站，波特率为 19.2 kbps；设置加工单元 CPU 端口 0 为 3 号站，波特率为 19.2 kbps；设置装配单元 CPU 端口 0 为 4 号站，波特率为 19.2 kbps；最后设置分拣单元 CPU 端口 0 为 5 号站，波特率为 19.2 kbps。分别把系统块下载到相应的 CPU 中。

② 利用网络接头和网络线把各台 PLC 中用作 PPI 通信的端口 0 连接，所使用的网络接头中，2# ~ 5# 站用的是标准网络连接器，1# 站用的是带编程接口的连接器，该编程口通过 RS--232/PPI 多主站电缆与个人计算机连接。

然后利用 STEP7 V4.0 软件和 PPI/RS485 编程电缆搜索出 PPI 网络的 5 个站，如图 5-11 所示。

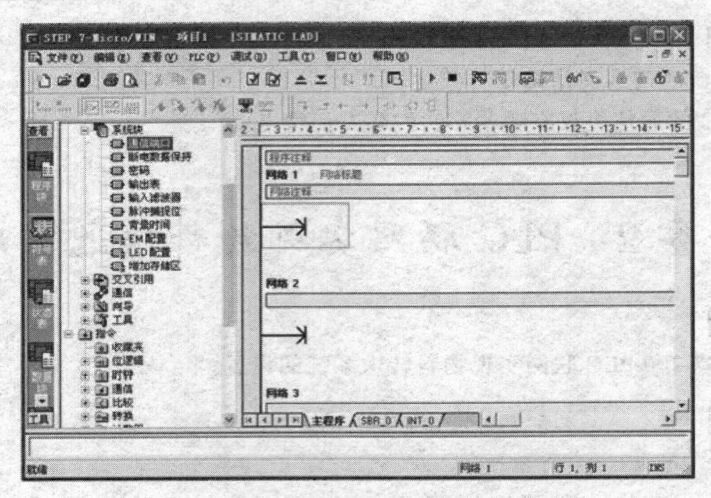

图 5-9 打开设置端口界面

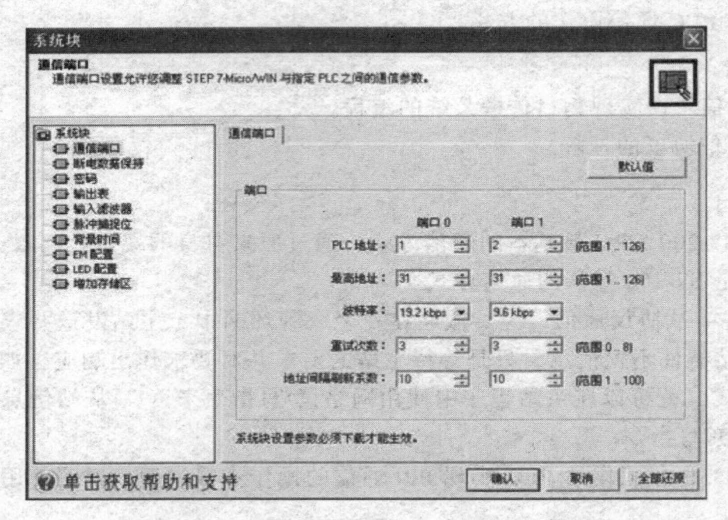

图 5-10 设置输送站 PLC 端口 0 的参数

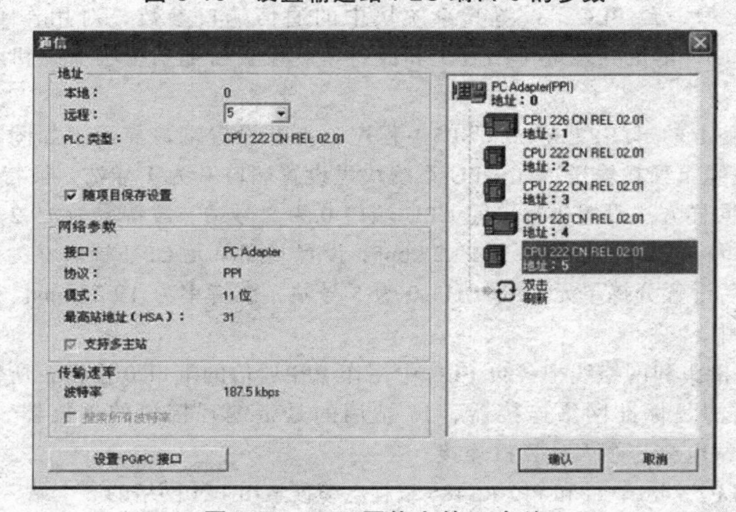

图 5-11 PPI 网络上的 5 个站

图 5-11 表明，5 个站已经完成 PPI 网络连接。

③ 在 PPI 网络的主站（输送站）PLC 程序中，必须在上电第 1 个扫描周期，用特殊存储器 SMB30 指定其主站属性，从而使能其主站模式。SMB30 是 S7-200 PLC PORT-0 自由通信口的控制字节，各位表达的意义如表 5-6 所示。

表 5-6　SMB30 各位表达的意义

bit7	bit6	bit5	bit4	bit3	bit2	bit1	bit0
p	p	d	b	b	b	m	m
pp：校验选择		d：每个字符的数据位				mm：协议选择	
00 = 不校验		0 = file:///C:/Documents and Settings/Administrator/ /luciaZDwork200911/ /liwen/../span>位				00 = PPI/从站模式	
01 = 偶校验		1 = file:///C:/Documents and Settings/Administrator/ /luciaZDwork200911/ /liwen/../span>位				01 = 自由口模式	
10 = 不校验						10 = PPI/主站模式	
11 = 奇校验						11 = 保留（未用）	
bbb：自由口波特率（单位：波特）							
000 = 38400			011 = 4800			110 = 115.2k	
001 = 19200			100 = 2400			111 = 57.6k	
010 = 9600			101 = 1200				

在 PPI 模式下，控制字节的 2 ~ 7 位是被忽略的，即 SMB30 = 0000 0010，定义 PPI 主站。SMB30 中协议选择缺省值是 00 = PPI 从站，因此，从站侧不需要初始化。

YL-335B 系统中，指示灯模块的按钮、开关信号连接到输送单元的 PLC（S7-226 CN）输入口，以提供系统的主令信号。因此在网络中输送站是指定为主站的，其余各站均指定为从站。图 5-12 所示为 YL-335B 的 PPI 网络。

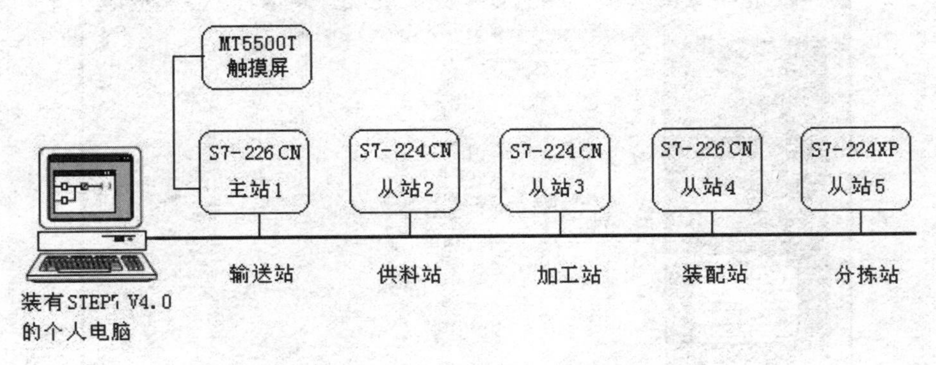

图 5-12　YL-335B 的 PPI 网络

④ 编写主站网络读/写程序段。如前所述，在 PPI 网络中，只有主站程序中使用网络读/写指令来读/写从站信息。而从站程序没有必要使用网络读/写指令。

在编写主站的网络读/写程序之前，应预先规划好以下数据：主站向各从站发送数据的长度（字节数）；发送的数据位于主站何处；数据发送到从站的何处；主站从各从站接收数据的长度（字节数）；主站从从站的何处读取数据；接收到的数据放在主站何处。

以上数据，应根据系统工作要求、信息交换量等统一筹划。考虑到在YL-335B中，各工作站PLC所需交换的信息量不大，主站向各从站发送的数据只是主令信号，从从站读取的也只是各从站的状态信息，发送和接收的数据均1个字（2个字节）已经足够。作为例子，所规划的数据如表5-7所示。

表5-7 网络读写数据规划实例

输送站 1#站（主站）	供料站 2#站（从站）	加工站 3#站（从站）	装配站 4#站（从站）	分拣站 5#站（从站）
发送数据的长度	2字节	2字节	2字节	2字节
从主站何处发送	VB1000	VB1000	VB1000	VB1000
发往从站何处	VB1000	VB1000	VB1000	VB1000
接收数据的长度	2字节	2字节	2字节	2字节
数据来自从站何处	VB1010	VB1010	VB1010	VB1010
数据存到主站何处	VB1200	VB1204	VB1208	VB1212

网络读/写指令可以向远程站发送或接收16个字节的信息，在CPU内同一时间最多可以有8条指令被激活。YL-335B有4个从站，因此考虑同时激活4条网络读指令和4条网络写指令。

根据上述数据，即可编制主站的网络读/写程序。但更简便的方法是借助网络读写向导程序。这一向导程序可以快速简单地配置复杂的网络读/写指令操作，为所需的功能提供一系列选项。一旦完成，向导将为所选配置生成程序代码，并初始化指定的PLC为PPI主站模式，同时使能网络读/写操作。

要启动网络读/写向导程序，在STEP7 V4.0软件命令菜单中选择工具→指令导向，并且在指令向导窗口中选择NETR/NETW（网络读/写），单击“下一步”后，就会出现NETR/NETW指令向导界面，如图5-13所示。本界面和紧接着的下一个界面，将要求用户提供希望配置的网络读/写操作总数、指定进行读/写操作的通信端口、指定配置完成后生成的子程序名字，完成这些设置后，将进入对具体每一条网络读/写指令的参数进行配置的界面。

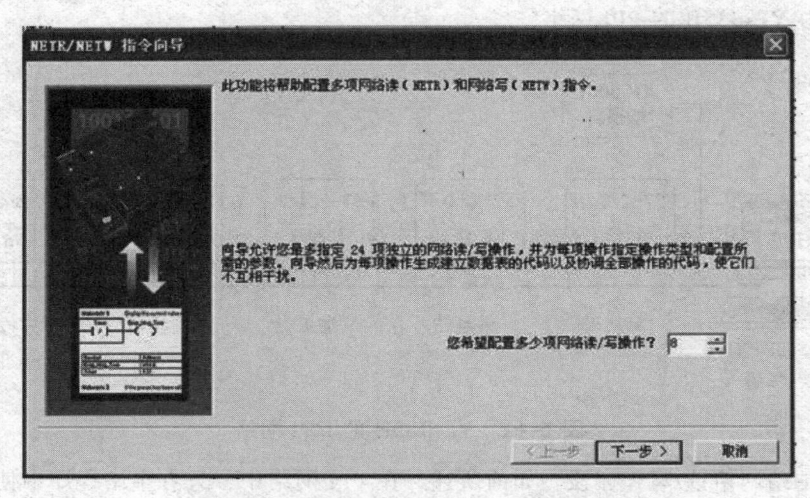

图5-13 NETR/NETW指令向导界面

在本例子中，8 项网络读/写操作如下安排：第 1 ~ 4 项为网络写操作，主站向各从站发送数据，主站读取各从站数据；第 5 ~ 8 项为网络写操作，主站读取各从站数据。主站（输送站）向各从站发送的数据都位于主站 PLC 的 VB1000 ~ VB1001 处，所有从站都在其 PLC 的 VB1000 ~ VB1001 处接收数据。所以前 4 项填写都是相同的，仅站号不一样。

完成前 4 项数据填写后，再单击“下一项操作”，进入第 5 项配置，5 ~ 8 项都是选择网络读操作，然后各站规划逐项填写数据，直至 8 项操作配置完成。图 5-14 所示是对 2# 从站（供料单元）的网络写操作配置。

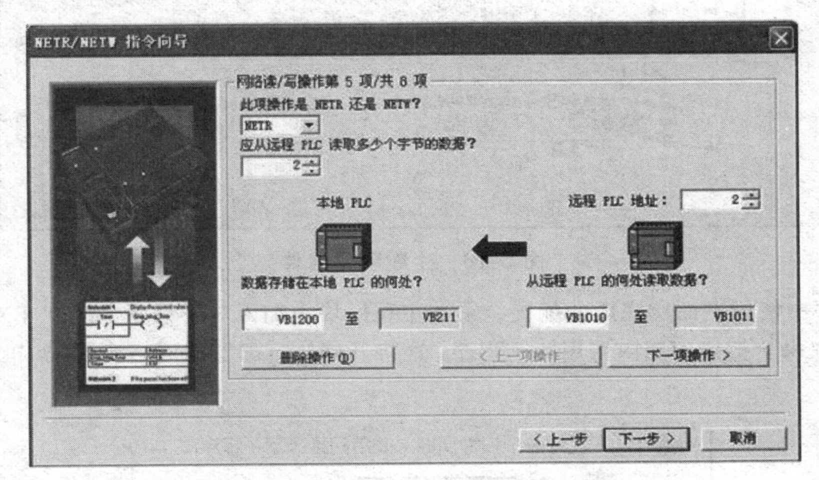

图 5-14　对供料单元的网络写操作配置

8 项配置完成后，单击“下一步”，导向程序将要求指定一个 V 存储区的起始地址，以便将此配置放入 V 存储区。这时若在选择框中填入一个 VB 值（例如，VB1000），单击“建议地址”，程序自动建议一个大小合适且未使用的 V 存储区地址范围，见图 5-15。

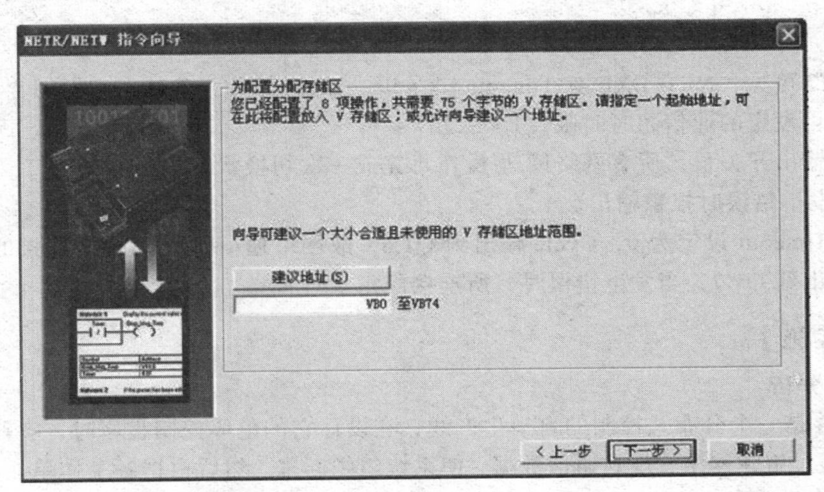

图 5-15　为配置分配存储区

单击“下一步”，全部配置完成，向导将为所选的配置生成项目组件，如图 5-16 所示。修改或确认图中各栏目后，点击“完成”，借助网络读/写向导程序配置网络读/写操作的工作结束。这时，指令向导界面将消失，程序编辑器窗口将增加 NET_EXE 子程序标记。

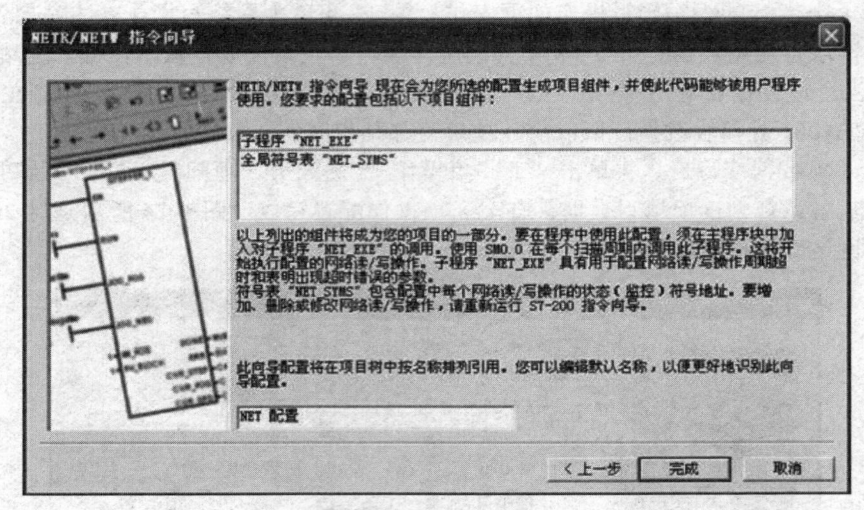

图 5-16 生成项目组件

要在程序中使用上面所完成的配置，须在主程序块中加入对子程序“NET_EXE”的调用。使用 SM0.0 在每个扫描周期内调用此子程序，这将开始执行配置的网络读/写操作。梯形图如图 5-17 所示。

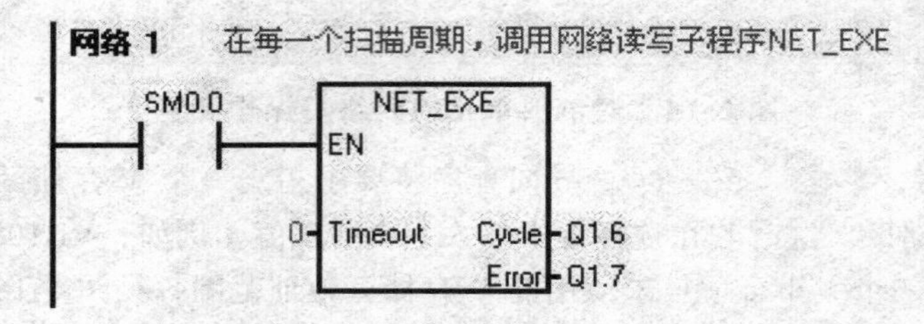

图 5-17 子程序 NET_EXE 的调用

由图 5-17 可见，NET_EXE 有 Timeout、Cycle、Error 等几个参数，它们的含义如下：

Timeout：设定的通信超时时限，1 ~ 32767 s。

Cycle：输出开关量，所有网络读/写操作每完成一次切换状态。

Error：发生错误时报警输出。

本例中 Timeout 设定为 0，Cycle 输出到 Q1.6，故网络通信时，Q1.6 所连接的指示灯将闪烁。Error 输出到 Q1.7，当发生错误时，所连接的指示灯将亮。

【任务实施】

1. 任务分析

YL-335B 是一个分布式控制的自动生产线，在设计它的整体控制程序时，应首先从它的系统性着手，通过组建网络，规划通信数据，使系统组织起来。然后根据各工作单元的工艺任务，分别编制各工作站的控制程序。

对于后者，又以输送站的控制最为关键，它是整个系统的组织者，又是承担最为繁重的工作任务的工作单元。其他工作站，即供料、加工、装配和分拣站，它们的编程思路在前面项目中均作了介绍，并给出了控制程序清单，这里不再重复。

2. 网络通信

根据以上任务要求，确定通信数据如下表所示。

（1）输送站（1#站）发送缓冲区数据位定义

位地址	数据意义	位地址	数据意义
V1000.0	启动	V1001.0	加工站限制加工
V1000.1	停止	V1001.1	装配站限制装配
V1000.2	急停		
V1000.3	到达加工站		
V1000.4	到达装配站		
V1000.5	警示灯绿		
V1000.6	警示灯红		
V1000.7	警示灯橙		

输送站位地址	数据意义	备　注
V1000.0	联机运行信号	
V1000.2	急停信号	1 = 急停动作
V1000.4	复位标志	
V1000.5	全线复位	
V1000.7	触摸屏全线/单机方式	1 = 全线，0 = 单机
V1001.2	允许供料信号	
V1001.3	允许加工信号	
V1001.4	允许装配信号	
V1001.5	允许分拣信号	
V1001.6	供料站物料不足	
V1001.7	供料站物料没有	
VD1002	变频器最高频率输入	

（2）输送站（2#站）接收缓冲区数据位定义（数据来自供料站）

输送站位地址	供料站位地址	数据意义
V1200.0	V1010.0	供料站物料不够
V1200.1	V1010.1	供料站物料有无
V1200.2	V1010.2	供料站物料台有无物料

供料站位地址	数据意义	备　注
V1020.0	供料站在初始状态	
V1020.1	一次推料完成	
V1020.4	全线/单机方式	1 = 全线，0 = 单机
V1020.5	单站运行信号	
V1020.6	物料不足	
V1020.7	物料没有	

（3）输送站（3#站）接收缓冲区数据位定义（数据来自加工站）

输送站位地址	加工站位地址	数据意义
V1204.0	V1010.0	加工站物料台有无物料
V1204.1	V1010.1	加工站加工完成

加工站位地址	数据意义	备　注
V1030.0	加工站在初始状态	
V1030.1	冲压完成信号	
V1030.4	全线/单机方式	1 = 全线，0 = 单机
V1030.5	单站运行信号	

（4）输送站（4#站）接收缓冲区数据位定义（数据来自装配站）

输送站位地址	供料站位地址	数据意义
V1208.0	V1010.0	装配站物料不够
V1208.1	V1010.1	装配站物料有无
V1208.2	V1010.2	装配站物料台有无物料
V1208.3	V1010.3	装配站装配完成

装配站位地址	数据意义	备　注
V1040.0	装配站在初始状态	
V1040.1	装配完成信号	
V1040.4	全线/单机方式	1 = 全线，0 = 单机
V1040.5	单机运行信号	
V1040.6	料仓物料不足	
V1040.7	料仓物料没有	

（5）输送站（5#站）接收缓冲区数据位定义（数据来自分拣站）

分拣站位地址	数据意义	备　注
V1050.0	分拣站在初始状态	
V1050.1	分拣完成信号	
V1050.4	全线/单机方式	1 = 全线，0 = 单机
V1050.5	单机运行信号	

3. 输送站控制程序的编制

输送站的控制程序应包括以下功能：

① 处理来自触摸屏的主令信号和各从站的状态反馈信号，产生系统的控制信号，通过网络读/写指令，向各从站发出控制命令。

② 实现本工作站的工艺任务，包括步进电机的定位控制和机械手装置的抓取、放下工件

的控制。

③ 处理运行中途停车后（例如掉电、紧急停止等）复位到原点的操作。

上述功能可通过编写相应的子程序,在主程序中调用实现。输送站主程序的梯形图见图 5-18。

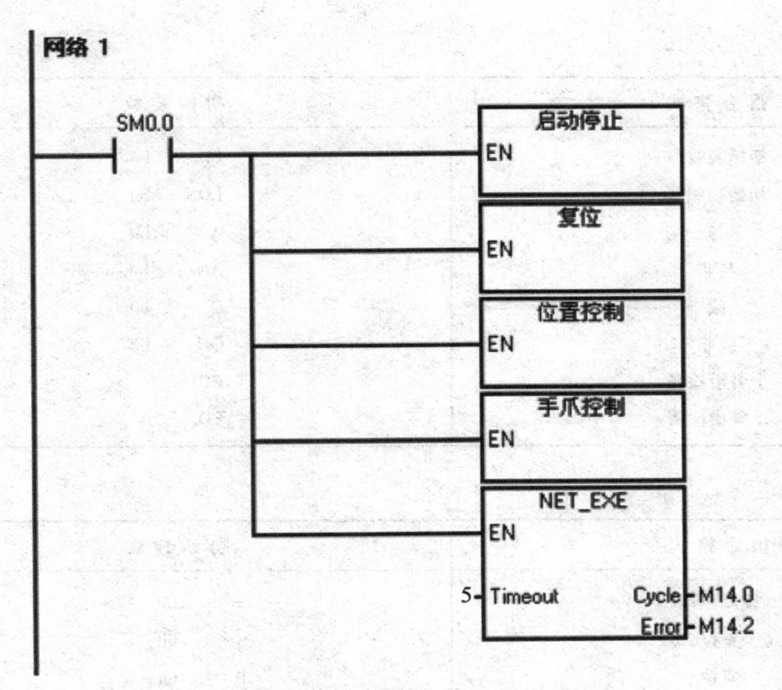

图 5-18　输送站主程序的梯形图

图 5-18 中，网络读/写子程序 NET_EXE 是借助 STEP7 V4.0 软件的指令导向生成的项目组件，在 PLC 的每一个扫描周期调用这个子程序，完成网络读/写功能。NET_EXE 的 2 个输出参数 Cycle 和 Error 分别传送到位元件 M14.0 和 M14.1。当网络正常读/写时，M14.0 ON；通信错误时 Error ON。

附录A S7-200 可编程序控制器指令集

1. 触点指令

指令格式	初始装载
初始装载非	LD bit
初始装载非	LDN bit
与	A bit
与非	AN bit
或	O bit
或非	ON bit
上升沿检测	EU
下降沿检测	ED

2. 输出指令

指令格式	初始装载
线圈驱动	= bit
置位	S bit，n
复位	R bit，n

3. 定时器指令

指令名称	指令格式
接通延时定时器	TON Txxx，PT
断开延时定时器	TOF Txxx，PT
保持型接通延时定时器	TONR Txxx，PT

4. 计数器指令

指令名称	指令格式
递增计数器	CTU Cxxx，PV
递减计数器	CTD Cxxx，PV
增/减计数器	CTUD Cxxx，PV

5. 程序控制指令

指令名称	指令格式
程序的条件结束	END
切换到停止模式	STOP
看门狗复位	WDR
跳到定义的标号	JMP n
定义一个跳转的标号	LBL n
调用子程序	CALL n (n1, …)
从子程序返回	CRET
循环	FOR INDX, INIT, FINAL
循环结束	NEXT
诊断 LED	DLED

6. 数据传送指令

指令名称	指令格式
传送字节	MOVB IN, OUT
传送字	MOVW IN, OUT
传送双字	MOVD IN, OUT
传送实数	MOVR IN, OUT
字节立即读	BIR IN, OUT
字节立即写	BIW IN, OUT
传送字节块	BMB IN, OUT, N
传送字块	BMW IN, OUT, N
传送双字块	BMD IN, OUT, N
字节交换	SWAP IN

7. 移位与循环移位指令

指令名称	指令格式
字节右移位	SRB OUT, N
字节左移位	SLB OUT, N
字右移位	SRW OUT, N
字左移位	SLW OUT, N
双字右移位	SRD OUT, N
双字左移位	SLD OUT, N
字节循环右移	RRB OUT, N
字节循环左移	RLB OUT, N
字循环右移	RRW OUT, N
字循环左移	RLW OUT, N
双字循环右移	RRD OUT, N
双字循环左移	RLD OUT, N
移位寄存器	SHRB DATA, S-BIT, N

8. 数据转换指令

指令名称	指令格式
整数转 BCD 码	IBCD OUT
BCD 码转整数	BCDI OUT
字节转整数	BTI IN，OUT
整数转字节	ITB IN，OUT
整数转双整数	ITD IN，OUT
双整数转整数	DTI IN，OUT
双整数转实数	DTR IN，OUT
实数四舍五入为整数	ROUND IN，OUT
实数截位取整为双整数	TRUNC IN，OUT
7 段译码	SEG IN，OUT
ACSII 码转十六进制数	ATH IN，OUT，LEN
十六进制数转 ACSII 码	HTA IN，OUT，LEN
整数转 ACSII 码	ITA IN，OUT，FMT
双整数转 ACSII 码	DTA IN，OUT，FMT
实数转 ACSII 码	RTA IN，OUT，FMT

9. 表功能指令

指令名称	指令格式
填表	ATT DATA，TBL
查表（满足等于条件时）	FND = TBL，PTN，INDX
查表（满足不等于条件时）	FND < > TBL，PTN，INDX
查表（满足小于条件时）	FND < TBL，PTN，INDX
查表（满足大于条件时）	FND > TBL，PTN，INDX
先入先出	FIFO TBL，DATA
后入先出	LIFO TBL，DATA
填充	FILL IN，OUT，N

10. 读写实时时钟指令

指令名称	指令格式
读实时时钟	TODR T
写实时时钟	TODW T

11. 字符串指令

指令名称	指令格式
求字符串长度	SLEN IN，OUT
复制字符串	SCPY IN，OUT
字符串连接	SCAT IN，OUT
复制子字符串	SSCPY IN，INDX，N，OUT
字符串搜索	SFND IN1，IN2，OUT
字符搜索	CFND IN1，IN2，OUT

12. 数学运算指令

指令名称	指令格式
整数加法	+I IN1, OUT
整数减法	-I IN2, OUT
整数乘法	*I IN1, OUT
整数除法	/I IN2, OUT
双整数加法	+D IN1, OUT
双整数减法	-D IN2, OUT
双整数乘法	*D IN1, OUT
双整数除法	/D IN2, OUT
实数加法	+R IN1, OUT
实数减法	-R IN2, OUT
实数乘法	*R IN1, OUT
实数除法	/R IN2, OUT
整数乘法产生双整数	MUL IN1, OUT
带余数的整数除法	DIV IN2, OUT
字节加1	INBC IN
字节减1	DECB IN
字加1	INCW IN
字减1	DECD IN
双字加1	INCD IN
双字减1	DECD IN
正弦	SIN IN, OUT
余弦	COS IN, OUT
正切	TAN IN, OUT
平方根	SQRT IN, OUT
自然对数	LN IN, OUT
指数	EXP IN, OUT

13. 逻辑运算指令

指令名称	指令格式
字节取反	INVB OUT
字取反	INVW OUT
双字取反	INVD OUT
字节与	ANDB IN1, OUT
字节或	ORB IN1, OUT
字节异或	XORB IN1, OUT
字与	ANDW IN1, OUT
字或	ORW IN1, OUT
字异或	XORW IN1, OUT
双字与	ANFD IN1, OUT
双字或	ORD IN1, OUT
双字异或	XORD IN1, OUT

14. 中断指令

指令名称	指令格式
允许中断	ENI
禁止中断	DISI
连接中断事件和中断程序	ATCH INT EVNT
断开中断事件和中断程序的连接	DTCH EVNT
清除中断事件	CEVNT EVNT
从中断程序中有条件返回	CRETI

15. 高速计数器指令

指令名称	指令格式
定义高速计数器模式	HDEF HSC MODE
激活高速计数器	HSC N
脉冲输出	PLS X

16. 比较指令

指令名称	字节比较	整数比较	双字整数比较	实数比较	字符串比较
指令格式	LDB = IN1，IN2	LDB < IN1，IN2	LDW > IN1，IN2	LDD < > IN1，IN2	LDS = IN1，IN2
	AB = IN1，IN2	AB < IN1，IN2	AW > IN1，IN2	AD < > IN1，IN2	AS = IN1，IN2
	OB = IN1，IN2	OB < IN1，IN2	OW > IN1，IN2	OD < > IN1，IN2	OS = IN1，IN2
	LAB < = IN1，IN2	LDW = IN1，IN2	LDW < IN1，IN2	LDD > IN1，IN2	LDS < > IN1，IN2
	AB < = IN1，IN2	AW = IN1，IN2	AW < IN1，IN2	AD > IN1，IN2	AS < > IN1，IN2
	OB < = IN1，IN2	OW = IN1，IN2	OW < IN1，IN2	OD > IN1，IN2	OS < > IN1，IN
	LDB > = IN1，IN2	LAW < = IN1，IN2	LDD = IN1，IN2	LDD < IN1，IN2	
	AB > = IN1，IN2	AW < = IN1，IN2	AD = IN1，IN2	AD < IN1，IN2	
	OB > = IN1，IN2	OW < = IN1，IN2	OD = IN1，IN2	OD < IN1，IN2	
	LDB < > IN1，IN2	LDW > = IN1，IN2	LAD < = IN1，IN2	LDR = IN1，IN2	
	AB < > IN1，IN2	AW > = IN1，IN2	AD < = IN1，IN2	AR = IN1，IN2	
	OB < > IN1，IN2	OW > = IN1，IN2	OD < = IN1，IN2	OR = IN1，IN2	
	LDB > IN1，IN2	LDW < > IN1，IN2	LDD > = IN1，IN2	LAR < = IN1，IN2	
	AB > IN1，IN2	AW < > IN1，IN2	AD > = IN1，IN2	AR < = IN1，IN2	
	OB > IN1，IN2	OW < > IN1，IN2	OD > = IN1，IN2	OR < = IN1，IN2	

17. 通信指令

指令名称	指令格式
网络读	NETR TBL，PORT
网络写	NETW TBL，PORT
发送	XMT TBL，PORT
接收	RCV TBL，PORT
读取端口地址	GPA ADDR，PORT
设置端口地址	SPA ADDR，PORT

附录B　S7-200特殊寄存器（SM）标志位

特殊寄存器标志位提供了大量的状态和控制功能，并且起到了CPU和用户程序之间交换信息的作用。特殊寄存器标志位以位、字、字节和双字方式使用。

1. SMB0

SMB0有8个状态位，如表B-1所示。在每个扫描周期的末尾，由S7-200更新这些位。

表B-1　特殊寄存器字节SMB0（SM0.0～SM0.7）

SM位	描　述
SM0.0	CPU运行时，该位始终为1
SM0.1	该位在首次扫描时为1
SM0.2	若数据丢失，则该位在一个扫描周期中为1，可用做错误存储器位，或用来调用特殊启动顺序功能
SM0.3	开机后进入RUN方式，该位将接通一个扫描周期
SM0.4	该位提供一个周期为1min，占空比为50%的时钟脉冲
SM0.5	该位提供一个周期为1s，占空比为50%的时钟脉冲
SM0.6	该位为扫描时钟，本次扫描时置1，下次扫描时置0，可用做扫描计数器的输入
SM0.7	该位指示CPU工作方式开关的位置（0为TERM位置，1为RUN位置）。在RUN位置时，该位可使自由端口通信方式有效；在TERM位置时，可与编程设备正常通信

2. SMB1

SMB1状态位包含了各种潜在的错误提示，如表B-2所示。这些位可由指令在执行时进行置位或复位。

表B-2　特殊寄存器字节SMB1（SM1.0～SM1.7）

SM位	描　述
SM1.0	零标志，当执行某些指令，其结果为0时，将该位置1
SM1.1	错误标志，当执行某些指令的结果溢出或查处非法数据值时，将该位置1
SM1.2	负数标志，当执行数学运算的结果为负数时，将该位置1
SM1.3	试图除以0时，将该位置1
SM1.4	当执行ATT（Add TO Table）指令，试图超出表范围时，将该位置1
SM1.5	当执行LIFO或FIFO指令，试图从空表中读数据时，将该位置1
SM1.6	当试图把一个非BCD换为二进制数值时，将该位置1
SM1.7	当ASCII码不能转换为有效数字的十六进制数时，将该位置1

3. SMB2

SMB2为自由端口接收字符缓冲区，如表B-3所示。接收到的每一个字符都放在这里，便于梯形图程序的存取。

表B-3　特殊寄存器字节SMB2

SM位	描　述
SMB2	在自由端口通信方式下，该字符存储从端口0或端口1接收到的每一个字符

4. SMB3

SMB3用于自由端口通信方式，当接收到的字符发现有奇偶校验错时，将SM3.0置1，如表 B-4所示。

表 B-4 特殊寄存器字节 SMB3（SM3.0~SM3.7）

SM 位	描 述
SM3.0	端口 0 或端口 1 的奇偶校验错（0=无错；1=有错）
SM3.1~SM3.7	保留

5. SMB4

SMB4 包含中断队列溢出位、中断是否允许标志位及发送空闲位，如表 B-5 所示。队列溢出表明要么是中断发生的频率高于 CPU，要么是中断已经被全局中断禁止指令所禁止。

表 B-5 特殊寄存器字节 SMB4（SM4.0~SM4.7）

SM 位	描 述	备 注
SM4.0	当通信中断队列溢出时，将该位置 1	只有在中断程序里，才能使用状态位 SM4.0、SM4.1、SM4.2。当队列为空时，将这些位复位（置0），并返回主程序
SM4.1	当输入中断队列溢出时，将该位置 1	
SM4.2	当定时中断队列溢出时，将该位置 1	
SM4.3	在运行时刻，发现编程问题时，将该位置 1	
SM4.4	该位为指示全局中断允许位，当允许中断时，将该位置 1	
SM4.5	当端口 0 发送空闲时，将该位置 1	
SM4.6	当端口 1 发送空闲时，将该位置 1	
SM4.7	当发生强置时，将该位置 1	

6. SMB5

SMB5 包含 I/O 系统里发现的错误状态位，如表 B-6 所示。

表 B-6 特殊寄存器字节 SMB5

SM 位	描 述
SM5.0	当有 I/O 错误时，将该位置 1
SM5.1	当 I/O 总线上连接了过多的数字量 I/O 点时，将该位置 1
SM5.2	当 I/O 总线上连接了过多的模拟量 I/O 点时，将该位置 1
SM5.3	当 I/O 总线上连接了过多的智能 I/O 模块时，将该位置 1
SM5.4~SM5.5	保留

7. SMB6

SMB6 为 CPU 识别（ID）寄存器，如表 B-7 所示。SM6.4~SM6.7 用于识别 CPU 的类型，SM6.0~SM6.3 保留，以备将来使用。

表 B-7 特殊寄存器字节 SMB6

SM 位	描 述
格式	MSB 7 … LSB 0 x x x x r r r r CUP 识别寄存器
SM6.0~SM6.3	保留
SM6.4~SM6.7	XXXX=0000=CPU 222；XXXX=0010=CPU 224；XXXX=0110=CPU 221；XXXX=1001=CPU 226（XM）

8. SMB8~SMB21

SMB8~SMB21 为 I/O 模块识别和错误寄存器。SMB8~SMB21 是按照字节对形式为扩展模块 0 ~6 而准备的。每对字节的偶数位字节为模块识别寄存器，奇数位字节为模块错误寄存器。前者标志着模块类型、I/O 类型、输入和输出点数；后者为对相应模块所测得的 I/O 错误提示，如表 B-8 所示。

表 B-8　特殊寄存器字节 SMB8 ~ SMB21

<table>
<tr><th>SM 位</th><th colspan="2">描　述</th></tr>
<tr><td>格式</td><td>偶数字节：模块 ID 寄存器
MSB 7 … LSB 0
m | t | t | a | i | i | q | q
m：模块存在。0 = 有模块；1 = 无模块
tt：模块类型。00 = 非智能 I/O 模块；01 = 智能模块；10 和 11 保留
a：I/O 类型 00 = 开关量；1 = 模拟量
ii：输入。00 = 无输入；01 =2AI 或 8DI；10 =4AI 和 16DI；11 =8AI 和 32DI
qq：输出。00 = 无输出；01 =2AQ 和 8DQ；10 =4AQ 和 16DQ；11 =8AQ 和 32DQ</td><td>奇数字节：模块错误寄存器
MSB 7 … LSB 0
c | o | o | b | r | p | f | t
c：配置错误。0 = 无错误；1 = 有错误
b：总线错误或检验错误。1 = 错误
r：超范围错误
p：无用户电源错误
f：熔断器错误
t：端子块松动错误</td></tr>
<tr><td>SMB8
SMB9</td><td colspan="2">模块 0 识别（ID）寄存器
模块 0 错误寄存器</td></tr>
<tr><td>SMB10
SMB11</td><td colspan="2">模块 1 识别（ID）寄存器
模块 1 错误寄存器</td></tr>
<tr><td>SMB12
SMB13</td><td colspan="2">模块 2 识别（ID）寄存器
模块 2 错误寄存器</td></tr>
<tr><td>SMB14
SMB15</td><td colspan="2">模块 3 识别（ID）寄存器
模块 3 错误寄存器</td></tr>
<tr><td>SMB16
SMB17</td><td colspan="2">模块 4 识别（ID）寄存器
模块 4 错误寄存器</td></tr>
<tr><td>SMB18
SMB19</td><td colspan="2">模块 5 识别（ID）寄存器
模块 5 错误寄存器</td></tr>
<tr><td>SMB20
SMB21</td><td colspan="2">模块 6 识别（ID）寄存器
模块 6 错误寄存器</td></tr>
</table>

9. SMW22/SMW24 和 SMW26

SMW22/SMW24 和 SMW26 用于提供扫描时间信息，如表 B-9 所示。

表 B-9　特殊寄存器字节 SMW22/SMW24 和 SMW26

SM 位	描　述
SMW22	上次扫描时间
SMW24	进入 RUN 方式后，所记录的最短扫描时间
SMW26	进入 RUN 方式后，所记录的最长扫描时间

10. SMB28 和 SMB29

SMB28 和 SMB29 为模拟电位器，SMB28 包含模拟电位器 0 位置的数字值，SMB29 包含模拟电位器 1 位置的数字值，如表 B-10 所示。

表 B-10 特殊寄存器字节 SMB28 和 SMB29

SM 位	描 述
SMB28	存储模拟电位器 0 的输入数值，在 STOP/RUN 方式下，每次扫描时更新该值
SMB29	存储模拟电位器 1 的输入数值，在 STOP/RUN 方式下，每次扫描时更新该值

11. SMB30 和 SMB130

SMB30 和 SMB130 为自由端口控制寄存器。SMB30 控制自由端口 0 的通信方式，SMB130 控制自由端口 1 的通信方式。可以对它们进行读和写，如表 B-11 所示。

表 B-11 特殊寄存器字节 SMB30 和 SMB130

端口 0	端口 1	描 述
SMB30 格式	SMB130 格式	自由端口模式控制字节 MSB 7 … LSB 0 p p d b b b m m
SM30. 0 和 SM30. 1	SM130. 0 和 SM130. 1	mm：协议选择。00 = 点到点接口协议（PPI/从站模式）；01 = 自由端口协议； 10 = PPI/主站模式；11 = 保留（默认 PPI/从站模式） 注意：当选择 MM = 10 时，PLC 将成为网络的一个主站，可以执行 NETR 和 NETW 指令。在 PPI 模式下忽略 2 ~ 7 位
SM30. 2 ~ SM30. 4	SM130. 2 ~ SM130. 4	bbb：自由端口传输速率。000 = 38 400bps；001 = 19 200bps；010 = 9 600bps； 011 = 4 800bps；100 = 2 400bps；101 = 1 200bps；110 = 115 200bps；111 = 57 600bps
SM30. 5	SM130. 5	d：每个字符的数据位。0 = 8 位/字符；1 = 7 位/字符
SM30. 6 和 SM30. 7	SM130. 6 和 SM130. 7	pp：检验选择。00 = 不校验；01 = 偶校验；10 = 不校验；11 = 奇校验

12. SMB31 和 SMW32

SMB31 和 SMW32 为永久存储器（EEPROM）写控制。

在用户程序的控制下，可以把 V 存储器中的数据存入永久存储器。先把被存数据的地址存入特殊存储器字 SMW32 中，然后把存入命令存入特殊存储器字节 SMB31 中。一旦发出存储命令，直到 CPU 完成存储操作 SM31. 7 被置 0 之前，是不可以改变 V 存储器的值的。在每次扫描周期末尾，CPU 会检查是否有向永久存储器区中存数据的命令。如果有，则将该数据存入永久存储器中。

SMB31 定义了存入永久存储器的数据的大小，且提供了初始化存储操作的命令。

SMW32 提供了被存数据在 V 存储器中的起始地址，如表 B-12 所示。

表 B-12　特殊寄存器字节 SMB31 和特殊寄存器字 SMW32

SM 位	描　述
格式	SMB31：软件命令　MSB 7 | C | 0 | 0 | 0 | 0 | 0 | S | S | LSB 0 SMW32：V 存储器地址　MSB 15 | V 存储器地址 | LSB 0
SM31.0 和 SM31.1	SS：被存数据类型。00 = 字节；10 = 字；01 = 字节；11 = 双字
SM31.7	C：存入永久存储器。0 = 无执行存储器操作请求；1 = 用户程序申请向永久存储器存储数据。每次存储操作完成后，S7-200 复位该位
SMW32	SMW32 中是所存数据的 V 存储器地址，该值是相对于 V0 的偏移量。当执行存储命令时，会把该数据存到永久存储器中相应的位置中

13. SMB34 和 SMB35

SMB34 和 SMB35 是定时中断 0 和 1 的时间间隔寄存器，可以在 1 ~ 255ms 之间以 1ms 为增量进行设定，如表 B-13 所示。若定时中断事件被中断程序所采用，当 CPU 响应中断时，就会获取该时间间隔值。若要改变时间间隔，就必须把定时中断事件再分配给同一个或另一个中断程序，也可以通过该事件来终止定时中断事件。

表 B-13　特殊寄存器字节 SMB34 和 SMB35

SM 位	描　述
SMB34	定义定时中断 0 的时间间隔（1 ~ 255ms）
SMB35	定义定时中断 1 的时间间隔（1 ~ 255ms）

14. SMB36 ~ SMB65

SMB36 ~ SMB65 用于监视和控制高速计数 HSC0、HSC1 和 HSC2 的操作，如表 B-14 所示。

表 B-14　特殊寄存器字节 SMB36 ~ SMB65

SM 位	描　述
SM36.0 ~ SM36.4	保留
SM36.5	HSC0 当前计数方向位：1 = 增计数
SM36.6	HSC0 当前值等于预置值位：1 = 等于
SM36.7	HSC0 当前值大于预置值位：1 = 大于

续表

SM 位	描　述
SM37.0	复位的有效控制位：0 = 高电平复位有效；1 = 低电平复位有效
SM37.1	保留
SM37.2	正交计数器的计数速率选择：0 = 4 × 计数速率；1 = 1 × 计数速率
SM37.3	HSC0 方向控制位：1 = 增计数
SM37.4	HSC0 更新方向：1 = 更新方向
SM37.5	HSC0 更新预置值：1 = 向 HSC0 写新的预置值
SM37.6	HSC0 更新当前值：1 = 向 HSC0 写新的初始值
SM37.7	HSC0 有效位：1 = 有效
SMD38	HSC0 新的初始值
SMD42	HSC0 新的预置值
SM46.0 ~ SM46.4	保留
SM46.5	HSC1 当前计数方向位：1 = 增计数
SM46.6	HSC1 当前值等于预置值位：1 = 等于
SM46.7	HSC1 当前值大于预置值位：1 = 大于
SM47.0	HSC1 复位有效控制位：0 = 高电平；1 = 低电平
SM47.1	HSC1 启动有效控制位：0 = 高电平；1 = 低电平
SM47.2	HSC1 正交计数器速率选择：0 = 4 × 计数速率；1 = 1 × 计数速率
SM47.3	HSC1 方向控制位：1 = 增计数
SM47.4	HSC1 更新方向：1 = 更新方向
SM47.5	HSC1 更新预置值：1 = 向 HSC1 写新的预置值
SM47.6	HSC1 更新当前值：1 = 向 HSC1 写新的初始值
SM47.7	HSC1 有效位：1 = 有效
SMD48	HSC1 新的初始值
SMD52	HSC1 新的预置值
SM56.0 ~ SM56.4	保留
SM56.5	HSC2 当前计数方向位：1 = 增计数
SM56.6	HSC2 当前值等于预置值位：1 = 等于
SM56.7	HSC2 当前值大于预置值位：1 = 大于
SM57.0	HSC2 复位有效控制位：0 = 高电平；1 = 低电平
SM57.1	HSC2 启动有效控制位：0 = 高电平；1 = 低电平
SM57.2	HSC2 正交计数器速率选择：0 = 4 × 计数速率；1 = 1 × 计数速率
SM57.3	HSC2 方向控制位：1 = 增计数
SM57.4	HSC2 更新方向：1 = 更新方向
SM57.5	HSC2 更新预置值：1 = 向 HSC2 写新的预置值
SM57.6	HSC2 更新当前值：1 = 向 HSC2 写新的初始值
SM57.7	HSC2 有效位：1 = 有效
SMD58	HSC2 新的初始值
SMD62	HSC2 新的预置值

15. SMB66 ~ SMB85

SMB66 ~ SMB85 用于监视和控制脉冲串输出（PTO）和脉宽调制（PWM）功能，如表 B-15所示。

表 B-15　特殊寄存器字节 SMB66 ~ SMB85

SM 位	描　述
SM66.0 ~ SM66.3 SM66.4 SM66.5 SM66.6 SM66.7	保留 PTO0 包络终止：0 = 无错；1 = 由于增量计算错误而终止 PTO0 包络终止：0 = 不由用户命令终止；1 = 由用户命令终止 PTO0 管道溢出：0 = 无溢出；1 = 有溢出 PTO0 空闲位：0 = PTO 忙点；1 = PTO 空闲
SM67.0 SM67.1 SM67.2 SM67.3 SM67.4 SM67.5 SM67.6 SM67.7	PTO0/ PWM 0 更新周期：1 = 写新的周期值 PWM0 更新脉冲宽度周期值：1 = 写新的脉冲宽度 PTO0 更新脉冲量：1 = 写新的脉冲量 PTO0/ PWM0 基准时间单元：0 = 1μs；1 = 1ms 同步更新 PWM0：0 = 异步更新；1 = 同步更新 PTO0 操作：0 = 单段操作；1 = 多段操作 PTO0/ PWM0 模式选择：0 = PTO；1 = PWM PTO0/ PWM0 有效位：1 = 有效
SMD68	PTO0/ PWM0 周期（2 ~ 65 535 个时间基准）
SMW70	PWM0 脉冲宽度值（0 ~ 65 535 个时间基准）
SMD72	PTO0 脉冲计数值
SM76.0 ~ SM76.3 SM76.4 SM76.5 SM76.6 SM76.7	保留 PTO1 包络终止：0 = 无错；1 = 由于增量计算错误而终止 PTO1 包络终止：0 = 不由用户命令终止；1 = 由用户命令终止 PTO1 管道溢出：0 = 无溢出；1 = 有溢出 PTO1 空闲位：0 = PTO 忙点；1 = PTO 空闲
SM77.0 SM77.1 SM77.2 SM77.3 SM77.4 SM77.5 SM77.6 SM77.7	PTO1/ PWM1 更新周期：1 = 写新的周期值 PWM1 更新脉冲宽度周期值：1 = 写新的脉冲宽度 PTO1 更新脉冲量：1 = 写新的脉冲量 PTO1/ PWM1 基准时间单元：0 = 1μs；1 = 1ms 同步更新 PWM1：0 = 异步更新；1 = 同步更新 PTO1 操作：0 = 单段操作；1 = 多段操作 PTO1/ PWM1 模式选择：0 = PTO；1 = PWM PTO1/ PWM1 有效位：1 = 有效
SMD78	PTO1/ PWM1 周期（2 ~ 65 535 个时间基准）
SMD52	PWM1 脉冲宽度值（0 ~ 65 535 个时间基准）
SMD82	PTO1 脉冲计数值

16. SMB86 ~ SMB94 和 SMB186 ~ SMB194

这些寄存器字节主要用于控制和读出接受信息指令的状态，如表 B-16 所示。

表 B-16 特殊寄存器字节 SMB86 ~ SMB94 和 SMB186 ~ SMB194

端口0	端口1	描述
SMB86	SMB186	接收信息状态字节 MSB 7 … LSB 0 n | r | e | 0 | 0 | t | c | p n：1 = 接收用户的禁止命令终止接收信息 r：1 = 接收信息终止（输入参数错误或无起始或结束条件） e：1 = 收到结束字符 t：1 = 接收信息终止（超时） c：1 = 接收信息终止（超出最大字符数） p：1 = 接收信息终止（奇偶校验错误）
SMB87	SMB187	接收信息控制字节
		MSB 7 … LSB 0 en | sc | ec | il | c/m | tmr | bk | 0 en：0 = 禁止接收信息功能；1 = 允许接收信息功能 sc：0 = 忽略 SMB88 和 SMB188；1 = 使用 SMB88 和 SMB188 的值检测起始信息 ec：0 = 忽略 SMB89 和 SMB189；1 = 使用 SMB89 和 SMB189 的值检测结束信息 il：0 = 忽略 SMW90 和 SMW190；1 = 使用 SMW90 和 SMW190 的值检测空闲状态 c/m：0 = 定时器是内部字符定时器；1 = 定时器是信息定时器 tmr：0 = 忽略 SMW92 和 SMW192；1 = 使用 SMW92 和 SMW192 中的定时时间超出时终止接收 bk：0 = 忽略中断条件；1 = 用中断条件作为信息检测的开始
SMB88	SMB188	信息字符的开始
SMB89	SMB189	信息字符的结束
SMW90	SMW190	空闲行时间间隔用毫秒给出。在空闲行时间结束后接收的第一个字符是新信息的开始
SMW92	SMW192	字符间/信息间定时器超时值。如果超过时间，就停止接收信息
SMB94	SMB194	接收字符的最大数（1 ~ 255 字节）

17. SMW98

SMW98 给出了有关扩展 I/O 总线的错误数的信息，如表 B-17 所示。

表 B-17 特殊寄存器字 SMW98

SM 位	描述
SMW98	当扩展总线出现校验错误时，该处每次增加 1。当系统得电时或用户程序写入零，可以进行清零

18. SMB131 ~ SMB165

SMB131 ~ SMB165 用于监视和控制高速计数器 HSC3、HSC4 和 HSC5 的操作，如表 B-18所示。

表 B-18　特殊寄存器 SMB131～SMB165

SM 位	描　述
SMB131～SMB135	保留
SM136.0～SM136.4	保留
SM136.5 SM136.6 SM136.7	HSC3 当前计数方向位：1＝增计数 HSC3 当前值等于预置值位：1＝等于 HSC3 当前值大于预置值位：1＝大于
SM137.0～SM137.2 SM137.3 SM137.4 SM137.5 SM137.6 SM137.7	保留 HSC3 方向控制位：1＝增计数 HSC3 更新方向：1＝更新方向 HSC3 更新预置值：1＝向 HSC3 写新的预置值 HSC3 更新当前值：1＝向 HSC3 写新的初始值 HSC3 有效位：1＝有效
SMD138	HSC3 新的初始值
SMD142	HSC3 新的预置值
SM146.0～SM146.4 SM146.5 SM146.6 SM146.7 SM147.0 SM147.1 SM147.2 SM147.3 SM147.4 SM147.5 SM147.6 SM147.7	保留 HSC4 当前计数方向位：1＝增计数 HSC4 当前值等于预置值位：1＝等于 HSC4 当前值大于预置值位：1＝大于 HSC4 复位有效控制位：0＝高电平；1＝低电平 保留 HSC4 正交计数器速率选择：0＝4×计数速率；1＝1×计数速率 HSC4 方向控制位：1＝增计数 HSC4 更新方向：1＝更新方向 HSC4 更新预置值：1＝向 HSC4 写新的预置值 HSC4 更新当前值：1＝向 HSC4 写新的初始值 HSC4 有效位：1＝有效
SMD148	HSC4 新的初始值
SMD152	HSC4 新的预置值
SM156.0～SM156.4 SM156.5 SM156.6 SM156.7 SM157.0～SM157.2 SM157.3 SM157.4 SM157.5 SM157.6 SM157.7	保留 HSC5 当前计数方向位：1＝增计数 HSC5 当前值等于预置值位：1＝等于 HSC5 当前值大于预置值位：1＝大于 保留 HSC5 方向控制位：1＝增计数 HSC5 更新方向：1＝更新方向 HSC5 更新预置值：1＝向 HSC5 写新的预置值 HSC5 更新当前值：1＝向 HSC5 写新的初始值 HSC5 有效位：1＝有效
SMD158	HSC5 新的初始值
SMD162	HSC5 新的预置值

19. SMB166～SMB185

SMB166～SMB185 用来显示包络步的数量、包络表的地址和 V 存储器区中包络表的地址，如表 B-19 所示。

表 B-19 特殊寄存器字节 SMB166 ~ SMB185

SM 位	描　述
SMB166	PTO0 包络步的当前计数值
SMB167	保留
SMW168	PTO0 的包络表的 V 存储器地址（从 V0 的偏移量）
SMB170	线性 PTO0 的状态字节
SMB171	线性 PTO0 的结果字节
SMD172	指定线性 PTO0 发生器工作在手动模式时产生的频率。频率是一个以 Hz 为单位的双整数型值。SMB172 是 MSB，而 SMB175 是 LSB
SMB176	PTO1 包络步的当前计数值
SMB177	保留
SMW178	PTO1 包络表的 V 存储器地址
SMB180	线性 PTO1 的状态字节
SMB181	线性 PTO1 的结果字节
SMD82	指定线性 PTO1 发生器工作在手动模式时产生的频率。频率是一个以 Hz 为单位的双整数型值。SMB182 是 MSB，而 SMB187 是 LSB

附录 C　错误代码信息

1. 致命错误代码和信息

致命错误会导致 CPU 停止执行用户程序，可在主菜单中使用菜单命令“plc” -“Information”查看错误代码。表 C-1 列出了 S7-200 上的致命错误代码及其描述。

表 C-1　致命错误代码及其描述

错误代码	描述
0000	无致命错误
0001	用户程序校验和错误
0002	编译后的梯形图程序校验和错误
0003	扫描看门狗超时错误
0004	永久存储器失效
0005	永久存储器上用户程序校验和错误
0006	永久存储器上配置参数（SDB0）校验和错误
0007	永久存储器上强制数据校验和错误
0008	永久存储器上默认输出表值校验和错误
0009	永久存储器上用户数据 DB1 校验和错误
000A	存储器卡失灵
000B	存储器卡上用户程序校验和错误
000C	存储卡配置参数（SDB0）校验和错误
000D	存储器卡强制数据校验和错误
000E	存储器卡默认输出表值校验和错误
000F	存储器卡用户数据 DB1 校验和错误
0010	内部软件错误
0011	比较接点间接寻址错误（比较接点错误是唯一的一种既能产生致命错误又能产生非致命错误的错误。产生非致命错误是因为存储了错误的程序地址）
0012	比较接点非法浮点值
0013	程序不能被该 S7-200 理解
0014	比较接点范围错误

2. 运行程序错误

在程序的正常运行中，可能会产生非致命错误（如寻址错误）。在这种情况下，CPU 会产生一个非致命运行时刻错误代码。表 C-2 列出了这些非致命错误代码及其描述。

表 C-2 非致命错误代码及其描述

错误代码	描　述
0000	无致命错误
0001	执行 HDEF 之前，HSC 已使能
0002	输入中断分配冲突，已分配给 HSC
0003	到 HSC 的输入分配冲突，已分配给输入中断或其他 HSC
0004	试图执行在中断子程序中不允许的指令
0005	第一个 HSC/PLS 未执行完之前，又企图执行同编号的第二个 HSC/PLS（中断程序中的 HSC 同主程序中的 HSC/PLS 冲突）
0006	间接寻址错误
0007	TODW（写实时时钟）或 TODR（读实时时钟）数据错误
0008	用户子程序嵌套层数超过规定
0009	在程序执行 XMT 或 RCV 时，通信口 0 又执行另一条 XMT/RCV 指令
000A	在同一 HSC 执行时，又企图用 HDEF 指令再定义该 HSC
000B	在通信端口 1 上同时执行数条 XMT/RCV 指令
000C	时钟存储卡不存在
000D	试图重新定义正在使用的脉冲输出
000E	PTO 个数设为 0
000F	比较触点指令中的非法数字值
0010	在当前 PTO 操作模式中，命令不允许
0011	非法 PTO 命令代码
0012	非法 PTO 包络表
0013	非法 PID 回路参数表
0091	范围错误（带地址信息）：检查操作数范围
0092	某条指令的计数域错误（带计数信息）：确认最大计数范围
0094	范围错误（带地址信息）：写无效存储器
009A	用户中断程序试图转换成自由端口模式
009B	非法指针（字符串操作中起始位置值指定为 0）
009F	无存储卡或存储卡无响应

3. 编译规则错误

当你下载一个程序时，CPU 将编译该程序。如果 CPU 发现程序违反编译规则（如非法指令），CPU 就会停止下载程序，并生成一个非致命编译规则错误代码。表 C-3 列出了违反编译规则所生成的这些错误代码及其描述。

表 C-3 违反编译规则的错误代码及其描述

错误代码	描　述
0080	程序太大无法编译：必须缩短程序
0081	堆栈溢出：把一个程序段分成多个

续表

错误代码	描　述
0082	非法指令：检查指令助记符
0083	无 MEND 或主程序中有不允许的指令：加条 MEND 或删除不正确的指令
0084	保留
0085	无 FOR 指令：加上 FOR 指令或删除 NEXT 指令
0086	无 NEXT：加条 NEXT 指令，或删除 FOR 指令
0087	无标号（LBL、INT、SBR）：加上合适标号
0088	无 RET 或子程序中有不允许的指令：加条 RET 或删除不正确指令
0009	无 RETI 或中断程序中有不允许的指令：加条 RETI 或删除不正确指令
008A	保留
008B	从/向一个 SCR 段的非法跳转
008C	标号重复（LBL、INT、SBR）：重新命名标号
008D	非法标号（LBL、INT、SBR）：确保标号数在允许范围内
0090	非法参数：确认指令所允许的参数
0091	范围错误（带地址信息）：检查操作数范围
0092	指令计数域错误（带计数信息）：确认最大计数范围
0093	FOR/NEXT 嵌套层数超出范围
0095	无 LSCR 指令（装载 SCR）
0096	无 SCRE 指令（SCR 结束）或 SCRE 前面有不允许的指令
0097	用户程序包含非数字编码的和数字编码的 EV/ED 指令
0098	在运行模式进行非法编辑（试图编辑非数字编码的 EV/ED 指令）
0099	隐含程序段太多（HIDE 指令）
009B	非法指针（字符串操作中起始位置值指定为0）
009C	超出最大指令长度
009D	SDB0 中检测到非法参数
009E	PCALL 字符串太多
009F—00FF	保留

参考文献

[1] 李长军，等. 西门子 S7-200 PLC 应用实例解说[M]. 北京：电子工业出版社，2011.
[2] 高安邦，等. 西门子 S7-200 PLC 工程应用设计[M]. 北京：机械工业出版社，2011.
[3] 毛臣健. 可编程序控制器应用技术及项目训练[M]. 成都：西南交通大学出版社，2009.
[4] 吕景泉. 自动化生产线安装与调试[M]. 北京：中国铁道出版社，2013.
[5] 杨后川. 西门子 S7-200PCL 应用 100 例[M]. 北京：电子工业出版社，2013.
[6] 方凤玲. PCL 技术及应用一体化教程[M]. 北京：清华大学出版社，2011.
[7] 廖常初. PCL 编程及应用[M]. 北京：机械工业出版社，2014.
[8] 王阿根. 西门子 S7-200PLC 编程实例精解[M]. 北京：电子工业出版社，2011.